印度茶叶百年风云

罗龙新 著

華中科技大學出版社
http://www.hustp.com
中国·武汉

前言

《印度茶叶百年风云》是《帝国茶园：茶的印度史》一书的下半部分，两本书组成了一幅完整的英属印度纷繁复杂的百年茶叶发展历史的画卷。本书系统论述了东印度公司和英国人在现西孟加拉邦大吉岭地区、杜阿尔斯和特莱地区、南印度半岛地区拓展茶叶种植的情况，从宏观和微观的角度，解读印度殖民地时期茶叶资本及贸易和英国茶叶科学研究的发展，以及在印度茶产业开发中发挥重要作用的早期英国茶叶种植者、中国茶工和印度茶园劳工群体及个体的命运。18—19 世纪国家之间的贸易竞争不仅是经济命脉的竞争，也涵括个人命运的奋斗和挣扎。从植物或商品传播的角度来看，几百年的茶叶全球化历史，留下痕迹和影子的大多是英国、荷兰等国人的记录。中国茶工参与英帝国茶园开发中的一段晦暗历史痕迹都已经被殖民者抹去，或者只留下模糊的虚影。在混乱的社会洪流之中，已难以寻找中国参与者清晰的轨迹。

综观英国在印度大陆开发茶产业的历史，反映了一种具有巨大的经济价值的作物在世界范围内发现、引种、驯化、传播和产业化、全球化发展的历程。实际上，原产于中国的茶叶在国外被正式投入产业化利用之前，在欧洲经历了将近300多年的资源收集、研究、发掘、评价的科学研究过程。自14世纪开始，意大利最早兴起文艺复兴运动，然后扩展到西欧各国，带来科学与艺术革命，兴起一股探索自然、认识自然的科学思潮。在此过程中，广泛收集和研究植物分类作为认识自然的方式也风行欧洲。地理、天文、数学、物理、生理学和医学取得的成就，引发了大航海时代的到来。

16世纪大航海路径的拓展，引领了跨地域商品、资金、人员的流动，带来有形或无形的思想、知识、材料等的扩散和传播，极大地推动了植物的收集和传播，航海远征船队的随队医生和员工在外域积极地采集植物标本、收集奇异植物带回本国。欧洲诸国如意大利、荷兰等开始纷纷建立植物园，竞相开展植物探寻、考察、收集与植物分类等研究。在此期间，引种和驯化来自世界各地的农作物、园林植物、经济植物成为欧洲植物园的主要研究内容。16—17世纪欧洲成功地引种和驯化南美植物（如玉米、土豆、甘薯与烟草等植物），极大地改变了欧洲的经济、社会和文明进程，进一步促进了全球跨大陆、跨国家、跨地区之间的植物探险猎奇和经济植物的利用。18世纪以来，航海贸易、殖民地扩张则加速刺激了全球的植物引种与传播，催生了经济植物的产业化和全球化，使殖民地经济产业发生了深刻变化。无疑，探索自然、认识自然是其内在驱动力，欧洲殖民者的贪婪与经济植物的巨大价值的共同作用改变了当时的世界经济、社会形态和格局，茶叶的开发就是典型的例子。

大航海和全球探险引发了欧洲人对高度文明、富饶的东方世界强烈的探索欲望，探险者、传教士、贸易商、旅行者、自然学者等来到中国寻找新的植物资源。据载，大约最早的关于中国茶叶记录之一是1558年出版的意大利耶稣会教士、作家乔瓦尼·彼得罗·马菲（Giovanni Pietro Maffei）编纂的书籍*Historiarum Indicarum, libri XVI*，其中第6卷有一段着重描写了中国茶叶，称"茶叶"为贵族饮用的延寿草药，必须盛在精致的瓷杯里才能享用。威尼斯共和国地理学家乔万尼·巴蒂斯塔·拉穆西奥（Giovanni Battista Ramusio）于1559年出版的《航海与旅行记》（*Delle Navigationi et Viaggi*），也记载了波斯商人介绍神奇的中国茶叶。

真正见到茶叶实物并且品尝过茶叶的是最早进入中国的葡萄牙传教士。1556年（明嘉靖三十五年）曾访问过广州的葡萄牙多明我会传教士加斯帕·达·克路士（Gaspar da Cruz）在1569年出版的《中国志（详细记载中国事物以及特点的文章）》一书中，记述了明朝时期广州喝茶的习俗："如果有客人来访，主人会为客人递上一种称之为'Cha'的热水，装在瓷杯里，有几个客人就准备几个杯子，杯子盛在一个精致的盘子上。这种热水药味很重，颜色发红，是一种略带苦味的草药调制而成。中国人常喝，他们通常用来款待尊贵的客人，我也有幸喝过几次……"

1583年，进入中国的意大利传教士利玛窦抵达广东肇庆府。此后，他在中国传教和旅行期间发现和记载了中国茶叶。利玛窦寄回欧洲的书信曾提及中国茶叶："有两三件事是欧洲人完全不知道的，我必须在此简要说明一下。首先，中国人、日本人和他们的邻居都知道，有一种灌木用它的叶子调制出一种著名的饮料，称为cia。……在这里，他们在春天收集它的叶子，把它们放在阴凉的地方晾干，然后制成干燥的叶子，酿造一种饮料，供他们吃饭时饮用，也供朋友来访时饮用。在这种晚餐场合，只要他们还在一起交谈，就会不断地送上。这种饮料要小啜而不是喝，而且总是热着喝。它的味道并不令人不快，有点苦，通常被认为经常服用是有益健康的……”

1557 年，葡萄牙人占据澳门并取得贸易权，开创了中国茶叶出口欧洲的先河。中国茶叶通过澳门转运葡萄牙里斯本，但在茶叶商贸上，葡萄牙人输给了荷兰人。1607 年，中国茶叶首次作为商品由荷兰东印度公司经印度尼西亚爪哇转运荷兰引入欧洲，开始在欧洲传播，至 18 世纪 30 年代，以巴达维亚（现印尼雅加达）为贸易中心的荷兰茶叶间接贸易达到鼎盛。而真正将中国茶叶大规模传播至欧洲和世界其他地区的是后来崛起的英国东印度公司。英国人最早寻找茶叶的记录可追溯到 1615 年，东印度公司在日本平户的代理威克姆写信给在澳门的同事伊顿，信中请伊顿给自己寄一些“口味上佳的茶”。1663 年，英国东印度公司一艘商船从印度尼西亚爪哇岛带回高级中国茶叶作为礼物送给国王。1669 年，东印度公司第一次从爪哇岛万丹订购了 143 磅茶叶。1689 年，东印度公司第一次直接从中国厦门订购茶叶进口至英国。但在 17 世纪下半叶，英国商船仅偶尔运回少量价格昂贵的茶叶。17 世纪中期，英国上层阶级已经开始接受饮茶，但饮茶仅流行于英国上流社会和贵族的活动及家庭生活。至 17 世纪末，东印度公司从中国进口茶叶数量开始增长，据东印度公司 1697 年 6 月 30 日的商业日志记载，商船首次运回约 8922 磅茶叶，价值 8000 英镑。1698 年至 1702 年，东印度公司船队陆续带回几千至上万磅的中国武夷红茶和松萝茶。进入 18 世纪 60 年代，茶叶成为英国东印度公司经营的最大宗商品，其贸易量已超过荷兰。尼尔·弗格森在《帝国》一书中言：“1703 年，一艘‘肯特’载 29250 公斤中国茶抵达伦敦，这艘船运载的茶叶几乎是上一年英国进口茶叶的总量。”“1756 年，喝茶成了英国人日常生活中一个普遍的习惯。”自此，中国茶叶源源不断地进入英国市场，茶叶深刻地影响英国的政治和社会，改变了英国人的生活方式。

18 世纪以来，以英国皇家邱园、英国切尔西药用植物园、苏格兰皇家爱丁堡植物园等为代表的对全球植物的探险、收集、研究和利用到达高潮。繁荣的茶叶贸易，具有巨大经济价值的茶树自然引得欧洲人垂涎欲滴，其背后潜伏着一股隐秘的科技竞争和智慧博弈。虽然中国明末清初以来采取闭关自守的政策，使得欧洲殖民者的植物猎手难以轻易地获得中国茶树，然而也阻挡不住欧洲的传教士、商人偷偷进入中国采集植物和茶叶的样本。苏格兰医生詹姆士·坎宁汉姆（James Cuninghame，1665—1709）是最早成功地从中国采回茶叶标本及样品的人。1697 年他乘坐一艘私船到中国，1698 年 7 月船到了厦门，他在那里待了 6 个月，收集了 174 种植物标本和其中 84 种的种子。同时，他雇用当地艺术家画了 800 多幅水彩植物插图。1700 年，他受英国东印度公司雇佣再次前往中国，在浙江舟山群岛待了两年，收集了大量植物标本和种子，首次采集了中国茶叶标本及样品并带回英国。他在浙江舟山采集的茶叶标本和样品至今依然保存在伦敦历史博物馆达尔文中心。这是一份编号为“857”的茶叶样品，标签上英文标示为“一份来自中国的茶叶”，还有一份珍贵的干枯褐黄色的茶叶枝条带茶花的标本。这也许是英国人最早进入中国内地采集的活体茶叶标本和茶叶样品，也许是世界上现保存最久的茶叶样品和茶叶标本。詹姆士·坎宁汉姆在1702年或者1703年2月12日致英国博物学家汉斯·斯隆爵士（Hans Sloane）的信中说："……我也给你们两人寄去180种植物标本册，双份，大多数都是新的，保存很好，我尽可能贴上标签做了描述（只要我有时间和观察的机会），一些茶叶种子……"詹姆士·坎宁汉姆的行动开启了英国东印度公司雇用植物猎人在中国各地采集有价值植物的探险序幕。

随着英国海外贸易和殖民地扩张，植物的引种、驯化和产业化背后，始终闪动着帝国争霸、殖民扩张的野心，原产于中国的茶叶不可避免地成为欧洲殖民者虎视眈眈的目标。1780年，英国东印度公司的船队曾从中国广州窃取少量中国茶籽携带到加尔各答，种植在罗伯特·基德上校的私人植物园中（加尔各答皇家植物园前身），该植物园成为首次引进中国茶树种植的植物园。英国皇家学会会长约瑟夫·班克斯博士当时兼任东印度公司的顾问，他广泛地收集中国茶叶的相关资料和信息。1788年年间，约瑟夫·班克斯博士就收到了来自东印度公司驻广州的雇员布拉德肖（Bradshaw）送来的24幅茶树和茶叶加工绘画作品。1793年英王乔治三世派遣特使乔治·马戛尔尼率领外交使团出使中国，向乾隆皇帝祝寿并寻求通商。1816年阿美士德勋爵（William Pitt Amherst）率领英国使团第二次访华。约瑟夫·班克斯博士积极支持派团前往中国，坚持要派遣植物学家、专业园丁和画家参加探险，建议使团在旅行中尽可能多地收集植物标本、种子和有关信息，尤其是茶树。他从私人的图书馆中借给了马戛尔尼78卷书和一套关于中国茶叶制作工艺的图画，供代表团使用。马戛尔尼使团全部费用由英国东印度公司承担，英国东印度公司委托使团一项特殊的秘密任务，请求尽可能地收集关于中国茶树种植的信息。毋庸置疑，英国东印度公司是全球植物猎手的最主要资助者。

英国东印度公司不仅雇用职业植物猎手，而且公司的许多职员本身就是专业的植物学家。约翰·里夫斯（John Reeves）就是其中的一位。约翰·里夫斯 15 岁时在伦敦的茶叶经销行实习，1808 年加入东印度公司。1811 年他受东印度公司派遣前往广东，担任东印度公司的助理验茶员，后来成为茶叶检查官（tea inspector）。临行前，英国皇家协会会长约瑟夫·班克斯博士委托他收集植物和有关信息。1816—1817 年，约翰·里夫斯受英国园艺协会（The Horticultural Society）雇佣从中国收集植物和动植物绘画。1812—1821 年，约翰·里夫斯从广东寄给班克斯许多书信，信中内容包括诸多与茶叶相关的内容："寄去中国插图书，不久会寄去一些茶苗（1812 年 12 月 27 日）"，"给班克斯夫人寄去了各种茶叶"，"给班克斯爵士寄去了一株茶苗和一些茶树种子。中国人有制作超薄锡箔的方法，这是英国需要的（1814 年 2 月 6 日）"，"机会合适的时候会告诉班克斯爵士他能在哪里获得好的茶叶（1814 年 10 月 1 日）"，"寄给班克斯爵士……皇室用的一个茶叶样本（1815 年 2 月 14 日）"。由于约翰·里夫斯的重大贡献，1817 年他被选入英国皇家学会和林奈学会。1831 年，约翰·里夫斯返回英国时，带回的中国动植物图谱就多达数千幅。

18—19 世纪的以英国殖民主义者为主导的全球经济植物引种、驯化和经济植物产业化浪潮，已成不可阻挡之势。早在英国东印度公司在印度大陆开发茶产业之前，荷兰、葡萄牙就捷足先登，将中国茶引进至印度尼西亚、巴西和大西洋岛屿种植。1728 年，荷兰东印度公司第一次提出引进中国茶籽在印度尼西亚爪哇种植的设想。1826 年，荷兰东印度公司从日本引进茶籽种植在印尼茂物种植园。1827 年至 1833 年，荷兰茶叶审评师 J.I.L.L·贾克布森（Jacobson）6 次进入中国，从中国盗取茶籽，雇用中国茶工前往爪哇种植茶叶。他 1843 年撰写的《茶叶的生产和制作手册》和 1845 年出版的《茶叶的筛分和包装》是英国人最重要的茶叶技术参考书。1809 年，葡萄牙殖民者从中国澳门招募数百名中国茶工，带着盗取的中国茶籽来到巴西里约热内卢种植茶叶。1820 年，葡萄牙的亚速尔群岛从巴西引入中国茶籽，种植在其中最大的岛屿——圣米格尔岛（Sao Miguel），成为欧洲第一个种植中国茶叶的岛。然而，真正将茶叶商业化引种成功的却是英国东印度公司。

英国东印度公司正享受着独家垄断与中国茶叶贸易带来的巨额利益，自然不考虑立即从中国引进茶叶种植。1833 年，英国东印度公司被取消了与中国茶叶的垄断贸易特权，使东印度公司立刻着手引进中国茶树。1834 年，英属印度总督威廉·班提克独具慧眼，把握了难得的历史机遇，成立茶叶委员会，标示着在印度殖民地茶产业开发的正式启动，从此改变了一个殖民地国家的命运。19 世纪第一次鸦片战争之后，西方植物猎人逐渐进入中国内地，对中国茶叶的探险一直持续至近代 1848—1851 年英国植物猎手罗伯特·福琼进入中国。而彼时，英国在印度殖民地的茶产业开发已经取得初步成功。

1866 年，英国人将阿萨姆茶树引进殖民地锡兰（今斯里兰卡）种植。1878 年，阿萨姆茶树被引进印度尼西亚的爪哇种植，取代了中国茶种。1903 年，英国人将阿萨姆茶树引进东非肯尼亚种植。

从全球视野回顾茶叶在英国殖民地的传播与全球化的历史过程，我们可以大体上划分出中国茶的科学研究和在印度大陆引进、种植、产业化的四个阶段过程：（1）发现中国茶叶和植物学研究阶段（16世纪—1834年）。（2）茶产业实施和试验阶段（1834—1860年）。（3）茶产业高速发展阶段（1860—1918年）。（4）茶产业稳定发展阶段（1918—1950年）。这一发展历程是一幅英国殖民战争、政治、社会、经济多重层面交织缠绕的历史画卷，一片茶叶改变了19世纪中国、英国、印度三个国家的历史命运。

21世纪的今天，英国原殖民地印度、斯里兰卡、肯尼亚三国已成为国际上最大的红茶生产国、出口国。据国际茶叶委员会统计，2019年全世界生产茶叶615万吨，其中印度139.0万吨、斯里兰卡30万吨、肯尼亚45.9万吨，这三个英国原殖民地国家占全世界茶叶产量的35%；中国茶叶生产量279.9万吨，占46%。2019年全世界茶叶出口量189.5万吨，其中中国出口36.7万吨，占世界总出口量19%，主要出口非洲国家和地区；肯尼亚出口49.7万吨，斯里兰卡出口29万吨，印度出口24.4万吨，后三个国家占世界总出口量54%。在消费方面，全世界茶叶消费量585.9万吨，其中中国227.6万吨，占39%；令人瞠目结舌的是原本不饮茶的印度，2019年消费茶叶达到110.9万吨，占全世界的19%。另一方面，十多年来，中国从印度、斯里兰卡和肯尼亚进口红茶。2019年，中国从国外进口茶叶4.43万吨，其中从印度、斯里兰卡和肯尼亚进口红茶3.64万吨，金额1.26亿美元。现今风靡国内的新式茶饮（如奶茶、水果茶）的茶叶大多数是采用从这三个国家进口的红茶作为原料，街头年轻人手中握着的那一杯奶茶，很可能是用印度阿萨姆红茶或者斯里兰卡红茶制作的。

今天，中国茶产业的茶园面积、茶叶产量、茶叶消费量虽然已经达到了世界第一，但是现今国际茶叶贸易规则、茶叶商品名称等级却是英国人在100多年前制定的，并且一直沿用至今！国际茶叶市场上，英国原殖民地国家印度、斯里兰卡和肯尼亚生产的红茶依然是国际茶叶市场的主流，英国和欧洲其他国家的茶叶品牌依然垄断着欧美茶叶消费市场。历史总是戏剧性地重演着相似的篇章，如果我们从历史、经济角度研究和审视英国和印度茶叶发展史，从中国茶叶的传播中总结出一种商品的全球化演变和发展规律，便能从过去的路径发现或预测未来的趋势，依然不失其历史研究价值。茶叶在19—20世纪的传播，就像一杯陈年的老茶，经过繁杂的加工和时间的沉淀，值得我们细细品味。如何从历史的记忆中探索前进的方向？中国茶产业的“工业化”和“全球化”依然任重道远。

2020年10月21日

目录

第一章 大吉岭茶叶种植

一、被骗走的大吉岭

大吉岭位于喜马拉雅山麓的西瓦利克山脉，北部连接锡金邦，与中国西藏隔山相望，距锡金邦首府甘托克约 120 公里，中间被朗格特河分隔，东北部连接不丹，西北部连接尼泊尔，南部连接印度西孟加拉邦的西里古里平原和特莱平原。今天的大吉岭地区占地 1144 平方公里，平均海拔为 2134 米，最低海拔 100 多米，最高海拔达到 3600 多米。从大吉岭山城可远眺世界第三高峰，海拔 8580 米的干城章嘉峰。“大吉岭”这个名称的来源有多种传说，其中之一来自藏语“霹雳”（Dorje）和“地方”（Ling）合并而成，藏文含义为“金刚之洲”。1765 年，当地雷布查人（中国称绒巴人）以锡金法王朗杰平措的名义修建了一座佛教寺院，并取名“Dorjeling”。从此，这一地区被称为大吉岭。

19 世纪初之前，大吉岭区域至西孟加拉邦西里古里丘陵和平原均属于锡金王国的领土。锡金王国北接中国西藏，世界第三高峰干城章嘉就矗立于两国边境；南临孟加拉平原，东西两侧分别与不丹和尼泊尔接壤。起源于喜马拉雅山脉的朗格特河和蒂斯达河流经锡金王国后在大吉岭汇合，穿越大吉岭地区奔腾流向杰尔拜古里平原。另外一条巴拉松河也穿越大吉岭流向杰尔拜古里平原。锡金王国正是处于这样重要的战略位置和贸易重地，被视为是从孟加拉平原和恒河平原通往中国西藏及内地的最好通道，而大吉岭正处于这必经之道中。

18 世纪下半叶，由于清朝采取闭关自守的政策，英国东印度公司试图从东南沿海打开中国大门的策略受到重重阻碍，促使英国东印度公司企图从中国西藏打开商贸通道。西藏的亚东与锡金相邻，历史上一直是不丹、尼泊尔、锡金、孟加拉地区与中国边境贸易的商贸重镇，也是五国之间传统的商贸通路。英国东印度公司主张把西藏看作通往中国内陆市场的潜在后门，企图通过这条商路，开拓发展印藏贸易，将西藏和内地变成英国商品的销售市场。因此，从 18 世纪 70 年代，英国东印度公司一直窥伺西藏地区，并加快了对西藏地区渗透和扩张的步伐。然而，由于当时英国东印度公司对西藏地区情况几乎一无所知，基于喜马拉雅山脉地区的尼泊尔、锡金、不丹等王国在历史上同中国西藏形成了密切的政治、经济、宗教、文化和边境贸易关系，也存在着区域之间的利益冲突，东印度公司便一方面处心积虑地寻找机会，利用科学考察或者贸易合作等名义进入西藏境内，拜访班禅和达赖，妄图通过签订所谓的“通商友好条约”来打开西藏大门。另一方面，东印度公司积极地介入喜马拉雅山脉各部落王国之间的斡旋、调解、冲突与战争，趁机扩大英国的势力和影响力，从而坐收渔利，为最终打开西藏大门创造条件。当时的大吉岭仅仅是锡金王国领土下一座人迹罕见、茂密森林覆盖的山峰，散落着几个雷布查人居住的村庄。由于英国东印度公司的介入，近代大吉岭地区的复杂历史便这样与锡金、尼泊尔、不丹、中国和英国的不断争夺和冲突纠缠在一起。那么原先默默无闻的大吉岭是如何最终落入英国东印度公司的手中的？大吉岭又是如何变成世界上最著名的红茶产区的呢？

这里不能不提及命运坎坷的锡金王国。19 世纪前的锡金王国古称哲孟雄，是 1642 年来自西藏康巴地区的普提亚贵族蓬楚格·纳穆加尔与锡金当地雷布查族部落组合建立的王国。普提亚族在藏传佛教中最古老的教派宁玛派（红教）喇嘛的支持下征服了雷布查族，在锡金建立了普提亚人和雷布查人联合统治的纳穆加尔王朝，蓬楚格·纳穆加尔自称法王，纳穆加尔王朝从此统治锡金三百多年，直至 20 世纪 70 年代被印度吞并，锡金王室被迫流亡海外。1645 年，西藏第五世达赖喇嘛封锡金法王平措南杰为锡金国王，并封赐印章，认可了法王在锡金的地位，从此确立了藩属关系。

另外一支普提亚族信奉噶举派（白教），他们迁移至锡金东部的高山地区建立了另外一个王国——不丹。不丹王国历经发展，逐渐在经济、军事上成为喜马拉雅山南麓的强国之一。此后，不丹一直对其西侧的邻邦锡金王国虎视眈眈，不时入侵骚扰，伺机吞并锡金的领土。

尼泊尔王国也对锡金王国的领土虎视眈眈。13世纪期间，尼泊尔一直在扎亚斯涩提·马拉国王创立的马拉王朝的统治之下。14世纪末，马拉王朝被分为三个王国：加德满都、帕坦和巴德冈（今巴克塔普尔）。至16世纪时期，马拉王朝国力日益衰竭，内部逐渐分离形成割据一方的诸多土邦王国。1559年，印度西北部拉贾斯坦地区拉杰普特纳王公的后裔德拉维亚·沙阿（拉吉普特人）一路向东征战、迁徙，占领了尼泊尔西部廓尔喀区域，建立廓尔喀王国。1742年，该王国第10代君主普里特维·纳拉扬·沙阿登上王位。他励精图治，王国逐渐强大起来。尚武的廓尔喀人继续不断征战，很快逐个打败各个土邦小国，领土不断扩张，于1769年征服了尼泊尔马拉王朝，最终统一尼泊尔，建立沙阿王朝并定都加德满都。鼎盛时期，尼泊尔王国领土面积约为今天尼泊尔面积的三倍。沙阿王朝军事上的一系列胜利让廓尔喀人野心大大膨胀，不仅入侵邻国锡金，而且后来还三次入侵中国西藏。

1788年“尼锡战争”爆发，尼泊尔廓尔喀军队入侵锡金，攻占锡金首府拉达孜，锡金国王越境逃亡到西藏热日宗的春丕谷避难，廓尔喀军队继续向西藏推进，挑起了第一次“中廓战争”，廓尔喀军队一度入侵西藏，占领了中国西藏的聂拉木、宗喀和济咙等边界重镇。清朝紧急调遣成都将军鄂辉和四川提督成德军率部入藏。1789年2月，清军击退廓尔喀军后，收回被廓尔喀军占领的西藏领土。锡金王国本应收复其失陷的领土，但万万没料到，锡金背后被不丹捅了一刀出卖了，本来支持锡金并参与尼锡战争的不丹军队突然掉转枪口攻击锡金，导致本已被廓尔喀军队打得溃不成军的锡金腹背受敌，彻底溃败。“尼锡战争”后，锡金南部的蒂斯达河谷两侧被尼泊尔和不丹两国瓜分，蒂斯达河谷以西的大片领土落入尼泊尔王国之手，而蒂斯达河谷以东领土则被不丹占领，锡金只保有蒂斯达河上游的领土。1791 年廓尔喀军队第二次入侵西藏，野蛮地占领整个后藏地区，并洗劫班禅喇嘛的驻锡地扎什伦布寺，迫使达赖和班禅向清政府请求援军。清朝廷震怒，乾隆皇帝任命两广总督福康安和海兰察统率清军于 1792 年 1 月赶至拉萨，6 月即收复所有失地，将廓尔喀人全部逐出西藏，并越境追击，至 8 月中旬已逼近尼泊尔王国首都加德满都城郊。尼泊尔国王立刻派遣使者去向清政府求和，表示愿意臣服大清，并定期朝贡，福康安将军接受了尼泊尔国王的求和撤退回到中国。

1814 年，尼泊尔王国与英属印度的边境领土发生纠纷，10 月，英国东印度公司以 18 名英军被杀死为由发动了对尼泊尔的第一次“英尼战争”。在东印度公司制订的战争计划中，东印度公司诱惑锡金王国参与战争，要求其从东面包围尼泊尔。东印度公司派遣官员斯考特信誓旦旦地向锡金国王保证，东印度公司将支持锡金收复被尼泊尔侵占的土地，还会在未来的英尼条约中保护锡金的独立。收复失地心切的锡金国王楚格普德闻言正中下怀，爽快地与英国人结成了同盟，承诺锡金王国将在山地攻击尼泊尔人。随后，东印度公司向锡金提供了一批军火。战争从东部和西部两个方向向尼泊尔境内推进，经过多次异常激烈的战斗，1816 年 2 月，英军将领大卫•奥奇特洛尼率领 1.7 万多人的军队以压倒性优势击败了廓尔喀军，英军推进到距离加德满都只有三天路程的区域，迫使尼泊尔王国求和。在东印度公司的威胁下，双方于 3 月 4 日签订《苏高利条约》。条约规定：尼泊尔将锡金美琪河和蒂斯达河之间地区，包括大吉岭、格尔西扬、西里古里、特莱西部区域及现今北阿肯德邦的库马盎和加瓦尔在内的领土割让给东印度公司；条约中除了规定尼泊尔侵占的锡金领土全部地永久地割让给东印度公司外，还规定今后尼泊尔与锡金之间的争议由东印度公司仲裁。可怜的锡金王国为了收回被尼泊尔占领的失地而积极参战，战后其领土却归了东印度公司。

《苏高利条约》为英国东印度公司打通了从锡金、不丹进入西藏边境的贸易走廊。在喜马拉雅山脉西北部，东印度公司获得了库马盎和加瓦尔地区的领土，英属印度的领土第一次与中国边界接壤，英国东印度公司开辟了从库马盎进入中国列城、西藏和中亚的商路。

锡金国王当然不甘心，遂向东印度公司追讨失地，为保证今后能拓展在锡金乃至西藏的利益，东印度公司决定同锡金签订一份条约来确保东印度公司的利益。东印度公司派遣莱特少校说服锡金国王于 1817 年 2 月 10 日签订了《提塔利亚条约》。《提塔利亚条约》确定，东印度公司归还锡金部分领土，即美琪河与蒂斯达河之间的领土，作为“回报”，锡金王国承认《苏高利条约》中有关英尼锡三方关系的条款；东印度公司获得锡金与尼泊尔之间争端的裁判权。

在外部威胁获得暂时缓和的形势下，锡金内部的贵族和领主们又开始内讧，阴谋争夺权力。王国内部的普提亚贵族和雷布查贵族围绕政权展开了宫廷权力的明争暗斗。1819 年，第七世锡金国王纳姆加尔（普提亚族）与他的舅舅、首相博洛德（雷布查族）发生了激烈的权力争夺，虽然后来矛盾有所缓解，但在 1824 年，纳姆加尔国王的妻子及儿子不幸去世，无所顾忌的国王命令廷伊克·孟朝暗杀了首相博洛德。首相博洛德的堂兄裕克·拉德拉普

大吉岭土著雷布查（绒巴）人（约1880年）

害怕遭受同样的命运，率领雷布查族的800个家庭，约2000多人逃离锡金，窜至锡金与尼泊尔边境属于尼泊尔领土的安图达拉区域暂时驻扎，并寻求尼泊尔的庇护和支持，这个区域即今与大吉岭地区米瑞克区边境接壤的尼泊尔伊拉姆地区，这一事件被锡金称为“孔塔帕叛乱”。

锡金国王迫切地追捕裕克·拉德拉普一伙雷布查族人，而尼泊尔声称安图达拉是其边界内领地，属于尼泊尔的领土，锡金国王不能进入安图达拉。锡金国王反声称安图达拉为锡金的领土，双方由此发生边界争端。锡金国王原希望请求中国西藏帮助与尼泊尔谈判，引渡雷布查族叛逃人员，但又恐怕这么一来，逼使裕克·拉德拉普寻求英国的支持。这时，由裕克·拉德拉普率领的雷布查族人则声称大吉岭是他们的世袭土地，为了获得英国人的同情和支持，他们声称自愿将大吉岭作为礼物送给英国人。此时，东印度公司似乎保持“中立”的态度。东印度公司认为，雷布查族人的反叛和他们将尼泊尔作为庇护之地“对英国政府而言是无所谓的”。

无奈之际，锡金国王只能转而请求英国东印度公司的调解和支持。1828 年，英属印度总督威廉·班廷克派遣少校乔治·劳埃德和 J.W. 格兰特依据签订的《提塔利亚条约》前往调解。1829 年 2 月，劳埃德少校和 J.W. 格兰特抵达锡金与尼泊尔交界的大吉岭，在大吉岭的古姆村驻扎了 6 天，经过现场勘查，确认安图达拉位于美琪河的西部位置，裁定安图达拉属于尼泊尔的境内。这一裁决结果使得锡金国王对英国人大为失望和愤愤不平。悲愤之下，

大吉岭尼泊尔人和不丹人（1865 年）

锡金国王发出严厉命令，禁止他的臣民再帮助英国人。

劳埃德少校和 J.W. 格兰特在大吉岭逗留期间，不仅被雄伟的干城章嘉峰雪山和巍峨群山的美丽景色所震撼，而且意外地发现迷雾笼罩下高海拔的大吉岭拥有令人神清气爽的气候，非常适合作为英国军队的疗养地。劳埃德少校描述道："（大吉岭）曾经是一个较大的村庄，有几间商店；主要是雷布查人居住在这里，遗留了房屋的残迹和一座寺庙……都是用石头建造的；几座不同样式的石墓。一条小溪从峭壁岩石山上流淌下来；在不远处，以前居住过的地方现在已完全被荒废，已被丛林和杂草覆盖……"

他们返回加尔各答后，随即在 1829 年 6 月 18 日撰写报告上报英国东印度公司。他们再次肯定并指出了大吉岭地区重要的战略位置，认为大吉岭位于孟加拉地区关键的入口处的"前哨"位置，巍峨的大吉岭将英属印度与中国西藏、不丹、锡金和尼泊尔连接在一起，是个十分重要的战略和贸易要地。他们也同时报告了意外发现：大吉岭是一个非常适合避暑疗养的胜地。1830 年，东印度公司随即派遣副总测量师詹姆斯·赫伯特上尉在格兰特的陪同下前往大吉岭，实地勘察为在印度的英国军队建立疗养院的可能性。他们从加尔各答出发，经过两周的旅程抵达海拔 2133 米的大吉岭山，详细地勘察了大吉岭山。詹姆斯·赫伯特在报告中，形容大吉岭是"从山顶端到山脚下被森林完全覆盖的一座山，一直延伸到独立天穹的喜马拉雅山雪山为止"，"为了更好地理解大吉岭的自然条件，我想说它几乎和西姆拉（Shimla）一样有希望，比台拉登更有希望，而且阿尔莫拉根本比不了大吉岭……"另外，吃苦耐劳、善良友好的雷布查人给詹姆斯·赫伯特留下了深刻的印象，他带着有色的眼光发现雷布查族人是一群很有潜力的山地劳工，“雷布查人可以负载普通苦力或搬运工两倍的重量，他们信誉很好、肯干，……我们应该（首先）要求一小群这样的人，（他们）聪明、积极、友善、愿意受人指挥”。

每年从3月份开始，特别是季风来临之前，印度平原地区就如同笼罩在“蒸笼”之中，加尔各答和孟加拉平原高温、炎热、潮湿的气候和污浊的空气让欧洲人简直无法忍受，恨不得逃离这令人发狂的折磨。19世纪的欧洲医学界普遍有一种看法，认为海外殖民地的热带湿热气候会对白人身体产生巨大的危害。在炎热、潮湿的气候条件下，定期的身体疗养对保持白人种族健康是非常必要。在这种医学观点指引下，英国东印度公司一直在印度殖民地内寻找合适的地点建设疗养地，为来自印度平原地区的白人军队官兵和行政管理人员及家属提供疗养康复之地，这种疗养地被英国人称为“山站”（hill station）。英国人早就渴望在殖民地寻找一个与欧洲气候相似的空气清新、环境舒适的地方建立疗养地，作为恢复英国人身心健康之地。在这种基于气候理论和种族科学的生物政治思想指引下，1829年，英国东印度公司占领卡西丘陵和杰因蒂亚丘陵（现梅加拉亚邦）后，选择了在西隆镇附近的奇拉蓬基建立疗养地，该地以其壮观的布拉马普特拉河三角洲闻名。建站五年来，由于特殊的地理位置，奇拉蓬基山站每年约600英寸的降雨量，以及常年的浓雾缭绕，使奇拉蓬基疗养地仿佛整年笼罩在雨水中，最终被英国人认为是不适合疗养的地方。赫伯特和格兰特的考察报告认为“醉人的清凉空气、偶尔云雾缭绕”的大吉岭，高海拔、温带气候非常适合建设成疗养山站，他们强烈建议用武力占领大吉岭。但此时，东印度公司尚未找到吞并大吉岭的借口。

英属印度总督班廷克当机立断做出决定，与锡金国王商议租借大吉岭作为英国人疗养之地。班廷克总督似乎表现出相当公平的态度，他含蓄地指示“朗布尔的地方法官史米斯先生可直接与锡金国王谈判，英国政府希望在大吉岭建立疗养院……租借不应最终坚持，除非提供令国王真正满意的条款” 。

1835 年 2 月 11 日班廷克总督直接给锡金国王写了一封信，信中称：“我派遣劳埃德少校与您商议……租赁大吉岭，英国政府会提供令双方都认为合理的价格。”2 月 15 日，锡金国王会见了劳埃德少校，对东印度公司提出租赁大吉岭的要求，锡金国王错误地以为东印度公司仅仅是在大吉岭山上租赁一小块土地建立一个疗养院，国王虽然心中愿意，但他也不愿就那么轻易地租赁给东印度公司。他口头告诉劳埃德少校，只要东印度公司能够答应三个条件，就同意将大吉岭租赁给东印度公司。这三个条件是：（1）锡金的领土拓展至尼泊尔东部的塔姆巴河为界。（2）逮捕和引渡携国库款潜逃的原锡金税务官库姆摩·普拉丹。该人原为朗布尔税务官，英国人斯科特先生推荐他担任这个职位。逮捕和引渡现躲藏在尼泊尔的裕克·拉德拉普率领的雷布查家族 800 个家庭。（3）归还在特莱地区被尼泊尔占领的锡金原有领土达格勒姆（今杰尔拜古里县）。

2 月 25 日，锡金国王再次告诉劳埃德少校：“如果他的要求全部被满足，他将出于友谊将大吉岭赠送给英国政府”。狡猾的劳埃德心知肚明东印度公司不可能答应这些条件，但他表面上不断恭维国王，并且拍着胸脯保证东印度公司会满足国王的要求，这让天真的锡金国王也相当自信英国人会答应这些条件，因此他没有将这三个条件写进契约中，而仅仅让首相用雷布查文写下一份非常简短的“财产转让契据”，仅仅一句话：“居住在这里可以获得健康，我，出于友谊，愿将大吉岭提供给总督大人。”

劳埃德少校却将契据用英文改为：“总督已经表达了他希望拥有大吉岭，由于凉爽的气候，为了遭受疾病的政府职员，我，锡金国王，出于对总督的友谊，特此将大吉岭赠送给东印度公司。”无知的锡金国王在这份契据的顶端盖上锡金皇家印章。诡计多端、贪心的劳埃德又在契据下半部分的空白处添加了：“……土地包括大朗格特河的南部、巴拉松、卡亥尔和小朗格特河的东部，以及朗格瑙和玛哈努迪河的西部。”劳埃德少校将契据中大吉岭区域范围拓宽到更大的地区，整个面积达到138平方英里，这比锡金国王原想象中租借给东印度公司的仅仅是大吉岭山头上的一小块地相差十万八千里。

心满意足的劳埃德少校将篡改的契据收进自己的口袋。随即返回加尔各答，他仅仅将国王要求的三个条件报告给东印度公司董事会，而故意隐藏这份契据。果不出所料，当年5月，东印度公司董事会告诉劳埃德少校，公司断然拒绝锡金国王提出的条件，要求劳埃德少校：“因此，放弃原计划所需要的任何进一步谈判”，即东印度公司董事会已经决定放弃租赁大吉岭。

几个月以后，一直在等待东印度公司回复的锡金国王焦急地写信给劳埃德少校：“你已经多次提及的大吉岭，去年盖了我红色印章的大吉岭契约已通过我的代表交付给你们，我的政府永远也不会违背。如果你有不同的理解我也爱莫能助。”劳埃德少校抓住了这个机会，最后才将契据书和国王的来信一同呈报给东印度公司，并添油加醋地报告公司，经过他艰苦的谈判，锡金国王愿意没有任何附加条件将大吉岭赠送给东印度公司，班廷克总督阅信大喜。1836 年 2 月 8 日，总督亲自写信感谢锡金国王的慷慨大方，并随即送了一批礼物给锡金国王作为感谢。礼物清单如下：高级披肩 1 条、低等披肩 1 条、20 码红棉布和一支双管步枪。

东印度公司就这样经过一系列的阴谋和威迫，不费吹灰之力将138 平方英里的大吉岭土地骗到自己手中。东印度公司随即派遣劳埃德少校和查普曼博士前往大吉岭进行疗养地的实地勘探，为大吉岭的城镇建设进行规划。1836 年 11 月至 1837 年 6 月，经过半年多的勘探和研究，两人最终提出了大吉岭山站的建设规划方案。由于劳埃德少校为东印度公司骗得大吉岭土地所取得的功绩，随后他被东印度公司晋升为上校，并被任命为负责大吉岭疗养山站的建设和处理锡金王国关系的总督代表。此时，锡金国王才忽然明白被英国人欺骗了，但为时已晚，愤怒的国王决定采取一切手段阻止大吉岭发展。他再次发布命令，严禁任何锡金的雷布查人为英国人服务。

劳埃德上校开始组织招聘劳工，砍伐森林和修建道路，大张旗鼓地建设大吉岭疗养山站。他鼓励裕克・拉德拉普率领的雷布查族人迁移定居大吉岭。1838 年 7 月，约翰・吉尔摩中尉领导建设从西里古里平原经格尔西扬至大吉岭山顶的“老军事路”；1839 年 5 月由罗伯特・内皮尔中尉接替生病的吉尔摩中尉的职务，继续建筑“老军事路”，直至 1842 年完工。

1839 年 6 月 5 日，由于东印度公司董事会对劳埃德上校组织的大吉岭建设进展缓慢非常不满，以及其他种种原因，劳埃德上校被撤职，返回东印度公司军队继续服务。据说，他后来被派遣随军队去了中国。多年以后他又返回印度。1857 年印度士兵大起义期间，已经 75 岁的劳埃德准将似乎年迈无能，他领导的军队中的印度士兵也参加了起义，劳埃德被耻辱地革除了军职。无所事事的劳埃德写信给当时大吉岭行政长官亚瑟·坎贝尔博士，希望获得大吉岭格尔西扬地区一块640英亩的土地，但这个要求被英属印度总督拒绝。好意的坎贝尔答复劳埃德说，他可以提供一小块花园给劳埃德，劳埃德愤愤不平拒绝了坎贝尔的好意。据说后来劳埃德最后还是返回大吉岭居住，渡过了他的余生。他的后代依然沿用他的姓氏，居住在大吉岭的米瑞克区。

1839年6月20日，原英国东印度公司派驻尼泊尔加德满都的亚瑟·坎贝尔（又名：阿奇博尔德·坎贝尔）博士正式担任大吉岭行政长官。他被授予绝对的财政、民事和司法权。在接下来的22年里，坎贝尔一直担任大吉岭的行政长官，领导大吉岭地区军事领土扩张和城镇建设。亚瑟·坎贝尔1805年4月20日出生于苏格兰的艾莱岛。1824—1827年，他先后在格拉斯哥大学和爱丁堡大学学习，并获得医学博士学位。1827年，他加入东印度公司，担任助理外科医生。1828年6月，他加入了一支由欧洲人和印度人组成的东印度公司炮兵部队。1832年，他被东印度公司派遣驻尼泊尔加德满都。在这里，他幸运地成为东印度公司驻尼泊尔加德满都特派代表布莱恩·霍奇森的助手。当时，特派代表霍奇森正积极从事对喜马拉雅山脉地区、尼泊尔和中国西藏的文学、历史、语言和习俗，以及地质勘探研究，这些研究使霍奇森在英国东方学和博物学研究领域处于领先地位。霍奇森对坎贝尔博士后来的职业生涯产生了极大的影响。像许多英国科学家一样，坎贝尔在尼泊尔服役了8年，在此期间，他努力学习廓尔喀语，深入考察、收集、研究尼泊尔植物资源，以及当地民族、部落信息，特别是关于艺术、制造业和农业，获得了特派代表霍奇森的好评和东印度公司总督的赞扬。1833 年，坎贝尔即升任特派代表助理。坎贝尔在其任期内撰写了多篇关于尼泊尔经济、社会、人文和文化方面的论文，他俨然成为尼泊尔研究的专家，这些知识对他后来担任大吉岭行政长官，领导扩张和开发大吉岭地区以及制定移民政策有很大帮助。

失去领土的锡金国王极不甘心，不断地向东印度公司提出要求返还大吉岭领土。为了缓解与锡金的矛盾，1841 年东印度公司决定每年给锡金国王提供 3000 卢比作为补偿，而且没有任何讨价还价的余地，锡金国王只能不情愿地接受。1846 年，补偿金提高到 6000 卢比。当年，锡金国王再次要求支付 1835—1841 年期间的补偿金，傲慢的行政长官坎贝尔拒绝了锡金国王的要求，为此双方矛盾再次升级，紧张冲突就一直伴随着大吉岭山站的不断建设而持续僵持着。

在行政长官坎贝尔的领导下，英国东印度公司抓紧对大吉岭的开发建设。东印度公司不仅要将大吉岭建设成一个避暑疗养山站，而且要将其建设成一个繁荣的殖民地山城。为此，行政长官坎贝尔做出了两项重要的决策：第一个是鼓励从尼泊尔引进移民政策；大吉岭的开发和建设需要大量的劳动力，为此东印度公司在大吉岭废除了奴隶制，采取自由劳动制度，鼓励尼泊尔移民和商人在此定居。这个政策吸引了大量尼泊尔、锡金和不丹的农奴逃离奴隶主庄园去往大吉岭，也吸引了一些尼泊尔贵族迁移至大吉岭。这样，大吉岭的尼泊尔人和普提亚族人口迅速超过雷布查人。1839—1849 年，大吉岭人口从 100 多人增加到 1 万多人。第二个是实施自由贸易政策，利用英国资本和企业，将大吉岭土地分配租赁给英国人，鼓励进行茶叶、金鸡纳树和欧洲水果种植，发展大吉岭的经济。英国人采取的自由贸易政策打破了锡金贵族和寺院对贸易的垄断，大大减少了锡金王国的关税收入，再次引起了锡金贵族和寺院的强烈不满。

1845 年加尔各答出版的塞缪尔·史密斯的《大吉岭指南：包括对地区的描述，它的气候、土壤和产品及旅游指南等》一书中就介绍道：围绕着中心，分布着教堂、集市、行政机关和几所房子，“大吉岭山站”逐渐成为人们熟悉的地方，经常有季节性的游客光顾。1848 年，人们在大吉岭附近的扎拉帕哈为英军建立了一个疗养站。1850 年 7 月 1 日，大吉岭殖民政府正式成立，建立起了完善的行政、司法、税收、警察等体系。同时建成的还有市政厅、学校、教堂、住宅、邮政、市场等市政和民用设施。至 1852 年，已经有 70 多套供英国人居住的住宅建成。大吉岭山站逐渐变得很出名，大吉岭醉人的清凉气候，让英国人闻风而至，纷纷季节性

大吉岭疗养院（1860 年）

地逃避酷暑的平原地区，来到大吉岭呼吸香槟般沁人心脾的空气。大吉岭殖民政府的年财政收入也达到5万卢比，实现了收支基本平衡。至1859年，大吉岭殖民地政府又扩建了五个营队疗养站，其中包括两个已婚军官宿舍和一所医院。

坎贝尔对动植物学研究充满浓厚的兴趣，他在担任行政长官期间，两次跟随英国植物学家约瑟夫•胡克博士偷偷潜入锡金考察。当时担任英国皇家邱园园长的约瑟夫•胡克博士非常渴望进入喜马拉雅山脉考察，1848年他进入大吉岭，正式要求锡金国王同意他进入锡金王国考察动植物，但没有获得锡金国王的同意。他转而请求英属印度总督达尔豪西帮助，但也被锡金国王拒绝。在坎贝尔的鼓励和煽动下，1848年12月15日胡克博士只身一人冒险经过尼泊尔，然后再进入窥觊已久的锡金考察。1849年1月19日他返回大吉岭。1849年5月3日，胡克博士再次进入锡金考察。1849年10月5日，胡克博士和坎贝尔在没有得到锡金国王允许的情况下，再次一起进入锡金境内考察。胡克博士三次成功的冒险考察，收获颇丰，令胡克博士和坎贝尔的冒险野心更加膨胀，希望亲身进入那梦寐神往许久的神秘西藏。在启程前，坎贝尔的欣喜若狂在日记中溢于言表："封闭的西藏离东印度公司的属地是如此之近，却又让人企慕而不可及……我几乎不敢相信我真的要去西藏了！ 20多年来，访问西藏一直是我最主要的抱负，对那里知道得太少了……"1849年11月7日，坎贝尔和胡克博士第四次进入锡金，并胆大妄为地经锡金与中国西藏边境的卓拉山口进入西藏亚东的春丕河谷，但被西藏士兵及时阻拦，强行制止他们进入，坎贝尔和胡克博士无奈，只能失望返回。此次他们可没有那么幸运，当他们返回锡金的领土后，即被锡金士兵抓捕，早已厌恨英国人的锡金士兵还把坎贝尔拷打一番。11 月 20 日，锡金首相托克汉·纳姆加尔从西藏返回，他了解情况后，自知得罪了英国人，便允许胡克博士写信与东印度公司联系。东印度公司在获悉坎贝尔和胡克博士被拘留的消息后勃然大怒，即指示大吉岭代理主管勒欣顿中尉："要严厉惩罚锡金王国的野蛮和傲慢，让锡金知道英国政府的强大。"锡金首相托克汉·纳姆加尔意识到事态的严重性，12 月 9 日即释放了坎贝尔和胡克博士。24 日，被扣留了 6 周的胡克博士和坎贝尔狼狈地回到大吉岭。受到侮辱的坎贝尔伺机报复，立即停发了锡金国王的 6000 卢比补偿金。他依然不肯善罢甘休，1850 年 2 月亲自率领一支英国军队入侵锡金领土，强行武力侵占了包括原属于尼泊尔的美琪河西部和原属于不丹的蒂斯达河东部，以及锡金的特莱平原地区大面积领土，使得东印度公司拥有的大吉岭地区的领土由原 138 平方英里扩张至约 640 平方英里，致使锡金王国的领土仅仅剩下高山地区。

当然，胡克博士作为植物学家，几次对锡金的考察获得了巨大的研究成果。从 1847 年至 1851 年，他四次深入喜马拉雅山、尼泊尔和中国西藏进行科学考察，收集了 7000 多份植物标本，完成了伟大的著作《喜马拉雅山区日记，一个自然学家在孟加拉、锡金、尼泊尔的喜马拉雅山区》一书。他是第一个将喜马拉雅山脉和大吉岭带入欧洲公众视野的知名

约瑟夫·道尔顿·胡克（1855 年）

人物。他在大吉岭住了三年，其丰硕的喜马拉雅山脉考察和发现成果通过他的私人信件和发表的论文吸引了19世纪欧洲广泛的读者群，也吸引了更多欧洲的传教士、学者、探险家、旅行家前往喜马拉雅山脉布道和探险。坎贝尔也发表了一些论文，1848年他在《亚洲协会杂志》相继发表了《从西藏Phari至拉萨的行程》《1848年锡金考察》《从大吉岭到西藏的路径》《1849—1950年从锡金进入西藏的考察日记》等论文。1862年2月，他卸任大吉岭行政长官。1874年12月5日，坎贝尔因病在英国去世。

英国东印度公司虽然解决了坎贝尔和胡克博士被扣留的事件，惩罚了锡金国王，又占领了大片的领土，却并不满足和甘休，要求占有更多的土地和控制边境贸易。为了拓展与西藏的贸易，他们要求锡金提供进入西藏的通路，但遭到锡金国王的拒绝，双方矛盾再次升级爆发。为此，东印度公司认为必须采用武力完全、彻底地制服锡金王国。

1860年夏天，制服锡金王国的机会来了，大吉岭发生了所谓"两个英国臣民被绑架"事件。事件的起因是两个锡金奴隶逃到大吉岭后，被奴隶主发现并带回锡金，但英国人借口两个奴隶居住在大吉岭，就是英国的臣民，英国政府有义务保护它的臣民。1860年11月，早已怀恨在心、行事鲁莽的行政长官坎贝尔率领一支由几个英国军官及160名印度士兵组成的部队跨过如姆曼河再次入侵锡金王国，不想遭到锡金军队的迎头痛击，英军丢枪弃甲，败逃回大吉岭。1860年12月，恼羞成怒的英属印度政府再次组织了4000多人的"锡金地面部队"，在高勒上校和英属印度政府特使阿什利·伊登的指挥下，于1861年2月1日再次入侵锡金，3日跨过朗格特河，3月9日顺利地占领锡金首都庭姆隆，锡金首相托克汉·纳姆加尔无奈地逃亡至西藏。在锡金王国亲英派驰布喇嘛的周旋下，3 月 28 日惊魂未定的锡金国王同英属印度政府签订了《庭姆隆条约》。新条约规定开放锡金的贸易，打开英属印度与中国西藏的贸易通路，流放反英的原锡金首相托克汉·纳姆加尔等，并确保商业上的完全自由，东印度公司的所有要求得到满足。该条约使英属印度政府事实上拥有了对锡金的宗主权，并完全控制了大吉岭地区。事后，一条从大吉岭到蒂斯达河的公路开始建设，锡金王国也承诺完成剩下锡金境内的部分道路建筑。英属印度政府为奖励锡金驰布喇嘛的帮助，任命他为锡金驻大吉岭事务代理，并授予驰布喇嘛大吉岭 49 平方英里的土地。同时，为了安慰锡金国王，英属印度政府恢复了从 1850 年以来一直中断的每年 6000 卢比的补偿金，并在 1868 年增加到每年 9000 卢比。

与此同时，毗邻的不丹与英属印度政府占领的边境经常发生冲突。1863 年，阿什利·伊登受命与不丹谈判，但被不丹拒绝。英属印度总督约翰·劳伦斯以不丹入侵锡金和戈杰比哈尔地区及羞辱英国使团为借口，于 1864 年 11 月 28 日向不丹发动了“杜阿尔斯战争”，也称为“不丹战争”，不丹战败。1865 年 11 月 11 日双方签订了《辛楚拉条约》，不丹被迫割让不丹南部丘陵以下的狭长地带领土，即整个杜阿尔斯平原，包括噶伦堡在内蒂斯达河以东约 2000 平方公里的土地，以及不丹东南部德旺吉里地区 83 平方公里的领土。1866 年，英属印度政府将噶伦堡划归大吉岭区，英国人占领的大吉岭地区总面积达到约 3200 平方公里，标志着大吉岭地区历史上一个新的转折点。从此，英属印度政府真正心安理得地在大吉岭地区驻扎下来。

至 19 世纪末，大吉岭山城经历了一番翻天覆地的变化，从一个荒无人烟、茫茫密林的小山村，建设成了一个医院、学校、教堂、植物园等功能齐全的繁荣山城。空气中弥漫着山城特有的喧闹气氛，蜿蜒盘旋的街道纵横交错，商铺和破败草屋鳞次栉比，山顶和山坡上簇拥着一座座花木整齐、鲜花环绕的英式大宅，花园般的“劳埃德植物园”、庄严的教堂和学校已经建成。大吉岭城成为英国人的避暑胜地和孟加拉地区殖民政府机构夏季首府，而且成了印度东北部边境的贸易中心。大吉岭人口也迅速膨胀，1901年分布在大吉岭主城区和181个村镇的总人口达到13.3386万人。人口聚居和贸易活跃的城镇除了大吉岭主城区外，还包括距离大吉岭主城区32英里，海拔1199米至1700米的噶伦堡镇以及距噶伦堡东北部13英里、海拔1451米的彭东镇；距离大吉岭主城区20英里、海拔1481米的格尔西扬镇；海拔2258米的古姆镇；距离大吉岭主城区南部10英里、海拔1997米的索纳达镇，即希望镇；海拔2308米的扎拉帕哈镇；海拔1820米的勒邦镇以及大吉岭山麓下，海拔仅100多米的西里古里平原。

大吉岭地区主要的贸易中心是大吉岭、格尔西扬、噶伦堡和西里古里。英属印度大吉岭殖民政府在大吉岭、噶伦堡、西里古里设立了8个贸易口岸，继续伸出殖民者的魔爪扩张与中国西藏、不丹、锡金和尼泊尔的边境贸易。大吉岭、格尔西扬、西里古里三个城镇因在铁路上，承载了大吉岭西部地区的大部分贸易运输，而大吉岭东部的运输是通过沿蒂斯达河山谷的小种马驮运和牛车运输方式进行。早在1861年，英属印度政府特使阿什利·伊登已乐观地预言：“在拉萨……大吉岭之间将出现相当规模的贸易。西藏人会积极地用金砂、硼砂、麝香、羊毛等交换英国人的布匹、烟草、斜纹棉布等。锡金人会在这贸易中充当搬运工获利。锡金政府会征收过境税增加财政收入。”他还强烈地建议在大吉岭地区建立边境商品交易市场。多年之后，古代丝绸之路支路的重要集市，距离噶伦堡镇13公里的彭东镇口岸逐渐成为与西藏、不丹进行贸易的最大门户，噶伦堡镇成为最主要的中转集散地，每周举办传统的商品交易集市，西藏人、锡金人、不丹人聚集在集市进行边境商品贸易，大吉岭成为喜马拉雅山脉东部的贸易中心。英属印度与中国西藏贸易，从西藏进口的主要商品是羊毛、麝香、马匹、毛毯、皮毛等物品；进入西藏的物品主要是欧洲制造的棉布、棉纱、银铜制品，以及印度生产的大米、玉米、烟草、陶瓷器和少量的茶叶。西藏牧民的羊毛等商品由骡子和马驮运，经过海拔4267米、约4公里长的则里拉山口进入锡金东部，然后分成两条路线，一条线路进入锡金首府甘托克，另外一条线路进入噶伦堡。西藏商队到达噶伦堡交易后，羊毛等商品被重新打包，用牛车运送到西里古里镇，这条贸易通道一直延伸至孟加拉平原。另外，还有一条从西藏乃堆拉山口至锡金首府甘托克的商路。这两条从西藏拉萨至孟加拉平原的通道被认为是古代丝绸之路的重要支路。特别是1873年，大吉岭行政长官发表一份关于锡金和中国西藏之间山口通道的战略性报告后，乃堆拉山口这条通道的重要性更加受到英属印度政府的高度重视。大吉岭喜马拉雅山地火车和西里古里镇的铁路线通车后，噶伦堡镇成为中国西藏商人的商品集散地和转口贸易中心，每年从10月至第二年5月是双边贸易最繁忙的季节，大量的物资在这里转运、包装和运输。从西藏进口的商品用牛车运送到这里，然后被火车运往西里古里火车站。在雨季，双边贸易几乎处于停滞状态，因为如果在季风湿热的雨季，主要商品羊毛运输到噶伦堡和平原地区，会迅速受潮霉变。尼泊尔的贸易大部分通过苏基亚－博赫里边境山口运输到达唐古鲁镇。20世纪初，唐古鲁镇3英里外的西马纳－巴斯提镇迅速成为贸易的另一个重要中心，而在小朗格特河的普尔巴扎集市则吸引了一些尼泊尔商人在此交易。

大吉岭地区最重要的农业和贸易集市是1891年设立的每年一度的“噶伦堡节”，在每年11月的最后一个星期三和星期四举行。“噶伦堡节”不仅吸引了周围的村民，还吸引了来自尼泊尔、不丹、锡金的民众以及大量的藏民，他们把小马匹、丝绸和骡子运来出售，这些骡子会被殖民政府买下来作为交通工具。“噶伦堡节”同时还举办农业展览会，村民们蜂拥而至，参加体育竞技、舞蹈等娱乐活动。

据中国学者才项卓玛等在2016年《1894—1913年英（印）藏贸易商品进出口结构及倾向分析》统计，中国西藏亚东1894年5月1日设关通商，成为中国西藏对英属印度对外贸易最大的通商口岸。1894年，通过亚东口岸进口商品总值132110卢比，出口商品总值235900卢比。1899年进口商品总值1986626卢比，出口商品总值1142743卢比。至1904年，亚东贸易总值降至803947卢比。1905年，亚东贸易总值达到2669629卢比；1907年，达到历史最高的3447599卢比。这是由于英印当局发动第二次侵略西藏的战争，进一步打开西藏的门户所致。

学者扎伊塔•沙玛评价道：（19世纪的）“大吉岭和噶伦堡两个山城，发展成为喜马拉雅山脉东部与世界之间至关重要的经济和文化十字路口……随着殖民时期大吉岭和噶伦堡扩张成为英属印度、锡金、尼泊尔、不丹、中国西藏及内地的商业中心，它们作为以经济流动性、城市社会化和跨文化交流为特征的流动接触区而繁荣发展。”喜马拉雅山区的大宗商品通过大吉岭和噶伦堡的代理商运往加尔各答、印度北部、孟加拉地区各地，然后进入全球流通。与此同时，欧洲生产的工业化商品也通过大吉岭和噶伦堡进入喜马拉雅山区。欧洲探险者、植物学家、传教士、殖民地官员和公务员在大吉岭地区的活动和旅行，也促进了该地区跨文化的交流和传播，资本主义经济、社会事务和跨文化元素，使得大吉岭山站转变成整个喜马拉雅山脉地区和整个世界著名的城镇。

1880—1881 年度，大吉岭殖民政府财政收入达到 16.2 万卢比；1890—1891 年度猛增至 37.9 万卢比；1900—1901 年度达到 54.5 万卢比；1905—1906 年度达到 57.8 万卢比，其中土地收入 16.743 万卢比，特种消费税和鸦片税收入 24.366 万卢比，所得税收入 7.035 万卢比，司法收入 5.154 万卢比，公共服务税收 4.482 万卢比。

大吉岭殖民政府的土地收入中，13.986 万卢比是殖民政府直接管理和经营的土地收入。殖民政府租赁给 158 个茶叶种植园的土地，每年租赁收入仅 2.657 万卢比，其他土地收入 0.1 万卢比。殖民政府最大的收入来自特种消费税，即烈酒、啤酒、鸦片、大麻等的消费税。烈酒是用糖浆和印度赤铁树的花为原料，经发酵、蒸馏而成。当地的尼泊尔人最喜欢这种烈性酒，当时大吉岭城虽然仅有一家酒馆，每年烈性酒销售量就达到 6 万加仑。另外，当地不丹人喜欢喝一种用大米或者小米为原料制作的低度米酒“帕赤维”，消费量也非常大。殖民政府规定村民自己只能制作低于 20 西尔（Seers，1 西尔约等于 2.057 磅）的米酒供自己消费，一旦数量超出或者在市场销售，则要收取高额的税收。当时，大吉岭殖民政府颁发了7000个生产许可证和31个销售许可证，每年可以收取4.142万卢比的税收。大吉岭殖民政府每年还从欧洲进口大量烈酒，供欧洲人消费。当地村民还喜欢吸食印度大麻“甘扎”，这是一种从印度大麻植物中提取的胶脂。从平原地区来到大吉岭的中国人则喜欢吸食鸦片。殖民政府也对吸食大麻和鸦片征税，每年收入分别约为1.3万卢比和6680卢比。

至20世纪初，大吉岭山站已经建设成为一个堂皇英式大楼、富丽别墅、高耸教堂和低矮茅草屋、简陋泥棚屋比邻交错混杂的热闹城镇，每当夏季来临，英国人和欧洲其他国家的人蜂拥而至，享受沁人心脾的空气。大吉岭成为欧洲贵族、商人、军人、公务员或英国茶叶种植者休闲逍遥、醉生梦死的天堂，也变成了雷布查人、尼泊尔人、不丹人和茶园苦力底层民众的苦难之地。

二、大吉岭种茶的起源

19世纪60年代，大吉岭山坡种植茶树获得成功，被誉为大英帝国在政治、科学和贸易上的伟大成就。在接下来的几十年里，大吉岭茶叶获得了遍及全球的声誉。大吉岭山城作为一个风景如画的疗养山站和茶叶生产地区，以及孟加拉地区殖民政府总督的夏季首都，越来越受欢迎。

第一个在大吉岭引进茶树的是当时东印度公司的大吉岭行政长官亚瑟·坎贝尔。坎贝尔将茶引入大吉岭，彻底地改变了整个大吉岭经济产业和社会人口结构。1839年，34岁的坎贝尔被东印度公司从尼泊尔加德满都调到大吉岭担任大吉岭行政长官，负责大吉岭疗养院的建设。他实施的第一个重要政策是鼓励从尼泊尔引进移民，建设大吉岭城；第二个政策是大力发展大吉岭的产业经济。当时的大吉岭完全处于自然经济状态，由于耕种土地稀缺，迅速膨胀的外来人口导致大量的难民流浪在街头。坎贝尔除了大力推动发展边境贸易外，他认为应该利用英国资本和企业，以及大吉岭地理位置的优势，发展相关的种植产业经济。随后，英国人引进了金鸡纳树、咖啡、欧洲水果等经济作物，而由坎贝尔最早引进的茶叶种植最终取得了最大的成功。也许坎贝尔没料到，多年后，由于建立了大吉岭的避暑山站，使得大吉岭成为现代旅游的胜地；由于引进茶叶种植业，茶叶成为大吉岭最主要的经济产业。

据英国人当时的调查，大吉岭最早的居民是从西藏康巴地区迁移过来的普提亚人，在那时，普提亚人是唯一有喝茶嗜好的民族，每天喝 10 ～ 12 碗是平常之事。普提亚人消费的茶叶是从几千公里之外的西藏采购和运送过来的砖茶。这种粗老叶制成的砖茶滋味较苦涩，每块茶砖 2.7 ～ 3.1 公斤重，长 20 厘米，厚度为 10 厘米，用小山羊皮缝成包。当时茶砖价格是每磅 2 先令。英国人观察到：普提亚人喝茶时，从茶砖砍下一块，放入铁锅中熬煮，然后放点盐、黄油和炒熟的大麦粉，充分搅拌后，即倒入一金属茶壶中饮用。嗜茶的普提亚人，几乎每个人都随身带着茶碗，他们从宽大的衣服胸口处掏出木碗来盛茶，茶碗被不断盛满，又不断喝完，最后他们还要用嘴把碗舔干净，再将碗放回衣服胸口处。

1841 年，东印度公司在阿萨姆地区和喜马拉雅山脉下的库马盎地区的茶叶种植试验已经取得了初步的成功。英国第一家阿萨姆茶叶公司也已经成立，开始了商业化运作。东印度公司上下对在印度发展茶叶种植充满自信，这也激发了坎贝尔在大吉岭引进茶叶种植的想法。英国人已经考察了大吉岭当地的自然条件，大吉岭大部分地区地势山高坡陡，不适合种植粮食作物。从海拔 100 米至 1800 米是典型的热带气候区域，热带竹子、五桠果等热带常绿林植物在山谷及山坡各处密集分布着；从海拔 1800 米至大吉岭最高点 3660 米是典型的温带气候区域，生长着茂密的松树、橡树、冷杉、枫树、月桂树、桦树、白杨和榆树等高山树种，以及杜鹃花、香椿、八宝树、紫薇、蕨类植物等。后来英国人还在大吉岭发现了种类极多的珍贵兰花品种。大吉岭经常大雾弥漫，年均气温为 12 ℃，7 月最高气温为 26.7 ℃，12 月至 2 月最低气温 1 ℃～5 ℃。因此，坎贝尔认为引进适合山区种植的茶树似乎是最正确的选择。

1847 年，坎贝尔在印度农业园艺学会报告了他在大吉岭第一次种植茶叶的试验，他介绍说：1841 年 11 月，他经加尔各答植物园园长瓦里奇博士介绍，从萨哈兰普尔植物园园长兼库马盎和台拉登茶叶试验场负责人福尔克纳博士处引进了库马盎试验茶场的中国茶树的茶籽，第一次尝试在大吉岭种茶，种植在他比奇伍德住所的花园里，开始了他的茶树种植试验。他当时居住在格尔西扬镇附近一个海拔 7000 英尺（约 2133 米），被称为“康斯坦提亚”的山坡平地。但遗憾的是，茶苗没能熬过那年冬天的大雪。他毫不气馁，继续引进中国茶籽，进行种植试验。在接下来的几年里，他的茶树种植试验获得了成功，茶苗茁壮成长。他把茶苗分发给大吉岭山区的英国人，其中几个人成功地种植了茶树。1846 年，他还从阿萨姆获得阿萨姆茶籽，以便对这种阿萨姆土生茶树进行更广泛的试验。1869 年 3 月 12 日，已卸任行政长官的坎贝尔作为“英国皇家艺术学会”印度论坛主席主持会议，他再次介绍了他最早引进茶树的经历："1842 年，我在海拔 7000 英尺的大吉岭第一次种植茶，它生长良好，但随后在同一海拔进行的试验表明，霜害冻死了茶苗。尽管在 1846 年证实了可以种植茶树，但由于种植茶苗太少而不能确定是否具有经济效益？如果人们试图尝试新的种植方法，则（大吉岭）茶叶种植发展速度会非常缓慢。直到 14 年后，茶叶才被作为一种贸易投资。山姆勒少校是敢于冒险的，他选择了 5000 英尺海拔以下的地区种植茶树。"

1842 年，东印度公司军队的山姆勒上尉，带领一伙匪徒，抢劫了东印度公司在提拉亚的军火仓库，逃窜到大吉岭躲藏。他们竟然盗取了坎贝尔花园里的茶苗，种植在大吉岭的格尔西扬与潘科哈巴里之间的区域，开垦试验茶树种植，后来建立了马凯巴里茶叶种植园。1857 年印度士兵大起义期间，山姆勒上尉为了摆脱

大吉岭妇女手工筛选茶叶（1865 年）

东躲西藏的日子，拉起了一支军队参加了镇压印度士兵起义，为殖民政府立下汗马功劳。为奖励他的贡献，殖民政府任命他为大吉岭茶叶公司的代理，他成了马凯巴里茶园的合法拥有者。但不幸的是一个月后他就去世了，去世前他将马凯巴里茶园卖给了印度人班纳吉。班纳吉当时在格尔西扬镇经营一家物资供应站和邮件服务站，他买下这个茶园后，他的家族一直世代经营到现在。

1841年，英国牧师威廉·斯图尔特带领4名来自德国摩拉维亚传教团的成员也来到遥远的大吉岭传播福音。他们驻扎在大吉岭的吐克瓦山谷，开办了一所教会学校。由于无法筹措资金维持学校的运转，他们也在吐克瓦山谷开垦了种植园开始种植茶树，希望通过种植茶树赚钱维持学校运行。他们无意中也成为大吉岭茶树种植的先驱者。他们后来从茶树种植中赚了大钱，4名牧师被金钱所诱惑，放弃了信仰和传教，转而经营茶叶种植园，只有内贝尔牧师继续坚持传教事业。

在此时期，在大吉岭山城下海拔约300多米的勒邦山谷，许多英国人也引进茶籽进行种植试验，如外科医生维斯康比博士、工程师克罗姆林少校、市政服务机构的詹姆斯·格兰特以及巴恩斯兄弟等纷纷开始试验种植茶叶。这些早期的茶叶种植试验，都采用中国茶树品种，经过3年种植试验，英国人惊奇地发现中国茶树可以在海拔2133米的大吉岭健康茁壮成长，试验结果表明低海拔的勒邦区域的红土壤比大吉岭高海拔的黑土壤更适合茶树的种植，勒邦山谷由此成为19世纪50年代大吉岭大规模茶叶种植起源地。

对于海拔2000多米的大吉岭是否适合茶树种植，当时英国人之间存在意见分歧：有些人认为大吉岭的气候太冷，不适合茶树生长；而夏天气候温度不够，不能保证茶树生长。然而，东印度公司却坚定地支持在大吉岭种植茶叶。1845 年，为了加快大吉岭茶叶种植业的发展速度，东印度公司在大吉岭建立了一个中国茶树品种繁育试验场，专门采收茶籽供应给大吉岭的茶叶种植者。

1847 年，大吉岭茶叶公司在低海拔的勒邦丘陵山谷建立茶苗繁殖种植园。吐克瓦茶叶公司也在朗格特河畔建立茶苗繁殖试验场。据说，1848 年英国植物学家胡克博士也在大吉岭的勒邦山谷种植茶树，植物学家的专业知识使得他的茶树种植很快获得了成功。胡克博士认为大吉岭地区云雾多、阳光少，湿润的气候条件非常适合大规模茶叶种植，茶树种植在大吉岭地区有利可图。1850 年，大吉岭开始了小规模商业化茶树种植。同年，大吉岭城西部地区的班诺克本茶园建立。1851 年，英国人亚当斯在大吉岭南部格尔西扬镇建立朗维尤茶园。1852 年，英国人陆续在大吉岭地区各个区域开始小规模建立起首批商业化的茶园，大吉岭西部建立了吐克瓦茶园、斯塔恩塔尔茶园、普塔邦茶园，在蒂斯达山谷建立阿洛巴里茶园，英国人马丁在较低海拔的格尔西扬镇和潘科哈巴里建立了茶叶和咖啡试验种植园。此时大吉岭茶园的总面积约 10 英亩左右，大多处于试验种植阶段。

1852 年，英国人杰克逊在他的《大吉岭》一书中记载道："我看过几个不同时期发展的茶叶种植园，阿萨姆和中国的茶籽都饱满和健康，我发现这些茶树生机盎然，充满着活力，表明这里的土壤适合种植。在大吉岭行政长官坎贝尔的茶园，外科医生维斯康比博士和工程师克罗姆林少校更大面积的种植园，在较低海拔的勒邦山谷的茶园都取得令人满意的结果，树叶、花朵和果实都生机勃勃。勒邦山谷两侧的红色黏土似乎比大吉岭的黑土更适合茶树，海拔 7000 英尺的大吉岭及其周边地区茶树种植发展已经取

大吉岭茶叶种植园主和采茶工（约 1880 年）

得成果。但其他一些英国人认为大吉岭似乎雨水太多、阳光太少，怀疑大规模种植是否有利可图。然而，这一反对意见不适用于较低海拔的潘科哈巴里和格尔西扬区域，在那里，马丁先生已经建立了一个茶和咖啡的种植园，这些作物现在生机繁茂。在莫峦和大吉岭之间这片土地上，可以找到各种各样的海拔和地貌，在这片土地上种茶似乎没有什么不可能，或者说毫无疑问是可行的。”1854 年，英国人戴维·威尔逊在大吉岭西部建立威尔逊种植园，即现今欢乐谷茶叶种植园的前身。1855 年大吉岭东部艾莉亚茶园和蒂斯达河山谷的纳姆宁茶园相继建立。这些种植园所用的茶籽都是殖民政府茶树繁育场培育的，各个种植园的茶树生长都呈现茂盛的状态。

1856 年是大吉岭茶产业发展的里程碑年份。经过几年小规模茶叶种植试验，证明了大吉岭各个海拔区域的土壤和气候条件完全适合茶树的种植。英国投资者开始争先恐后地大量涌入大吉岭，从殖民政府手中购置大吉岭森林土地和荒地，开垦土地、种植茶树。大吉岭茶树种植进入了大规模的商业化开发阶段。蒙得维奥特茶园、马森上尉的吐克瓦茶园、史密斯在坎宁和索纳达镇（希望镇）建立的茶园、格尔西扬大吉岭茶叶公司建立的阿洛巴里茶园、大吉岭土地抵押银行在勒邦山谷建立的茶园等相继涌现。大吉岭殖民政府积极地支持和扶持茶产业的发展，还免费提供了几百磅的茶籽送给这些英国人和当地雷布查人。1857 年，就有 1 吨多的茶籽在各个种植园播种下去。据记载，殖民政府也提供了 725 公斤茶籽给大吉岭地区的普提亚人种植，但由于普提亚人生性散漫自由，也不善于耕种，他们没有耐心等待 4 ～ 5 年后才能采收的结果，结果这些茶籽发放后就不了了之。当地尼泊尔贵族巴拉特·比尔·拉伊也受到茶树种植利益的诱惑，在大吉岭建立了第一个尼泊尔人的茶叶种植园。

1858 年，为鼓励和发展大吉岭的茶产业，大吉岭殖民政府采取了低价租赁大吉岭的森林和土地的政策，首先将土地以“耕种租赁”（farming leases）的形式出租，租期为 50 年，租赁 5 年后每英亩土地才象征性地收取 8 安纳的租金。1858 年，克莉斯汀·巴恩斯建立了巴丹姆塔姆茶园。1859 年，马凯巴里茶园正式建立。1859 年，殖民政府制定了大吉岭地区的第一个荒地条例，并将大片被划为“荒地”的土地以“永久产权”拍卖，包括森林和以前由雷布查人种植玉米的土地，后者仅以每英亩 10 卢比的低价拍卖。1859 年，布鲁厄姆博士建立了杜特里尔茶园，乔治·克里斯蒂森也建立了茶园。1861 年，英属印度政府颁布《荒地管理法案》，殖民政府引入了“fee simple absolate”（继承者有绝对处理权处理地产）法案，将荒地视为永久“可继承和可转让”的财产，而且没有条款强制要求“受让人在任何特定时间内培育或清除任何特定部分”。如同阿萨姆地区的茶叶投机热潮一样，大吉岭地区也兴起茶园投机浪潮，导致大规模土地和茶园投机。因为立法规定，只有15％的租地需要种植茶叶，许多投机商甚至根本不种植一棵茶树，直接将荒地高价抛售。1859年到1861年，大吉岭殖民政府共出售了9000英亩的荒地。

1860—1864年，大吉岭地区茶园如雨后春笋般地蓬勃涌现，苏格兰茶叶公司建立了格兰伯恩种植园，1860年，英国人基登上尉在小朗格特河畔建立索姆茶园。大吉岭茶叶公司相继建立了金、安姆布提亚、塔克答和福博斯林4个茶园；香柏和朗格姆克茶园也建立了。1865年，巴拉岭通种植园建立，该种植园1927年被英国人克鲁克山科收购，后改名为著名的玛格丽特希望种植园。勒邦茶叶公司在吐克瓦和帕丹姆区域建立了茶叶种植园。大吉岭第一家茶叶加工厂也在马凯巴里种植园正式建立。以上的茶叶种植园都是建立在大吉岭中高海拔地区。受阿萨姆“茶叶狂热”投机热潮的影响，此时绝大部分大吉岭适合种植茶叶的中、高海拔土地已经被殖民政府出售给了茶叶种植者，已经没有合适的土地可以供应。英国人便开始在大吉岭低海拔的特莱地区拓展茶叶种植。1862年，詹姆斯·怀特首先在大吉岭山麓之下的特莱平原地区建立了第一个查姆塔茶园。随后，许多英国人也效仿他的行动，在特莱区域购置土地开垦茶园。至1866年，大吉岭地区的特莱平原已经建立了多个茶叶种植园。原大吉岭行政长官坎贝尔在1869年3月一次英国皇家艺术学会印度论坛主持会议时介绍说：“在过去的三年里，一项新的试验在大吉岭地区进行了尝试。茶树生长在特莱，也就是山脚下的低地，那里的海拔高度不超过 1000 英尺，大约相当于阿萨姆茶园的海拔高度……看来，茶树生长速度比山上的更快，第三年的收成相当于在海拔 4000 英尺山上第 5 年的收成。这茶的质量很好，但它的味道是否能与山上的相媲美还有待观察。毫无疑问，（平原）可以连续多轮次采摘，劳动力也会比山区更便宜，大吉岭劳动力一直很富裕，主要来自邻国尼泊尔，价格适中，苦力每月 4 ～ 6 卢比，工头 7 ～ 10 卢比不等。”

1866 年大吉岭行政副长官购置土地租赁给英国植物学家威廉 • 劳埃德后，威廉 • 劳埃德建立了雪利姆邦茶园。1878 年威廉 • 劳埃德还在大吉岭建立占地 40 英亩的高海拔的大吉岭劳埃德植物园，主要收集和种植竹子、橡树、木兰花、天竺葵、杜鹃花等喜马拉雅山脉、锡金和其他周边地区的植物。德国传教士韦尼克兄弟于 1865 年和 1867 年加入吐克瓦和马凯巴里种植园，担任助理经理。很快，他们以“微不足道”的 60 卢比价格获得了 550 英亩所谓的“玉米地和丛林”土地，在大吉岭与尼泊尔边界开垦建立了林吉尔和图姆松两个种植园。1869 年位于米瑞克山谷的西约科茶叶种植园建立。1870 年英国人詹姆斯 • 怀特在大吉岭的格尔西扬区域建立辛格尔茶园。另一个英国人则在海拔约 1000 米的山坡上建立了达吉茶园。1871 年印度人洛希亚家族建立了查蒙茶园。1876 年，英国人路易斯 • 曼德里建立起凯尔种植园，这个种植园在 1880 年被英国人埃文顿收购，改名为玛丽邦种植园。1883 年，英国人格林希尔将他 1857 年在大吉岭西南部栾邦山谷创建的农场改造成纳格里农场茶园。

当时大吉岭英国茶叶种植者和管理者对茶叶种植和加工知识

还是一无所知。他们从一些英国人口中获知，中国的茶树都是种植在高山或陡峭的悬崖。因此，最初大吉岭的一些英国种植者也将茶树种植在高海拔陡峭的山坡上，如阿洛巴里和嘎亚巴里茶叶种植园。他们还听说中国人训练猴子去陡峭悬崖采茶，因此他们也抓捕了许多猴子，训练猴子爬树，以便以后爬树摘茶。为了开发大吉岭茶叶种植业，东印度公司在加尔各答招聘了一些中国人前往大吉岭茶园工作，英国人认为凡是中国人都应该懂得如何种植和加工茶叶，但实际上这些中国人大多数原本是制鞋匠、厨师或者木匠。据有关资料记载，19 世纪 50 年代，马森上尉的吐克瓦种植园、斯塔恩塔尔种植园等曾经雇用了不少中国人。英国人将这些中国人招募至大吉岭一些茶叶种植园后，发现除了部分中国人略懂茶叶知识外，大部分中国人对茶叶种植和制作技术一无所知，无奈之下立刻解聘这些中国人。后来，这些中国人部分选择继续定居在大吉岭城，一些人或者流浪至格尔西扬、噶伦堡定居谋生。

大吉岭茶叶种植在 1856 年后能够大规模发展的主要原因，一方面是大吉岭地区已证实的适合种植茶叶的条件：平均海拔 2134 米的大吉岭气候凉爽宜人，夏季气温 8 ℃～20 ℃，冬季气温 1.5 ℃～6 ℃，雨量充足，年降雨量约 3200 毫米。另一方面大吉岭殖民政府积极地出让大吉岭的森林和土地也加快了茶园的扩张。1861 年，英属印度政府与锡金王国签订了《庭姆隆条约》后完全占有了大吉岭地区领土，大吉岭土地全部归属英属印度政府所有，保障了大吉岭地区的稳定和安全，为茶产业的发展提供了良好的条件。东印度公司占领大吉岭后，当地居民或外来移民没有拥有土地的权利，一旦英国人需要开垦茶园，即使雷布查人或尼泊尔人移民已经居住的土地，也被英国人强制占有。所有外来移民，如果是一个手艺人，可以自谋生路，或者被英国人雇用。当时大吉岭土地，除了受保护的森林和城镇建设所需的土地之外，其余土地被大吉岭殖民政府出让用于种植茶树。1840—1860年，英国东印度公司鼓励欧洲人投资茶叶种植园，将大吉岭土地直接卖给投资者。因此，原东印度公司官兵、职员、海员、商人蜂拥而来，投资大吉岭的茶产业。许多欧洲的流氓、无赖、恶棍也被招聘成为种植园管理者。格尔西扬镇的圣玛丽种植园，据说是一位发了横财的英国寡妇建立的，她丈夫生前窃取了一个印度王公的财宝，英国寡妇将这财产投资在大吉岭建立了茶叶种植园。一些富裕的印度人也悄悄地进入大吉岭茶产业，如马凯巴里种植园的班纳吉家族、莫汉甘和古尔玛格种植园的比普拉德斯·乔杜里家族。尼泊尔人巴拉特·比尔·拉伊在辛姆拉帕尼建立茶叶种植园，成为尼泊尔廓尔喀本土第一个茶叶种植者。

1856年至1866年，短短的十年时间，大规模的种植园开发如同“烈火和刀斧将森林和藤蔓一扫而光”。1862年左右，大吉岭茶叶种植面积迅速扩展至3000多英亩，茶叶产量达到6.2万磅。1866年，大吉岭海拔750米到1800米的山坡、山谷，包括噶伦堡丘陵和蒂斯达东部山脉已开垦了39个茶叶种植园，茶园面积达1.0392万英亩，茶叶总产量达到43.37万磅。1869年3月12日，原大吉岭行政长官坎贝尔在听取了印度茶叶协会秘书查尔斯·菲尔德在英国皇家艺术学会举行的印度论坛上《关于印度的茶叶种植》的报告后，作为论坛主席的坎贝尔雄心勃勃地说：“大吉岭茶已经进入英国，毫无疑问，它在西藏将来会有市场。改变任何地方的贸易进程都是一个缓慢的过程，而且西藏（茶叶）一直是直接从中国（内地）供应。最近一段时间，中国政府在……西藏的国家权力大大减弱，对西藏的控制也越来越弱……印度茶叶的开拓将大大增加，毕竟西藏每个人都以茶为生。”

由于大吉岭市政建筑和道路建设的需要，以及大面积砍伐森林种植茶叶，另外茶叶制作需要砍伐木柴作为燃料，制作茶叶包装箱需要木材，导致茶园大开发时期大吉岭过度砍伐森林，大吉岭水土流失严重。为此，当地殖民政府意识到问题的严重性，开始限制土地出让和开垦茶叶种植园。1864 年殖民政府成立森林保护部门，将从特莱平原至海拔 914 米的山谷地带和海拔 1828 米以上未开垦的土地全部列为森林保护地。实际上，此时海拔 914 米至 1828 米的森林与土地已经完全被茶园覆盖了。殖民政府还规定，茶叶种植者购置的土地中，每块林地只能砍伐清理 40％面积的土地种植茶叶，其余的仍必须保留为森林土地，这也许是英国人最早具有的森林保护意识。但是，由于投资茶园的狂热，没有种植园主会完全遵守殖民政府的规定。

1869 年 3 月，大吉岭勒邦茶叶公司秘书塞缪尔・沃德在英国皇家艺术学会印度论坛会议上报告说：“公司在大吉岭已经开发了 2000 英亩土地，超过 1000 英亩的土地已经种植茶叶。预计今年公司茶叶产量将达到 2000 莫恩德（1 莫恩德＝ 82.1 磅），去年是 1500 莫恩德。如果每英亩的茶叶产量达到 2 莫恩德，预计几年后每英亩产量将达到 4 莫恩德，收获最好的是紧挨着山坡的茶园。”1870 年，大吉岭已建立了 56 个茶叶种植园，茶园面积达到 1.1 万英亩，产量比 1866 年增长 4 倍，将近 170 万磅，雇用茶园劳工 8000 人。1874 年，大吉岭茶叶种植园更是猛增至 113 个，茶园面积达 1.8888 万英亩，茶叶产量达到 392.8 万磅，雇用劳工

1.9万多人。至1875年，大吉岭还建立了6个茶树种苗种植园，专门供应茶籽或者茶苗。整个大吉岭地区，茶叶种植园已经有约5.06万英亩的土地种植茶叶。19世纪70年代末，英国人出版的《大吉岭旅游指南》中推荐介绍道："所有到大吉岭旅游的人都应该参观茶园，有趣的是不仅可以看到茶叶生产的不同过程，也可以观赏风景如画的景色和研究山地的男人与女人。"

大吉岭的英国茶叶种植先驱者居住在用竹子和茅草搭建的简易草房里，克服重重困难，艰难地在陡峭的原始森林中砍伐树木、清理丛林、修筑道路、建筑梯形茶园和建立茶厂。一直至1870年，几乎所有的种植园建筑和茶叶加工厂都是用当地的竹子、木板、石头和茅草等材料建立在山坡平坦的地方。那时，采用的茶园肥料只有家畜粪便。那时已知茶叶病虫害只有两种，一种是红蜘蛛，另一种是枯萎病，英国茶叶种植者采用的防治方法是用硫黄和木灰处理。第一个半机械化茶叶工厂出现在1870年的吐克瓦山谷，用竹架萎凋，人工揉捻，用大铁锅干燥，用手工风车或手工挑选，对茶叶进行分级，用当地的木板箱包装。此后，大吉岭的茶叶加工机械化也在不断发展，茶叶加工厂采用木制或钢铁制的巨大的水轮车作为驱动力对茶叶进行加工。无论那时采用何种机械设备，都是从平原用牛车或人力车艰难地运输、攀爬运至大吉岭高山上。奥布赖恩·安塞尔工程师是第一个为大吉岭城规划和实施了水力发电项目的工程师，为许多种植园安装了水力涡轮发电机，使其可采用电力驱动茶叶揉捻机和筛分机，为大吉岭茶产业机械化发展做出了重要的贡献。至1872年，大吉岭的茶叶加工已基本实现了半机械化作业。

英国人建设的大吉岭公路和喜马拉雅山铁路大大地促进了大

吉岭城市建设和茶产业的发展，也降低了当地食品供应成本和茶叶生产物资成本。当时，大吉岭山麓下西里古里的大米价格每吨仅98卢比，而在大吉岭的价格却贵得令人咋舌，达到每吨238卢比。1839年至1842年，由英国人内皮尔率领的皇家工兵部队修建了从潘科哈巴里平原至格尔西扬镇的40英里长、宽度仅25英尺的“老军事路”公路。当尼泊尔贵族达克曼·拉伊1839年返回大吉岭时，他因帮助殖民政府移民有功，受到东印度公司的奖励，获得大吉岭道路修筑合同。他修筑从潘科哈巴里至格尔西扬镇和“老军事路”至焦尔奔洛和大吉岭城的道路。1860年，原潘科哈巴里至大吉岭城的公路已经不适应繁忙的运输需求，1861年殖民政府开始修筑另外一条牛车货运公路。1861—1864年，大吉岭殖民政府又开始修筑从格尔西扬镇至大吉岭市区的公路，1869年全线贯通，总长49英里，总共建筑了300座桥。同时，平原地区的道路也进一步延伸，殖民政府投资146.8万卢比修筑从恒河岸边的萨西博甘吉至西里古里的126英里的公路。原先如果英国人要从加尔各答前往大吉岭，至少需要2周时间，1860年东印度铁路公司的铁路线已经延伸至拉杰玛哈尔，英国人必须先乘坐219英里旅程的东印度铁路至恒河岸边的萨西博甘吉，然后乘船跨过恒河至卡里格达，再乘当地人的轿子或乘牛车至丁格拉加特，最后乘牛车至西里古里，从加尔各答至西里古里至少需要5～6天。在西里古里，人们得再雇用小型马车或牛车或轿子，辗转才能登上大吉岭城。

1878年，北孟加拉铁路公司开通了杰尔拜古里的铁路线，铁路延伸至西里古里。同年，印度东孟加拉铁路公司代理富兰克林·佩斯蒂奇向孟加拉地区殖民政府提交了一份关于修建从海拔121米西里古里至海拔2076米大吉岭的“喜马拉雅山铁路”的详

大吉岭喜马拉雅山环形铁路线（1880 年）

大吉岭背茶工（约 1895 年）

细计划建议书，殖民政府阿什利·伊登任命了一个委员会负责研究和审核该项目的可行性，委员会认为该项目对政府和大众都是非常有利的，并且保证铁路的收入每年不低于 20 万卢比。1879 年殖民政府批准开工建设这条铁路。1879 年，大吉岭喜马拉雅山铁路动工，1880 年 8 月铁路线建筑到达格尔西扬站，1881 年 7 月 4 日，铁路线经过海拔 7407 英尺的古姆镇站到达大吉岭站，总共 51 英里的铁路线正式完成。这条线被正式命名为“大吉岭喜马拉雅铁路”。1881 年，大吉岭地区的三个区域性铁路线也建成通车。沿着蒂斯达河畔的盖拉克拉线对工程师是一个巨大的挑战，这条铁路线穿越盖拉克拉、噶伦堡区域和锡金，沿途都是茶园，但这条铁路线在 1950 年的灾害中被破坏后再没有修复，现已不存在。

由于大吉岭特有的高海拔和陡峭的山峰，茶叶种植园内的运输只能修建简单的狭窄人行山路，各个茶园和加工厂也依靠这种山路连接。最常用的运输工具是马驮或劳工背扛，茶叶、肥料和其他生产资料的运输则完全靠劳工肩挑背扛，来自尼泊尔的山地劳工具有非凡的耐力。茶叶生产完成后，每个劳工需要背负着重达 110 ～ 130 磅（约 50 ～ 60 公斤）装满茶叶的茶箱，攀爬 5 ～ 6 英里（约 8 ～ 10 公里），爬越海拔 1000 多米的高山才能将茶叶运送出去。茶园劳工甚至需要在高耸的山脊、陡峭的山脉、海拔几千米的山谷里，背负重达 150 ～ 200 磅（约 68 ～ 90 公斤）的物资，将其运送到茶叶工厂。英国经理和助理们到各个茶园巡视的交通方式主要是骑马或者雇轿子。

1868 年，大吉岭茶叶种植者的组织大吉岭种植者俱乐部成立，成为大吉岭英国和欧洲其他国家的茶叶种植者经常聚会的俱乐部。俱乐部聚会的房子是戈杰比哈尔王公捐献的，他因此获得特权，是唯一获许其人力黄包车停在俱乐部走廊内的印度人。大吉岭的英国茶叶种植者为更好地组织和解决大吉岭茶叶生产中存在的问题，于 1872 年召开了第一次大吉岭茶树种植者会议。1892 年，大吉岭种植者协会正式成立了，巴辛担任主席。该组织 1910 年归属于印度茶叶协会，1951 年 12 月 1 日更名为印度茶叶协会大吉岭分会。后来，大吉岭的茶叶种植者考虑到大吉岭茶叶生产、推广、保护等方面的特殊性，又重新更名为大吉岭种植者协会。

19 世纪 80 年代末，大吉岭茶园依然没有停止拓展的脚步。据殖民政府统计报告，1885 年卡斯尔顿种植园建立，1888 年欧凯蒂种植园建立。1895 年，大吉岭茶园总数达到创纪录的 186 个，茶园面积更是达到 4.8692 万英亩，茶叶总产量达到 1171.4551 万磅。1896 年，大吉岭合作茶叶有限公司成立。1899 年古姆提种植园建立，1901 年格帕尔德哈尔种植园建立。

1901 年，大吉岭殖民政府出让给各茶叶种植园的土地总面积达到 10 万英亩，约占大吉岭地区总面积的八分之一。其中大吉岭镇核心区域茶叶种植面积达到5.06万英亩，大约占耕地总面积的三分之一，已经被种植园购置的土地中未种植茶树的面积达到4.93万英亩。整个大吉岭地区茶园已经没有太多的种植扩展土地，因为几乎所有适合种植茶叶的土地都已经被英国或欧洲其他国家的茶叶种植者购买，几乎所有的茶叶种植园都是由欧洲资本支持投资和管理。茶产业已经成为大吉岭的主要经济支柱产业，三分之一的人口工作和居住在各个茶叶种植园。根据1901年的调查，大吉岭茶叶种植园已经雇用了6.4万名的劳工，茶园的欧洲管理人员也有几百名。

1905年，大吉岭茶园已经拓展延伸至噶伦堡、蒂斯达、格尔西扬和特莱平原区域，初步形成了现代大吉岭七个基本茶叶种植区域，即大吉岭东部、大吉岭西部、格尔西扬北部、格尔西扬南部、米瑞克山谷、栾邦山谷和蒂斯达山谷。由于茶园之间的经营合并或转让，大吉岭茶叶种植园数下降至148个，种植面积却略有增加，达到5.0618万英亩，茶叶年产量达1244.7471万磅。其中大吉岭镇，包括噶伦堡丘陵和蒂斯达东部地区拥有71个种植园，茶园面积达到2.58万英亩。噶伦堡丘陵和蒂斯达东部山脉地区除了部分森林保护区和保留给当地人耕种的土地外，其余的1.92万英亩土地几乎完全种植了茶树，虽然一部分土地相当荒芜和险峻，不适合茶树的生长，但种植者渴望购置这些土地种植茶树。在海拔较低的格尔西扬丘陵区域有46个茶叶种植园，茶园面积1.69万英亩。在特莱平原的西里古里镇有32个种植园，茶园面积7900英亩。特莱平原地区的茶园后来由于遭受严重的茶树枯萎病打击，以及茶园劳力不足的问题，原本属于英国人的大部分茶园被转让给了当地人。进入20世纪初，特莱平原的茶园逐渐落入印度本土的经理人和所有者手中。

大吉岭英国茶园主乔治·克里斯蒂森1896年撰写的《大吉岭茶叶种植》一文中描述了大吉岭的英国茶园和劳工的状况："在过去，茶园主既是设计师，又是规划、评估、工程的监督者，从森林中的木材砍伐、切锯、制砖、烧砖、建筑房子的每一个操作，他们必须每时每刻监督。建筑物一般都被设计和建造在陡峭山坡上的合适位置，这些位置是花费了极高的代价艰难挖掘推平而成。茶叶加工厂的建筑，比如主要建筑的中心，必须采取独特的直立设计结构，以确保连接不同海拔高度的两边的建筑，一边建筑物的地面，不与另一建筑物的一楼处于相同的水平。整个设计必须方便实用，以应付茶叶产量的增加，并满足现代的要求。经理的平房一般建筑在景色优美迷人的地方，按照景观园林的要求设计建筑，使之与环境结合得更加美丽。这些建筑物的白色墙壁和闪亮的屋顶镶嵌在山边，环绕着绿色的茶园，呈现给游客叹为观止和赏心悦目的如画风景。许多茶园工人的住宅，大多采用砖砌成墙，屋顶以瓦楞铁皮覆盖。在低海拔地区则采用茅草屋顶，以使之更加清凉；在房子的前面有阳台。房子内地面隆起，空间较大，方便和舒适。大多数情况下，根据居住者的愿望和要求，提供了卫生设施。他们房子内火炉的烟囱很少从墙内的烟道连接出口排出；为了取暖，或其他原因，他们更喜欢从房子内的中央竖立烟道通过屋顶排出。房子的窗户堆放着许多物品，使屋子变得非常黑暗。无论如何，现在苦力的房子比曾经的小棚屋已经有了很大的改善。"

1905年，清朝江苏道员郑世璜等人，受清政府署两江总督兼南洋大臣周馥指派赴印度和锡兰考察茶业，曾经见证了锡兰和印度机械制茶的发展。在印度期间，郑世璜曾从加尔各答经西里古里前往大吉岭考察，7 月 16 日他参观了大吉岭当地一家英国人的茶叶加工厂，在《乙巳考察印锡茶土日记》中记载道："观制茶厂凡三层，其运动机器系用电力与用水火者稍异而费较省……晾架均用铁丝作网以便透风法较用布用木板者佳。烘炉大小二，先在大炉内烘二十分钟，复移至小炉内烘十五分钟即可装箱……筛干叶机系用圆筒以铁丝编成五等之孔，先粗后细，筛时旋转即能分茶为五等，甚奇巧……"英国经理人还向他介绍："此间采茶止采二叶一尖。树常斩伐，从前每亩止收生叶八十磅至百磅，自斩伐后三年即多收二三倍，采摘之时自西四月起至十一月止，采茶工钱亦较锡兰为廉……"。

19 世纪末至 20 世纪初，大吉岭茶产业经历了一段低潮和困难时期。1897 年，由于阿萨姆、锡兰、印度尼西亚等地的茶叶生产过剩，以及印度卢比贬值和英国提高了进口茶叶的关税等原因，导致茶叶价格下降和茶叶种植园收益严重损失，一部分大吉岭茶叶种植园破产、转让或者合并。据 1915 年英属印度政府统计部的统计，1914 年大吉岭拥有茶叶种植园 156 个，总占地面积 5.3766 万公顷，茶叶种植面积 2.1763 万公顷，生产茶叶 8160.62 吨。茶叶种植园聘用固定劳工 3.0167 万人，临时工 1.2141 万人。1943 年和 1951 年，由于第二次世界大战和印度独立的政局影响，大吉岭茶叶种植园分别减少至 142 个和 138 个，茶园占地面积分别为 2.1075 万公顷和 1.6569 万公顷。控制着大吉岭地区 90 % 茶叶种植园的英国人渐渐将茶园转让给了印度人或者印度公司。但由于印度人缺乏茶叶种植、加工和经营的经验，同时国际茶叶市场的激烈竞争，使大吉岭茶产业处于较困难的时期。1951 年，大吉岭茶叶产量减少至仅 7838 吨。在随后的几年，由于改进了茶树的种植技术，虽然茶园面积没有增加，产量却大幅度提高，1960 年大吉岭茶叶产量首次突破 1 万吨。1960 年开始，已经种植了将近 100 年的中国茶树，已经出现明显的衰老现象，茶叶产量开始连年下降。1966 年，印度茶叶研究协会在大吉岭建立了中国茶树品种繁殖场，筛选最好的扦插枝条，繁殖茶苗供给大吉岭的茶叶种植园，大吉岭许多茶叶种植园开始重新改种换植，重新种植新繁殖的中国茶树品种。虽然对茶树品种进行改良和换植，受国际市场和印度国内政策的影响，20 世纪 60 年代至 80 年代，大吉岭茶产业又经历了举步艰难的周期，大吉岭茶园数和茶园面积逐年下降。从 1985 年至今，大吉岭茶园数稳定在 87 个，茶园面积 1.9 万公顷，茶叶年产量约 1 万吨左右。

19 世纪 60 年代，在阿萨姆地区逐渐抛弃中国小叶茶树品种的时期，中国茶树品种却意外地在大吉岭茁壮成长，生产出的大吉岭红茶受到英国市场追捧。英国人坚信，只有真正中国血统的茶树品种才能制作出高品质的大吉岭红茶。大吉岭地区的土地大部分是含有黏土、沙和有机物质的土壤，从平原至高山地区的平均降雨量达到 1778 毫米至 3810 毫米，气温也非常适合茶树生长。英国茶园主发现，在气温和湿度较高的低海拔和平原地区的茶叶产量比高海拔地区更高，但高海拔地区的茶叶品质更好。中国茶树品种在大吉岭高海拔区域不仅表现出良好的抗寒性，而且表现出杰出的风味品质。大吉岭的茶叶种植园已经完全掌握了茶叶栽培技术，对土地整理、茶苗繁殖、移栽、施肥、修剪、采摘等栽培技术形成了规范。大吉岭红茶的加工技术也形成规范的流程，萎凋、揉捻、发酵、烘干、筛分和包装都有标准工艺。当春天来临时，茶树枝条生长至 1 芽 5 叶时，英国人要求仅采摘 1 芽 2 叶为原料，留下3叶片让其继续生长发芽。每年的新茶采摘从3月末开始，11月底左右结束。每英亩产量160～480磅，每株茶树一年可以采摘约30次。大吉岭红茶生产完全采用中国传统功夫红茶生产技术，生产的红茶等级依次分为橙白毫、碎橙白毫、白毫和白毫小种四个。英国茶树种植者发现不同的海拔或者不同季节生产的茶叶品质明显不同，最佳的品质是在季风来临之前的3—4月第二轮生产的茶叶；而在雨季生产的茶叶品质则较差。在阿萨姆茶树品种主导印度茶区的状况下，中国茶树却在大吉岭地区独树一帜。至19世纪80年代，大吉岭红茶已经征服了欧美茶叶消费市场，以“红茶中的香槟”赢得了名声。加尔各答茶叶和伦敦茶叶拍卖行拍卖的大吉岭红茶，就像一件件稀有而昂贵的奢侈品。从伦敦、巴黎到纽约，大吉岭红茶是久负盛名品茶者的最爱，茶之于大吉岭，就像葡萄酒之于波尔多，威士忌之于苏格兰。采用中国茶树品种和中国加工技术生产的大吉岭红茶，在高海拔、云雾缭绕大吉岭山岭孕育出被英国茶叶鉴赏家认为最具中国风味的红茶，其独特的“优雅花香”（exquisite bouquet）和“麝香葡萄风味”（muscatel）被认为是大吉岭红茶最重要的风味特征。大吉岭并因此以3个“T”，即茶（tea）、木材（timber）和旅游（tourism）而闻名南亚次大陆和欧洲。

三、多族群的大吉岭人

1839年，坎贝尔任大吉岭地区行政长官，负责大吉岭疗养山站的建设。他面临的第一个问题是如何吸引外来者到几乎人迹罕至的大吉岭定居。当时大吉岭的密林深处仅仅居住着寥寥的100多名雷布查人。锡金王国由于对东印度公司霸占其领土怀恨在心，已经禁止锡金人移民大吉岭和为英国人服务。而原定居于大吉岭的雷布查部落人口不多，英国人认为：他们生性散漫，习惯了游牧的生活，不愿意被固定在某个岗位工作。行政长官坎贝尔只能考虑从邻近的尼泊尔、不丹和孟加拉地区移民。

大吉岭第一阶段移民潮发生在英锡战争结束后的1836年，劳埃德上校开始从尼泊尔引入劳工，从事大吉岭城市、道路和疗养院的建设。1839年，坎贝尔接任大吉岭地区行政长官后，不仅鼓励逃亡尼泊尔的原锡金贵族裕克·拉德拉普率领的800个雷布查族家庭、约2000人迁移定居大吉岭，还以赠送土地、提供就业岗位和废除奴隶制等优惠的条件吸引尼泊尔贵族和奴隶来到大吉岭。尼泊尔贵族达克曼·拉伊被英国人的政策所吸引，主动迁移至大吉岭定居。他率领20匹马的车队，带着食物和必要的物品浩浩荡荡地迁移到大吉岭，这一示范举动令坎贝尔非常兴奋，坎贝尔请求他再帮助从尼泊尔迁移更多的劳力来大吉岭。1839年底，达克曼·拉伊回到大吉岭时，带来了数千名尼泊尔廓尔喀移民定居大吉岭。东印度公司为奖励他所做的贡献，慷慨地授予达克曼·拉伊大片大吉岭森林土地。大吉岭殖民政府主管之一乔治·克里斯蒂森也请求达克曼·拉伊帮助从尼泊尔输送更多的劳力，还答应提供茶籽并帮助他在获赠的土地上建立茶园，这就是达克曼·拉伊家族为何有能力在1878年、1880年和1883年分别建立了索仁尼、浦古里和萨姆里帕尼茶园的原因。达克曼·拉伊也因此成为第一个大规模种植茶叶的尼泊尔人。这些茶园至今依然在运营。

英国殖民者对从尼泊尔移民还别有用心。大吉岭殖民政府行政长官坎贝尔在日记里赤裸裸地写道："英国人希望尼泊尔人在新收购的大吉岭土地定居，因为他们被认为是信仰传统藏传佛教的西藏人和不丹人的敌人。"英国人在尼泊尔移民中发现了一群忠诚的臣民，他们效忠于英国人，而不是西藏达赖喇嘛。在不丹和锡金，英国殖民统治者试图建立一个顺从的尼泊尔地主阶级，以对抗在中国西藏和不丹占主导地位的地主贵族。在《锡金方志》（1894年）中，赫伯特·霍普·里斯利详细阐述了英国支持尼泊尔人移民背后的险恶用心："西藏世仇的涌入是我们抵御西藏影响力复苏的最可靠保证。在这方面宗教将起主导作用，印度教肯定会驱除佛教。"

英国东印度公司还从加尔各答等平原地区招聘中国人来到大吉岭，参与大吉岭的城市建设。中国的木工和制砖技术熟练，主要从事木匠、泥瓦匠等职业。此外，许多尼泊尔低种姓的民众或奴隶也纷纷逃亡至大吉岭。

第一次移民并没有满足大吉岭城镇建设的劳力需求，而刚刚起步发展的茶园也急需大量的劳动力。大吉岭种植园主和管理人员都是欧洲人，随着大吉岭茶园的逐步拓垦，急需大量招募从事茶园开垦、茶树种植的劳工。因此，1850年末大吉岭殖民政府掀起了第二次移民潮。大吉岭殖民政府最初曾从德干高原的焦达讷格布尔（今恰尔肯德邦）丘陵招募了一部分劳力，但当这些丘陵地区的部落民众来到高海拔的大吉岭时，非常不适应大吉岭高山寒冷、潮湿的气候，当夜幕降临之时，他们乘着夜色纷纷逃跑至低海拔平原地区的特莱和杜阿尔斯地区的茶园工作。大吉岭殖民政府只能从尼泊尔招募劳动力，殖民政府高薪雇用一些尼泊尔工头，前往尼泊尔招聘劳工。每招聘一名劳工支付10卢比的高额报酬，刺激了工头进入尼泊尔高地山区四处游说和招聘，此后每年有几千名尼泊尔人进入大吉岭的茶园。

促使尼泊尔人迁徙大吉岭地区的另一重要原因是，信奉印度教的廓尔喀王国沙阿王朝对尼泊尔本土信仰佛教和其他非印度教的尼泊尔部落和社区的统治和迫害。沙阿王朝将印度的种姓等级制度引进尼泊尔，最早来自印度西北部的婆罗门和刹帝利在沙阿王朝时期成为尼泊尔统治阶层、贵族和官员。18世纪下半叶，廓尔喀王国普里特维·纳拉扬·沙阿国王加强其统治地位，强化君主制和印度教高种姓的集权。这在尼泊尔国内造成了相当大的政治和社会紧张局势，国王实施了一系列镇压和压迫，以确保高种姓印度教尼泊尔人对本土佛教徒和其他非印度教部落和社区的统治。特别是在尼泊尔东部基拉特地区，原土地权的特点是“吉帕特”所有制，即社区土地集体所有制形式，属于某一特定种族的群体对确定的定居地和耕种地拥有排他性和不可剥夺的公共权利。

但是，廓尔喀统治者将尼泊尔东部基拉特地区“吉帕特”土地的集体所有权强制收归王室所有，致使该地区的诸多部落失去了土地。在尼泊尔东部基拉特地区的拉伊、林布、古隆和塔芒部落，被统治阶层强制贬为印度教低种姓“首陀罗”，导致这些部落受到婆罗门和刹帝利种姓的严重压迫，不符合印度教经义要求的部落被残酷惩罚，包括没收财产、放逐、残害、奴役甚至导致其死亡。面对统治者残酷无情的压制，大量的拉伊人、林布人、古隆人和塔芒人等被迫从尼泊尔东部地区逃离家园。19世纪上半叶，当大吉岭落入英国人之手后，尼泊尔拉伊、林布、古隆和塔芒部落发现大吉岭是一个相对自由的地方，纷纷逃离已无法生存的家园，迁徙进入大吉岭。1869 年 3 月，大吉岭勒邦茶叶公司秘书塞缪尔·沃德在英国皇家艺术学会印度论坛会议上就报告说："相比阿萨姆茶叶种植园很难招募苦力，在大吉岭，苦力要找到工作并不困难，每月 3 ～ 5.5 卢比的报酬很容易招募到苦力。"

对被招募在茶园工作的劳工，茶叶种植园主会在茶园周边划定一小块土地供劳工建造简易的房子居住。在茶叶种植园区域内，英国种植园主就是"太上皇"，一些慷慨的种植园园主会善待劳工，给劳工们提供一些住房和其他额外的福利。男性劳工通常从事修筑茶叶种植园内房子、道路，茶园开垦，茶叶运输、加工等重体力劳动，每月可获得 6 卢比报酬；女性劳工通常从事茶叶种植、采摘等劳动，每月可获得 4.8 卢比报酬；儿童也从事采茶的劳动，每月可获得 2 ～ 3 卢比的收入。与在大吉岭城镇的其他工种收入比较，在茶园工作的劳工收入是最低的。1871 年，当时技术工种的报酬较高，如泥瓦工每月工资 10 ～ 14 卢比，木匠 12 ～ 18 卢比。当时大吉岭的大米价格为每莫恩特 2.4 卢比，玉米每莫恩特 1.8 卢比。至 1901 年，大米和玉米的价格已经翻了一倍。在茶园劳作的劳工们还遭受尼泊尔工头的控制，他们被招募后被分配送往各个种植园劳作，劳工要偿还招聘的费用，工头便成为债主。每当劳工需要举办婚礼或者葬礼等，只能向工头或向种植园主借钱，或者向马尔瓦尔人借 70％利息的高利贷，最终劳工们成为高利贷的奴隶，从一个封建王国的奴隶变为茶叶种植园的奴隶。那时，每个茶叶种植园雇用劳工没有签订合同，致使劳工流动性很大。随着大吉岭茶叶种植园的不断发展扩大，依然缺乏足够的劳力，种植园每年冬天需要从尼泊尔、锡金招收更多的劳力。但种植园恶劣的居住条件、不卫生的水源，以及缺乏医疗条件，经常导致茶园劳工生病死亡，甚至一场严重的流行疾病就将茶叶种植园周边的一些村庄完全毁灭。

1861年，坎贝尔离任大吉岭行政长官。几年后，在伦敦的一次民族学协会的会议上，他回忆起当年大吉岭人口大迁徙的情形："人们从四面八方蜂拥而来，我们的人口迅速增长。我当行政长官时，还不到50户，1861年我离开大吉岭时，估计人口有6万人。"

1870年左右，大吉岭兴起第三次移民潮，也是大吉岭最后一次大规模移民，主要引进劳动力从事喜马拉雅山铁路的建设。1881年，大吉岭喜马拉雅山铁路线建成通车。据英属印度政府秘书处1907年出版的《孟加拉地区地方志》记载，1869年，大吉岭人口就达到2.2607万人。1871—1872年，殖民政府对大吉岭地区进行了第一次人口普查，当时大吉岭人口达到9.4712万。1881年第二次人口普查，大吉岭人口猛增到15.5179万。1891年大吉岭人口达到22.3314万。1901年大吉岭人口增加到24.9117万，其中尼泊尔人占总人口的一半以上，达到13.1650万，在茶叶种植园的尼泊尔劳工就达到6.4万多人。这些人口主要居住在大吉岭镇、噶伦堡镇和格尔西扬镇。随着人口的急速增长，大吉岭周边的荒地也被大量开垦和开发。至20世纪初，在大吉岭的中国人有1000多人。1872年，定居在大吉岭的欧洲人仅419人，欧亚混血人32人。到了1901年，在大吉岭居住的欧洲人达到1309人，欧亚混血人达到329人，这些欧洲人大部分是茶叶种植园主或者茶叶种植园的管理人员。1911年定居在大吉岭的欧洲人达到2808人。在夏季高温季节，印度其他地区的欧洲人大量涌向大吉岭山城避暑，欧洲人数量会增加一倍以上。

大吉岭地区茶产业的开发，不仅吸引了众多的英国投资者，

大吉岭斯塔恩塔尔茶园的英国监工和采茶妇女及童工（约 1880 年）

也引来了众多英国和澳大利亚的茶园经理和管理人员。苏格兰人克劳德·鲍尔德和澳大利亚人弗雷德·马什是 19 世纪末至 20 世纪初大吉岭茶叶种植园管理人员的典型代表。克劳德·鲍尔德 1853 年出生在苏格兰格拉斯哥一个咖啡商人家庭，他受父亲约翰·鲍尔德培养、训练，成为一名实习工程师。1877 年，像大多数苏格兰年轻人一样，24 岁的克劳德远赴印度殖民地，希望能够改变自己的命运。他最初加入特莱地区的罗哈古尔茶叶种植园，进入茶行业。后来，他还辗转到特莱地区的阿杜尔珀尔种植园工作。1881 年，他加入大吉岭勒邦茶叶公司，曾先后担任巴恩斯贝格和巴丹姆塔姆茶叶种植园经理，勤勤恳恳地工作了 26 年。在他的帮助下，他的弟弟戴维·鲍尔德也来到印度殖民地，在大吉岭的辛德里亚种植园担任助理，不幸的是，戴维于 1883 年 4 月 3 日因患霍乱在加尔各答去世，年仅 24 岁。1883 年 10 月，32 岁的克劳德·鲍尔德娶了比他年轻 8 岁苏格兰格拉斯哥姑娘玛格丽特·

克尔，并在大吉岭定居。

克劳德是传教的热心支持者，兼任大吉岭联合教会的财务主管，又自愿参加了北孟加拉志愿步枪团，担负着保卫大吉岭殖民地安全的职责。大吉岭广告商报刊的一首诗把他描述为“主人圈里的种植园主”。1907年，他担任大吉岭吐克瓦种植园经理，直到1918年65岁退休。克劳德的女婿弗雷德·马什，1891年出生于南澳大利亚阿德莱德的一个英国移民家庭。1912年，他投奔他的姐姐伊迪丝和姐夫珀西·克拉克来到印度。珀西·克拉克是当时孟加拉地区浸信会的传教士。他的姐姐伊迪丝因身体难以适应孟加拉平原炎热的气候，经常去大吉岭疗养。弗雷德·马什也经常去大吉岭学习当地的语言，希望成为一名传教士。然而，到达大吉岭后不久，他的兴趣转向茶叶种植园管理。

1913年1月，马什在克劳德管理下的辛格拉种植园担任经理助理。克劳德对马什的职业道德和精湛马术赞赏有加。1917年12月，马什娶了克劳德的大女儿玛格丽特为妻，成为克劳德的家人和得力助手。1919年4月，克劳德支持马什担任了大吉岭福博斯林种植园的经理。同年晚些时候，克劳德退休离开大吉岭回到英国沃辛安度退休生活。经过20多年大吉岭茶叶种植园的工作，茶叶已经深深地刻印在克劳德的生活中，1903年，他出版了《印度茶叶：种植和制作》一书；1919年，他出版了《种植园排水：实用手册》一书，介绍了他发明的用于测量土地移动的测斜仪的操作。1924年克劳德去世。

弗雷德·马什与大多数种植园经理一样，也加入了北孟加拉志愿步枪团。进入20世纪，国际形势风云突变，彻底打破了弗雷德·马什等人在大吉岭平静的种植园生活。第一次世界大战爆发时，他到英国参加了第一次世界大战。两年半后他又回到大吉岭继续担任福博斯林种植园的经理。1934 年 1 月 15 日，弗雷德·马什所在的茶叶种植园经历了一场严重的地震，已经有 70 年居住历史的房子全部倒塌，弗雷德·马什一家侥幸逃生。大吉岭地区经历了第二次世界大战的冲击，并受 1943 年孟加拉地区大饥荒的严重影响。动荡的社会形势让弗雷德感到无力应对，英国殖民政府强制征用茶园劳工，严重影响了种植园的劳工使用，极大地影响了茶园的正常生产。他精神几乎崩溃，不得不离开大吉岭，在加尔各答医院治疗了三个星期。而此时，他的父亲不幸去世，他又不得不返回澳大利亚。弗雷德处理完父亲的后事后，把两个女儿留在澳大利亚，他和妻子玛格丽特返回大吉岭。第二次世界大战期间，英国国内对茶叶需求强劲增长，弗雷德积极地响应英国政府的号

克劳德·鲍尔德（中间站立白胡子者）一家在吐克瓦茶园（1914 年）

召，加班加点生产茶叶。弗雷德还和北孟加拉志愿步枪团成员积极地参与为在缅甸和印度的英国和澳大利亚军队提供食品和物流服务。

弗雷德·马什一家原计划一直在大吉岭的茶叶种植园工作至退休。然而，1945年，印度民族主义独立运动风潮已经在大吉岭涌动，尼泊尔的共产主义运动浪潮也影响到大吉岭地区，大吉岭的茶园工人开始觉醒，发起了罢工运动，冲击茶叶加工厂。种植园工人运动被北孟加拉志愿步枪团镇压下去。1946年2月，弗雷德受到严重的惊吓，精神几乎再次崩溃。他不得不再次离开大吉岭，前往加尔各答西南部奥里萨邦的普里治疗。1947年7月，弗雷德·马什和妻子玛格丽特再也忍受不了精神折磨，从印度返回澳大利亚墨尔本。

至19世纪末，大吉岭地区已经成为喜马拉雅山脉许多部落和民族混杂的聚居地，各个民族说着19种方言，他们都属于蒙古人种南亚类型，长着东亚人的面孔，大约一半人口讲藏缅语族语言。大吉岭也因此被英国人称为“部落和民族的巴别塔”（Babel of tribes and nations）。在大吉岭，除了雷布查人外，还有尼泊尔人、不丹人、普提亚人、中国人、孟加拉人、旁遮普人、马尔瓦尔人，以及欧亚混血人和比哈里人等。

尼泊尔人是大吉岭最主要的族群。据1901年英属印度政府人口普查，大吉岭人口增加到约24.9万人，其中尼泊尔人占总人口的一半以上，约13.2万人，在茶叶种植园的尼泊尔劳工就达到6.4万多人。在低海拔的噶伦堡有4万多尼泊尔人，主要从事农业种植。大吉岭尼泊尔人又分为不同的种姓或者族群，其中坎布人最多，约3.3万人；其次是塔芒人（又称姆尔米人），约2.54

万人，该部落主要从事种植，绝大多数被招募到茶园工作；再次是林布人，约 1.43 万人，该部落主要从事搬运和运输职业，也从事农业种植和贸易。此外，还有曼嘉人 1.19 万人，拥有雅利安人血统的卡斯人 1.16 万人，古隆人 8700 人，尼瓦尔人 5880 人。他们按照不同部落说不同的尼泊尔语方言。坎布人信仰万物有灵论，其他尼泊尔人大多信仰佛教，也有部分信仰基督教。孟加拉人随着英国人来到大吉岭，因为拥有较高的文化和写作能力，大多数被英国人聘为政府部门、民事部门、法庭、火车站的职员和医疗部门医生、学校老师等。

大吉岭山城还是英国殖民军队廓尔喀雇佣军的征兵中心，由于尼泊尔王国统治者最初不愿意英国人在尼泊尔境内征募英属印度军队的廓尔喀雇佣军，英国人便通过大吉岭基地征募廓尔喀雇佣军。来自尼泊尔高地山区蒙古血统的林布、古隆、塔芒等高地

尼泊尔贵族少女（1865 年）

不丹采茶工（1875 年）

部落的居民，男人随身必携带一把传统的库库里弯刀，他们被英国人称为勇武的廓尔喀人，是英国和印度军队雇佣军中最骁勇善战的士兵。1857 年，英国人镇压印度兵变起义中，廓尔喀雇佣军的忠诚和勇猛得到了充分的证明，他们被英国人称为“尚武人种”。当时英属印度迪纳杰布尔地方长官请求和敦促孟加拉地区殖民政府增加招募廓尔喀士兵，因为“无论在哪方面，他们都比平原上任何人更有效率，更勇敢，更值得信任”。印度陆军总司令罗伯茨勋爵将“尚武人种”作为英国军队征兵政策的基石，罗伯茨勋爵指出：“提高军队素质的第一步，是用更好战、更吃苦耐劳的人来代替印度斯坦兵、马德拉斯的泰米尔人和泰卢固人，以及孟买的马拉人。”

在英国统治时期，大吉岭地区最初是一个非管制行政区，采用英属印度政府对经济较不发达地区的一种行政管理方式。1919 年，大吉岭地区被殖民政府划归为“落后地区”。20 世纪 40 年代，为争取印度独立的不合作运动，反对英国殖民统治的民族主义运动和共产主义运动也在大吉岭地区茶叶种植园中蔓延开来，促使大吉岭地区人口占多数的尼泊尔廓尔喀人民族主义意识的觉醒。印度独立后接管了大吉岭地区，将大吉岭划归西孟加拉邦的县一级行政级别，大吉岭县包括了大吉岭、格尔西扬、噶伦堡和特莱镇。由于占大吉岭人口多数的廓尔喀人民族意识的觉醒，强调其民族、地理的独立性，大吉岭地区的廓尔喀人发起了大吉岭廓尔喀民族独立自治运动，使近代大吉岭地区社会和经济长期不稳定。

雷布查人是锡金和大吉岭本地居民，自称“绒巴人”，使用雷布查语，无文字，属汉藏语系藏缅语族。1872 年，大吉岭的雷布查人仅约 4000 人。至 1901 年，其人口已经达到 1 万多。

雷布查人属蒙古人种南亚类型，与尼泊尔异族通婚后，形成雷布查族。雷布查人擅长箭术，经常举行射箭比赛。一些学者认为他们最早从缅甸和阿萨姆边界迁移到锡金；另一些学者认为他们是从中国西藏南部迁移过来。雷布查人普遍信仰佛教，也有部分信仰基督教，他们还认为人有灵魂，相信善恶有报，魔法和驱魔十分普遍。英国植物学家胡克博士对雷布查人颇具好感，1848 年他第一次进入锡金考察，后来他写道："和原住民待在一起总是非常有趣，尤其是和山民，他们的小屋散落在人烟稀少的山谷里，背后就是高耸的大山。和他们一起进入幽暗森林更能让人大吃一惊，一个没受过多少教育的人竟然懂得如此之多！我最喜欢的伙伴莫过于雷布查人了，我从没和这样有趣的人一同生活过，他们快乐、善良，对自己侍奉的人极具耐心，或许有时候有些粗鲁，但绝不野蛮，既无知又充满智慧。他们用一把小刀就能快速、敏捷、富有创造力地建起房子，做出家具。除了喜欢喝酒、有些粗心外，这些快乐的人几乎没有其他缺点……"坎贝尔 1869 年发表在《伦敦民族学学会学报》第 7 期的文章《论大吉岭附近的部落》，也认为雷布查人是"大吉岭周围所有部落中最有趣、最讨人喜欢的"，因为"他们是我们到达那里后最早加入我们的人，而且一直是欧洲人最喜欢的人，也是最愿意与他们自由交往的人"。

普提亚族人约 9300 人，根据他们的来源又分为四类，即锡金普提亚人，来自尼泊尔东部的夏尔巴普提亚人，来自不丹的德如科帕普提亚人和来自中国西藏的西藏普提亚人。中国藏族移民的后裔与雷布查人异族通婚后，迁移至锡金，称为锡金普提亚人。西藏普提亚人是纯正的西藏人，约 1700 人。普提亚人属蒙古人种南亚类型，使用普提亚语，有众多方言，属汉藏语系藏缅语族，无文字，大多信仰藏传佛教。

孟加拉人与英国人关系良好，大多在殖民政府部门和机构工作。旁遮普人则大多精于经商和贸易。印度斯坦人则擅长机械制造。马尔瓦尔人被称为“喜马拉雅山的犹太人”，善于经商和金融，大多从事放高利贷。中国人也来到了大吉岭，擅长木工和泥瓦工。尼泊尔低种姓的伽提人或奴隶，在尼泊尔原只能从事清洁和洗衣等工作，但是他们来到大吉岭后，再也不愿意从事这个低等的职业，阿尔瓦尔人接手从事清洁和洗衣工作。从平原地区来的比哈里人则大多数从事理发职业。1901年英属印度政府统计，大吉岭人口中，信仰印度教的人口约18.7万人，信仰佛教的人口约4.4万人，主要是雷布查人和普提亚人，信仰基督教的人口约4467人。

19世纪末，英属印度统治的版图上，弹丸之地的大吉岭山城成为军事战略和边境贸易要地，这里有若隐若现的喜马拉雅雪山、清冽舒适的气候、郁郁葱葱的森林和茶园、维多利亚时代建筑和风情，是丰富多元民族文化和多元宗教文明的汇聚之地，成为喜马拉雅山脉东部地区东西方文化和经济交流的重要通道和枢纽。在夏季炎热季节，大吉岭山城吸引了欧洲和英属印度殖民地等地的达官贵人、社会名流、商贾巨富、儒人雅士、探险家、科学家和间谍，小商小贩、工匠艺人等各种身份、阶级的人和各色人种也云集山城，折射出一片歌舞升平的繁荣景象。大吉岭也因此赢得了“山中皇后”的称誉，大吉岭红茶赢得了欧洲茶叶鉴赏家的赞赏，获得了“红茶中的香槟”美誉。

第二章 杜阿尔斯和特莱地区茶叶种植

一、森林砍伐和拓展茶区

杜阿尔斯 - 特莱茶区名称来源于 19 世纪中期，英国殖民统治时期在该平原和山地地区开发种植茶叶，使其逐渐形成了一个特定的茶叶产区，一直沿用至今。现代印度茶叶界定义杜阿尔斯 - 特莱茶区是一个跨行政区域的大茶区，有时也称为“北孟加拉茶区”（西孟加拉邦北部）。杜阿尔斯 - 特莱茶区是印度第二大茶叶产区，茶园总面积约 12.3 万公顷，2013 年茶叶产量约 30 万吨，约占印度茶叶年总产量的 25 %。这片广袤的茶区是喜马拉雅山脉西瓦利克山麓下中东部区域与不丹接壤的一大片辽阔、原始雨林覆盖下的丘陵、山地和冲积平原地区，区域面积达到 8800 平方公里。

茶区的东北部与巍峨险峻的大吉岭和不丹相连，南部与孟加拉国接壤，东部与阿萨姆邦相接。“杜阿尔斯”这个名字来自不丹语，意为“门户”，意思是这个地区是印度东北地区与不丹接壤的门户。杜阿尔斯地区也是英国殖民统治时期从孟加拉平原进入大吉岭疗养山城和进入锡金王国的边境门户。杜阿尔斯－特莱茶区行政上包括了西孟加拉邦和阿萨姆邦下的几个县区，其中归属于西孟加拉邦行政区域的，包括大吉岭县低海拔部分平原区域、西里古里县、杰尔拜古里县、阿里布尔杜阿尔县、北迪纳杰布尔县和戈杰比哈尔县的上半区域；归属于阿萨姆邦行政区域的，包括图布里县、戈格勒杰赫尔县、博尔贝达县、戈瓦尔巴拉县和邦盖冈县区域。如果以重要的城市西里古里或者发源于喜马拉雅山脉的马哈南达河为分界线，则东部地区为杜阿尔斯茶区，西部平原地区为特莱茶区。位于马哈南达河东岸、海拔 122 米的西里古里是杜阿尔斯－特莱茶区最大的城镇，也是西孟加拉邦第二大城市，是印度东北部地区门户和茶叶贸易中心，也被称为“西里古里走廊”。尼泊尔和孟加拉国位于走廊的两侧，不丹位于走廊的北面。西里古里与锡金、大吉岭、印度东北部其他地区接壤，一直是最重要的交通要道和战略要地。杰尔拜古里是杜阿尔斯－特莱平原地区第二大城镇，从喜马拉雅山脉流下的多条河流和小溪流经杰尔拜古里县，它是杜阿尔斯－特莱茶区的核心产区。

茂密的森林覆盖杜阿尔斯地区海拔 90 ～ 1750 米郁郁葱葱的丘陵和山谷，成群的野鹿和野牛在丛林和原野中出没。发源于不丹境内喜马拉雅山脉的数条河流穿越和灌溉着这片肥沃的平原。起源于不丹的桑科什河流经杜阿尔斯地区，并将杜阿尔斯一分为二，即杜阿尔斯东部地区和西部地区，杜阿尔斯东部地区即在阿萨姆邦西部区域，布拉马普特拉河和马纳斯河交叉冲刷形成的平原地区。西部地区在西孟加拉邦的北部区域，是喜马拉雅山脉延伸的山麓丘陵和平原地区，与特莱低海拔地区接壤，主要河流是蒂斯达河，还有一些小河流或者支流，如贾尔达卡、摩提、托尔萨、代纳、卡洛多亚、瑞达克和卡尔扎尼河。杜阿尔斯地区气候温暖而湿润，雨水充足，年平均降雨量约 3500 毫米。季风季一般从 5 月中旬开始，直到 9 月底结束。这里冬季寒冷，早晨和夜晚伴随着浓雾。

特莱地区位于喜马拉雅山脉的南部山麓与尼泊尔接壤，向南延伸 30 ～ 50 公里的一片低海拔区域，这里有广袤的沼泽、草地和热带稀树草原。“特莱”当地语是“湿地”的意思。特莱茶区与杜阿尔斯茶区连接在一起，海拔 100 多米至 900 多米。行政上属于大吉岭县西里古里市，其南部与比哈尔邦吉申根杰县接壤，其西部与尼泊尔接壤，发源于尼泊尔的美琪河成为两国的国境线。起源于喜马拉雅山脉的马哈南达河穿过整个茶区与杜阿尔斯茶区相接；巴拉松河斜穿茶区后与马哈南达河汇合，形成特莱茶区的主要河流，灌溉滋润着肥沃的特莱平原。由喜马拉雅山脉冲刷下来的细沙、黏土形成了特莱地区主要的土壤成分。特莱地区是热带稀树草原、高草地、湿地、常绿和落叶森林混杂镶嵌的地区，完全被丰富的热带雨林和娑罗树、竹林、木兰花和藤本植物等覆盖，部分区域是一片片长满了高大野草的淤泥地。特莱地区一年经历夏季、季风季和冬季三个季节，由于北部被喜马拉雅山脉阻挡，季风带来大量的降雨，年降雨量达到 3200 多毫米。每年的季风带来的强降雨、丰富的地下高水位和山麓平原排水不畅等，使特莱地区低凹地带经常淹没在洪水之中，部分地区成为沼泽区域。

特莱地区曾经是黑水热病、疟疾流行的地区，早期英国茶叶种植者进入该地区，被认为是进入了死亡之谷。

12 世纪，曾经统治阿萨姆布拉马普特拉河流域、北孟加拉（今西孟加拉邦北部）、不丹和孟加拉国北部地区的迦摩缕波王国灭亡后，这里分裂成诸多部落王国。在布拉马普特拉河东部地区的南岸和北岸建立起了苏迪亚王国。随后，布拉马普特拉河南部阿洪王国崛起，占领和兼并了苏迪亚王国。阿萨姆地区的中部古瓦哈蒂地区出现了卡查里王国。由于不断遭受阿洪王国的侵略，卡查里王国只得退败，将首府迁移到今北孟加拉中部地区，即察查山脉的北部，最后盘踞在阿萨姆南部的巴拉克谷。原迦摩缕波王国西部地区被当地的博多部落、戈杰部落和梅奇部落分别占据。1250 年，可汗部落王朝崛起并统治了该地区。1498 年，戈杰王朝崛起，取代可汗部落王朝。1515 年，建立戈杰王朝的卡玛塔王国统治着广袤的杜阿尔斯和特莱地区。在同一世纪，卡玛塔王国又分裂成戈杰比哈尔和戈杰哈扎两个部落王国，后者随后被阿洪王国吞并，而戈杰比哈尔王国成为莫卧儿帝国的附属国。

17 世纪 80 年代，随着不丹的军事实力日益强大，野心勃勃的不丹企图扩张领土和扩大对周边地区的影响力。趁着戈杰比哈尔王国内部动荡、逐渐衰落和莫卧儿王朝影响势力减弱的契机，不丹不断地鼓动和派出军队支持戈杰比哈尔王国一位王位的竞争者，操控和挑拨王室继承人及国王，干涉戈杰比哈尔王国的内政，最后扶持了一位傀儡国王。1772 年，不丹派军队入侵戈杰比哈尔地区，彻底占领和吞并了戈杰比哈尔王国，杜阿尔斯和特莱地区成为不丹的领土。

逃亡的戈杰比哈尔国王和王公不甘心领土被占领，请求英国东印度公司帮助收复故土，并愿意支付一笔厚礼和报酬。然而，英属印度总督沃伦·黑斯廷斯拒绝了国王的请求，东印度公司要求戈杰比哈尔王国每年向公司支付费用以换取保护。1772年，戈杰比哈尔国王无可奈何地签订了协议，接受英国成为其主子。随后，英国东印度公司派遣佩林率领英军，从加尔各答出发，经过今孟加拉国北部的朗布尔，到达穆格哈尔哈特与戈杰比哈尔王国军队汇合，经过一番战斗，英国军队打败了不丹军队，重新夺回了戈杰比哈尔王国首府，进攻的军队推进至不丹南部边界驻守，英国军队不愿进一步进入不丹陡峭的高原山地。1774年4月25日，英国东印度公司与不丹达成了协议，不丹不仅赔偿了英国东印度公司的战争损失，而且同意不丹军队退回1730年以前的边界。自此，东印度公司实际占领了戈杰比哈尔王国领土，戈杰比哈尔王国成为东印度公司的土邦国。

历史上，由于杜阿尔斯地区与不丹南部交界处有18条传统边界山口，其中与孟加拉地区接壤的山口有11个，与阿萨姆接壤的山口有7个。这些山口是不丹人与孟加拉地区、阿萨姆地区的部落进行贸易的重要通道和贸易点。同时由于山口地带土地肥沃、雨量充沛，也是不丹粮食、棉花、烟草等作物的重要产区。阿萨姆地区西北部也与不丹接壤，过去不丹每年向阿萨姆阿洪王国缴纳一定数量的牦牛尾、矮马、毛毯、麝香和沙金等，从而取得了这些山口的使用权。1826年英国东印度公司兼并阿萨姆地区后，自然不满足于仅仅收取山口的费用，而是企图攫取整个山口地带的控制权。3月28日，英属印度政府强迫锡金国王签订了《庭姆隆条约》，打开了锡金通往中国西藏的贸易通道。野心勃勃的英国人还希望打通不丹进入中国西藏的贸易道路，不丹遂成为东印度公司与中国西藏贸易重要通道上的障碍。此后多年，东印度公司与不丹就不丹南部山口地区归属和贸易不断发生矛盾冲突。为了解决这些冲突，1837 年东印度公司向不丹派出以波瓦洛・彭博尔顿上尉为首的使团，试图解决不丹与阿萨姆边界山口的争端，提出开放自由贸易、以货币交付等条款，但被不丹拒绝。随后 20 多年间，东印度公司不断入侵和占领不丹边境的部分山口和领土，双方在边境的冲突持续升级。强硬的不丹还在 1862 年派军队乘机入侵和劫掠了东印度公司控制下的锡金和库奇比哈尔地区，抢走许多奴隶及财宝。不丹不时在与阿萨姆地区和孟加拉地区的交界山口挑起骚乱活动对抗东印度公司，令东印度公司异常愤怒。1863 年，英属印度政府再次委派阿什利・伊登作为特使前往不丹，试图说服不丹建立一种更能为英国人所接受的双边关系。而当时不丹高层正处于政治分裂状态，两派争权夺利，狡猾的伊登特使利用不丹内部派别纷争的矛盾，与其中一派签订了一份协议，这引起了另外一派的强烈不满，他们强硬要求英国人归还被占领的全部阿萨姆山口，并交还所有逃窜至印度的奴隶和罪犯，英属印度政府当然拒绝了这一要求。英属印度总督约翰・劳伦斯以不丹曾入侵锡金和戈杰比哈尔以及羞辱英国使团为借口，于 1864 年 11 月 28 日向不丹发动了战争，称为“不丹战争”，也称为“杜阿尔斯战争”。

东印度公司的军队在马尔卡斯特准将和邓斯福德准将指挥下，从阿萨姆、孟加拉地区和戈杰比哈尔地区向不丹四个重要战略区域发起进攻，至 1865 年 1 月，彻底打败了不丹的军队，不丹与孟加拉地区接壤的几乎所有的山口都落入英国人手中。1865 年 10 月 23 日，英军进攻不丹东南部德旺吉里镇和德瓦唐镇堡垒，不丹士兵和僧院护兵手持火绳枪、弓箭、剑、刀和弓弩顽强抵抗，虽然在局部战斗中取得了胜利，但终究被装备精良的英国军队打败。1865年11月11日双方签订了《辛楚拉条约》，不丹被迫割让不丹南部丘陵以下的狭长地带的领土，即整个杜阿尔斯平原，包括噶伦堡在内的蒂斯达河以东约2000平方公里的地区，以及不丹东南部的德旺吉里地区83平方公里的领土；承认英属印度政府有权仲裁不丹与锡金和库奇比哈尔国之间的一切争端，承认大吉岭—噶伦堡地区为英属印度领地；不丹开放边界，允许英国商人在不丹进行自由贸易。英属印度政府答应：不丹履行条约之后，即付给不丹2.5万卢比的补助金，之后两年分别付给3.5万和4.5万卢比，此后每年1月10日付给不丹5万卢比。该条约一直持续至1910年。自此，不丹沦为英国的殖民地。

从此，整个杜阿尔斯地区被英国东印度公司吞并，由东印度公司的希达亚特·阿里上校任地方行政长官。地理上，杜阿尔斯地区被发源于不丹的桑科什河自然地分为东、西两部分，西部称为孟加拉杜阿尔斯，东部称为阿萨姆杜阿尔斯。英国东印度公司统治后，将杜阿尔斯区域分为两个行政区：将东部杜阿尔斯与阿萨姆的戈瓦尔巴拉区合并，即今印度阿萨姆邦戈瓦尔巴拉县；西部则独立形成一个新区称为西杜阿尔斯。西杜阿尔斯又被分为三个区：萨达尔、布克萨和达林克特。1869年，达林克特区被并入大吉岭区，原孟加拉朗布尔地区（今孟加拉国朗布尔市）的杰尔拜古里（今属印度）被并入西杜阿尔斯，从此西杜阿尔斯更名为杰尔拜古里行政区，即现在的杰尔拜古里县，此后成为杜阿尔斯地区的茶叶主产区。

英国占领杜阿尔斯和特莱地区时，该地区大部分处于原始森林覆盖状态，蕴藏着丰富的野生动植物和完好的热带雨林。从高海拔的不丹流淌下来多条弯曲的河流穿过如同绿色地毯般的平原和起伏的山地。稀树草原、常绿和落叶阔叶林、荆棘林、干草原和河滩中，生活着老虎、犀牛、亚洲象、野牛、羚羊、印度豹、野猪和大蓝羚等动物，以及沼泽鹿、水鹿、轴鹿、豚鹿、原始鳄鱼、长吻鳄、印度鳄鱼和甲鱼等草食动物和爬行动物。杜阿尔斯地区夏季非常炎热和潮湿，旱季末期温度通常达到40℃。每年的季风季节，泛滥的洪水带着泥沙穿过草原，在地势低洼区域不断淤积，从而在该区域形成非常肥沃的森林区和农业区。

这片地区经济处于传统的农耕时代，杜阿尔斯地区居住着梅奇部落和加罗部落，一些村庄居住着拉杰班什部落，他们以农耕和放牧水牛为业。迪纳杰布尔、朗布尔和邻近的戈杰比哈尔的地主拥有大量的土地，梅奇、加罗部落只能租赁地主的土地而成为佃农。传统农业主要种植水稻、小麦、绿豆、黄麻、甘蔗和马铃薯等。东印度公司占领该地区后，迅速在当地建立起地方政府和财税部门，征收各种税费。但是当地传统的农耕经济远远满足不了东印度公司贪婪的需求。殖民政府惊喜地发现当地丰富的森林资源和广袤土地资源是一笔巨大的财富，因而计划对杜阿尔斯地区进行大开发，首先进行了土地制度改革，实施了森林开发的计划。

实际上，早在1840年，英国政府殖民地部就颁布了《王室土地法令》（Crown Land Ordinance），该法令特别针对英国在亚洲殖民地的森林资源，将殖民地所有森林、荒地、空置和未种植的土地划归英国王室。然而，印度的森林砍伐最初是不受任何监管的，直至19世纪50年代，殖民政府才开始意识到印度森林资源管理的必要性。杜阿尔斯地区被东印度公司占领前一年的1864年8月，英属印度政府“殖民地森林保护部”在孟加拉地区成立，英国植物学家迪特里希·布兰戴斯爵士任总监察长，加尔各答植物园园长托马斯·安德森被任命为该部管理员。次年，英国议会通过了《1865年印度森林法案》，宣称英属殖民政府拥有印度森林的所有权。具有讽刺意义的是，它虽然名为森林保护部，在商业利益驱使下，实际上成为大规模开发利用当地自然森林资源的掠夺者。在杜阿尔斯地区被占领之前，这个新部门就已经勘查和调查清楚杜阿尔斯地区丰富的森林资源，甚至在不丹战争尚未结束之前的1865年4月，殖民政府就要求提交一份关于杜阿尔斯地区森林开发利用的可行性报告。在占领杜阿尔斯地区后，管理员安德森马上提交了报告，其结论宣称：当地森林对当地民众和社

特莱茶区英国监工，筛茶女工及周边劳工及其居住的草屋（1865年）

区几乎毫无价值和用途，森林可以被殖民政府商业开发利用。他厚颜无耻地指出：“在这个地区开发森林，政府可以不必考虑森林调节水分方面的作用，这个作用非常有限。森林的主要作用是提供木材原料。西部杜阿尔斯地区人口非常稀少，人们的日常需求实际上很小。另一方面，在杜阿尔斯南部地区木材的需求量很大，尤其是在戈杰比哈尔、孟加拉的朗布尔和达卡西部。”

殖民地森林保护部对开发杜阿尔斯地区木材的前景非常乐观，认为杜阿尔斯地区的木材可在东孟加拉地区的木材市场上取代价格较高的奥德地区和尼泊尔出产的木材，从而获得巨大的利益。从此，杜阿尔斯地区的森林开始被大面积砍伐，大量木材被源源不断地运输至东孟加拉地区销售，当地殖民政府为此赚取了丰厚的利润。然而好景不长，随着其他地区木材供应量的大幅度增加，木材市场的价格下降，导致当地殖民政府的收入骤减。不过，1874年，英属印度政府为了支持孟加拉地区北部开垦、种植茶叶和木材输出，计划建设北孟加拉铁路线，对用作铁路枕木的木材需求量大增，这又给了杜阿尔斯殖民政府再次开发森林发财的机会。尽管后任的当地森林保护管理员斯舍尔博士强烈反对，他认为铁路部门要求提供的木材数量巨大，将会使得当地森林资源枯竭，但是当地殖民政府不以为然，坚持继续开发，殖民地森林保护部所属杜阿尔斯地区的“布克萨”和“杰尔拜古里”两个部门成为开发森林的主导者和执行者。1878年，杜阿尔斯地区的森林中再次响起砍伐声。为了便于森林砍伐区内运输，仅其中的一个分部管辖区域就在森林区修建了108.4英里的道路。1879年，仅杜阿尔斯地区布克萨分部就供应给北孟加拉铁路1.8449万根枕木；1880—1882年分别供应了枕木2.2683万根、2.9865万根和2.1602万根。

1876—1877 年，杰尔拜古里分部区域 5900 英亩的森林还由于火灾被全部烧毁，火灾和掠夺性砍伐导致杜阿尔斯部分地区的森林几乎被摧毁。

殖民政府疯狂地掠夺森林也引起了有识之士的质疑，英属印度政府和英国商人也意识到，如此疯狂开发，杜阿尔斯地区的原始森林总有消耗殆尽的一天，受阿萨姆地区和大吉岭地区茶叶种植成功的启迪，英国人发现杜阿尔斯－特莱区的土壤和气候非常适合茶树的生长，这预示着一条新的财富之路。最早提出杜阿尔斯地区适合种植茶叶的是驻扎在杜阿尔斯的军队的民事长官兰斯，1864 年他就认为："土壤、土地类型和气候、温度使我相信茶树能在这些较低的山坡上茁壮成长。"实际上，与杜阿尔斯地区毗邻的大吉岭地区已经在 1856 年开始了商业化茶树种植，并且已经取得了初步的成功。在大吉岭种茶成功的榜样鼓舞下，英国种植者尝试在杜阿尔斯－特莱地区种植茶树。杜阿尔斯地方殖民政府也紧锣密鼓地积极鼓励和推进茶树种植开发。1860 年，当地殖民官员尚没有完整的开发、种植茶树的计划。殖民政府首先进行了土地改革，将杜阿尔斯地区所有的所谓荒地全部收归为殖民政府所有，而且打破杜阿尔斯地区原有地主与佃农的社会制度和农耕经济体系。殖民政府野蛮地将当地居民梅奇部落和加罗部落全部赶走，迁移至阿萨姆的戈阿尔帕拉地区居住，没收了梅奇部落和加罗部落原来耕种的大量土地，并将其归类为"荒地"。殖民政府成了最大的地主。随后，殖民政府对该地区森林和土地进行了完整的勘测，大片低地和山坡地被划分出来准备出售作为茶树种植土地。同时，殖民政府还将"荒地"出租，为意欲租地的英国种植者制定特别优惠的租赁条款。

1874 年，为了加快杜阿尔斯地区土地的出售，在英属印度政府副总督助理乔治·坎贝尔的指示下，当地长官制定和颁布了一套向欧洲人提供种植园土地的规定，该规定的主要内容包括：（1）申请人应保证每年种植 3/4 的土地，而且不少于 50 英亩；（2）如果申请者在 5 年内未能将 25 % 的土地种植作物，将无条件收回租约；（3）最初租赁期限为 5 年，土地租金第一年免费，第二年租赁费每英亩 6 安那，第三年租赁费 12 安那，第四年租赁费为 1 卢比 2 安那，第五年租赁费 1 卢比 8 安那，直至重新设定价格为止。

乔治·坎贝尔对此规定非常不满意，认为它对种植者太严格。因此，规定被修改为：第一、二年免收租金，第五年最高租金仅 12 安那；5 年内最低种植面积由 25 % 减少至 15 %；土地租赁期为 30 年，满 30 年后需要重新续约。同时只有土地上种植了茶树，才可以按种植面积收取租金，而其余的土地则按照荒地的标准支付租金。该项规定对种植者来说太具有诱惑力，即承租人如果在租赁的荒地上种植茶树面积低于 15 %，他在未来 30 年的租赁期间就按照荒地支付租金。殖民政府当时还规定，如果土地种植的作物价值较高，则将收取较高的税费，但这个规定从来没有在杜阿尔斯实施，茶叶税率从来没有高于水稻。在这样有利政策下，一股抢购土地的风潮席卷杜阿尔斯地区，杜阿尔斯的森林、坡地、河岸等土地纷纷被英国或者欧洲其他国家的种植园主租赁，大片大片的土地被迅速开垦建成茶叶种植园。

詹姆斯·怀特是第一个在特莱开垦、种植茶树的英国人，1862 年他建立查姆塔茶叶种植园。布鲁厄姆博士应该是最早在杜阿尔斯地区投资建立茶叶种植园的英国人之一，他 1859 年已经在大吉

特莱区域茶叶种植园（约 1870 年）

岭建立了杜特里尔茶叶种植园，为进一步拓展他的事业，他进入杜阿尔斯地区开垦土地种植茶树。1874 年，他聘请理察·霍顿博士为经理，从大吉岭地区引进中国茶树品种，在杜阿尔斯建立了第一个茶叶种植园——格兹尔杜比茶叶种植园。霍顿博士也因此成为杜阿尔斯地区茶叶种植的先驱。1876 年，杜阿尔斯平原地区的森林大部分已经被英国人砍伐，茶园纷纷建立。英国人亨特形容道："不丹杜阿尔斯地区的地形是长条形的平缓山地，沿着不丹山麓下平均有约 22 英里宽，众多河流和群山溪流在各个方向纵横交错，河流和小溪河畔生长着几英尺高的大片娑罗树林、茂密野草和芦苇，一些地方甚至人都无法进入。"1876 年 4 月，维斯特·菲尔德公司建立了 509 英亩的达林克特茶叶种植园。1876 年 5 月，曼尼投资建立了 795 英亩的甘德哈伯西茶叶种植园。同年 10 月，法斯廷建立了504英亩的兰格提种植园；克尔塔拉兹公司建立了320英亩的巴格拉科特茶叶种植园；费舍尔建立了493英亩的茶叶种植园。曾经浓密的丛林被英国人一片片地砍伐或者烧毁，开垦成一片片茶园。曾经无忧无虑的森林中的野生动物被惊醒和驱赶，四处逃窜。杜阿尔斯一个早期英国茶叶种植园主埃德温·阿诺德曾记载："我经常听到附近传来野兽的咆哮声。一天晚上，一只麂鹿从我的小屋飞奔而过。不一会儿，麂鹿颤颤巍巍地倒在草丛中，它浑身鲜血、耳朵垂下、嘴巴破裂。我随后赶紧叫唤我的苦力，携带着刀子，我们大喊大叫地朝向可能潜伏着野兽的草丛走去。悄悄地走近草丛时，一股浓烈的'大猫'气味直冲我们的鼻孔，突然看见一阵极其细微的草丛波动，随着波动消失，我们知道'大猫'已经离开，这是多么令人毛骨悚然的经历。"

早期英国茶叶种植园主G.G·韦伯称杜阿尔斯是"种植园主的坟墓"，他还记得种植园里经常发生需要紧急救护的情况，如野生动物花豹经常在茶叶种植园里游逛，袭击苦力和村庄。他记载了一个种植园主被豹子袭击后如何进行治疗的："医生住在几英里之外，一位邻居紧急奔跑呼喊医生。医生过来后，立即把高锰酸钾晶体倒进每一个伤口，至于更深的伤口，他用手指尽可能地戳进去……"这一描述生动地展现了种植园主在紧急情况下的绝望和医生粗鲁的处理手段。

1875—1876年，杜阿尔斯地区就开垦建立了6个茶叶种植园，土地面积达到3000英亩，茶园面积达到1453英亩，茶叶产量达到5600磅。像大吉岭一样，英国人最早引进了中国茶树品种的茶籽在杜阿尔斯种植，随后引进了阿萨姆茶树与中国茶树品种的杂交品种，一些种植者也引进纯正阿萨姆茶树品种。结果阿

杜阿尔斯地区玛纳巴里茶叶种植园经理和苦力（约1880年）

萨姆茶树品种由于生长速度快，采收早和产量高，被证明更适合在这一地区种植。1876—1877年，杜阿尔斯地区茶树种植进一步拓展，杜阿尔斯地区租赁给欧洲人的土地面积就达到5254英亩，每一块土地面积为300～700英亩，茶叶种植园总数达到13个，茶园面积3395英亩，茶叶产量达到2.9520万磅。1877—1878年，茶叶种植园达到21个，茶园面积4754英亩，茶叶产量达到3.3129万磅。1881年，茶叶种植园更是达到了55个，茶园面积达到6230英亩，茶叶产量达到102.7116万磅。1888年，茶叶产量突飞猛进，达到了747.6771万磅。至1892年，茶叶种植园更是达到了182个，茶园面积达到3.8583万英亩，茶叶产量达到1827.8628万磅。

最初的几年，在杜阿尔斯地区投资建立茶叶种植园的全部是英国人。这些英国茶叶种植者在英国注册成立公司，资金来自英国本土，这类公司被称为“英镑公司”。随后也有大量的英国资本在印度本土注册公司，这类公司被称为“卢比公司”，它们的资金都不是从英国带来的，而是由英国人管理的公司在印度从事各种商业活动赚取的资金。例如，杜阿尔斯早期建立的埃伦巴里和玛纳巴里种植园，埃伦巴里种植园是由一位加尔各答银行经理投资的；玛纳巴里种植园是由大吉岭土地抵押银行的一名副经理投资的，后者后来被邓肯兄弟公司收购。霍普茶园也是由一个大吉岭茶叶种植园经理开垦建立的。而且，所有的欧洲公司都会把自己的茶叶种植园管理委托给在加尔各答的英国管理代理公司。管理代理公司拥有强大的资金实力，渗透和控制着产业的各个环节，在不同的环节中获取利益。例如，邓肯兄弟公司在黄麻制造、保险和一些其他商业领域获取实质性利益，在杜阿尔斯茶叶种植园发展过程中起到非常重要的作用。至世纪之交，邓肯兄弟公司就控制了 25 个茶叶种植园，总面积达到 1.8690 万英亩。

1877 年杜阿尔斯地区的英国茶叶种植者在比纳古里建立了自己的茶叶种植者协会——杜阿尔斯种植者协会，这个协会由英国或欧洲其他国家的种植园主、经理、助理经理和主管等组成，完全垄断了当地的土地资源，也垄断了茶叶种植业。作为茶叶种植者的代表，它不断地向殖民政府提出要求，要求殖民政府改善杜阿尔斯地区的基础设施。最初几年，他们有组织地限制印度人进入利润丰厚的茶叶种植行业。1877 年，杜阿尔斯地区出现了第一个印度本土茶叶种植者——孟加拉地区的穆斯林曼士·拉希姆·巴克什，他在杜阿尔斯地区建立了加尔哈卡茶叶种植园，他是第一个被允许租赁杜阿尔斯土地种植茶叶的孟加拉人。1879 年，又有几个孟加拉本土的律师和精英人士在杰尔拜古里成立了杰尔拜古里茶叶有限公司，他们联合向殖民政府请愿要求租赁土地种植茶叶，他们的行动得到了当时担任杰尔拜古里副治安官、印度人巴格班 • 伯斯的支持。1881 年，他们的要求终于获得了同意，租赁了 741 英亩的土地，建立了莫格尔卡达茶叶种植园。

1896 年，英属印度政府修订颁布了新的《荒地法》，虽然土地租金略有提高，但依然为英国投资者提供了十分优惠的土地租赁条件。《荒地法》规定：最初租赁期限为五年，第一年免土地租金，第二年租金每英亩 3 安那，以后每年额外增加 3 安那，直至达到每英亩 12 安那，殖民政府同时保留修改租金上限和下限的权力。如此优惠的土地租赁政策，促使英国种植者更大胆地租赁更多的土地，刺激了杜阿尔斯地区茶产业的繁荣。从 1876 年至世纪之交的 1901 年，杜阿尔斯地区每年都有新增的茶园。1901 年，杜阿尔斯地区的茶叶种植园已经达到 235 个，种植面积达到 7.6403 万英亩，茶叶产量达到 3108.7537 万磅，茶园劳工达到 6.8619 万人。至 20 世纪 30 年代，依然还有新的森林土地被开垦成新茶园。

英国或者欧洲其他国家的种植园主种植茶叶获得的巨大利润，让印度本土商人和资本家分外眼红。至 20 世纪初，英属印度政府逐步放宽政策，允许印度人租赁土地，越来越多的印度人进入杜阿尔斯 - 特莱地区建立茶叶种植园。至 1930 年，在杜阿尔斯地区，印度人拥有的茶叶种植园达到 47 个，占该地区茶叶种植园的 37 %。但与英国人的种植园比较，印度人的种植园规模较小，而在特莱地区则更小。印度人缺乏资金，他们怨恨殖民政府偏向英国人，歧视印度人。英国人把持的杜阿尔斯种植者协会一直限制印度人加入成为会员，直至1917年，才邀请极少数印度人列席会议。为了抗议英国人的偏见，1918年印度人在杜阿尔斯成立了印度人自己的茶叶协会——印度茶叶种植者协会。一个印度茶叶种植者描述了当时印度种植者所处的耻辱状况："1918年，杰尔拜古里茶叶种植者感到需要一个特别的协会，英国种植者拒绝给印度籍种植者在共同的利益上平等的权利。事实上，在那些日子里，如果一个英国种植者在同条路的对面方向过来，印度籍种植者必须从他骑着的马或乘坐的马车上下来……"这对于受过教育或者西化的印度茶叶种植者来说是种族侮辱。因此，两个组织之间经常发生冲突和竞争。例如，许多茶园劳工经常从英国人的种植园逃跑到印度人的种植园工作。当然，在共同的利益上，他们也会联合起来与殖民政府讨价还价。

英国人将茶产业引入杜阿尔斯-特莱地区后，不仅彻底改变了自古以来杜阿尔斯-特莱地区平原和山地的自然风貌，而且还改变了整个区域的社会、人口和经济面貌，昔日古老的部落王国的土地变成了英国重要的产茶区。大片大片原始茂密的森林、原始草原林地变成了星罗棋布的茶园和村庄。1911年，《东孟加拉和阿萨姆地区公报》作者约翰·格鲁尼宁这样描述当时杜阿尔斯地区的情景："在印度，很少地区像西部杜阿尔斯地区发展的那样快。沿着山脉丘陵的北部大片土地……现在已经完全被郁郁葱葱的茶园覆盖，只有河流或者偶尔的一块保护森林隔开。托尔萨河东岸绵延数里直至桑科什河……茶园从南部一直延伸至托尔萨河……几乎整个地区的土地都被开垦、种植了作物——茶树、水稻、黄麻和烟草，种植业快速增长，而森林则快速消失……"

对于杜阿尔斯－特莱地区茶园的快速增长和繁荣，殖民政府起了非常重要的作用。英属印度政府或它的省级和地区级官员积极地为英国和欧洲其他国家种植者提供直接和间接的支持。英属印度殖民政府在土地分配、行政、法律、税收、森林政策、移民政策，在管理机构建立、劳动力招聘、改善交通和通信条件以及乡村市场建立等方面，都倾向支持英国和欧洲其他国家种植者拥有和控制茶园，使得英国茶叶种植者或公司推广的种植园经济发展模式，建立的资本主义企业在杜阿尔斯－特莱地区很快生根发芽，迅速地发展成为当地的主导产业。至 1931 年，杜阿尔斯地区已经拥有 151 个茶叶种植园，茶园面积达到 13.2074 万英亩，茶叶产量达到 6644.7715 万磅，茶园劳工达到 11.2591 万人。根据印度茶叶局的统计，独立后的 1948 年，大吉岭和特莱的茶叶产量合计达到 1.2870 万吨，杜阿尔斯茶叶产量达到 5.4727 万吨。1951 年，杜阿尔斯和特莱的茶园面积分别达到 5.4609 万公顷和 8402 公顷，

尼欧拉河畔牛车运输茶叶

分别占印度茶园面积的 17.23 % 和 2.65 %，产量分别达到 6.3944 万吨和 6376 吨，分别占印度茶叶总产量的 22.4 % 和 2.23 %。茶叶成为杜阿尔斯和特莱地区唯一的产业。

二、铁路建设和茶园劳工

杜阿尔斯地区茶产业的蓬勃兴起，促进了铁路建设和城镇的发展。随着杜阿尔斯地区茶叶种植园的兴旺发展，最迫切需要解决的是交通运输问题。1878 年，北孟加拉铁路线已经延伸到了杜阿尔斯地区的杰尔拜古里和西里古里。1881 年，从西里古里至大吉岭的喜马拉雅山窄轨铁路也已开通运行，但在杜阿尔斯西部及蒂斯达河的茶叶种植地区尚没有铁路线。为此，英国茶园主及茶叶种植者协会不断地向殖民政府投诉和抱怨。1891 年，在茶叶种植者协会的强烈呼吁和不断施压下，殖民政府承诺为杜阿尔斯地区的茶产区修筑铁路。殖民政府秘书处与著名茶叶经纪公司奥克塔维厄斯 - 斯蒂尔公司签订合同，合作建设“孟加拉—杜阿尔斯铁路线”，这条铁路线专门由杜阿尔斯茶叶种植地区使用。1891 年孟加拉—杜阿尔斯铁路公司在英国注册成立，公司总部设在孟加拉地区的多莫哈尼。殖民政府同意免费提供建设铁路所需的土地、轨枕用木材。合同中还特别规定，如果亏损在 5 % 以内则由铁路公司承担。该铁路线规划建设从孟加拉地区北部朗布尔区西北部的拉尔莫尼哈德铁路枢纽经戈杰比哈尔和杰尔拜古里区至不丹边界西部杜阿尔斯的米轨铁路线，铁路线总长达到 153 英里。

该铁路线通过与孟加拉地区北部朗布尔区的拉尔莫尼哈德铁路枢纽连接，从而连接整个东孟加拉铁路，1894 年整条铁路线全部完成建设投入运行。

1892—1921 年，孟加拉—杜阿尔斯铁路分别建设了 6 条支线铁路，连接主要干线铁路，进入偏远的茶叶种植区，其中拉姆塞支线 1893 年 6 月开工建设，1898 年建成通车，该支线专门为偏远的茶叶种植区拉姆塞提供茶叶和物资运输服务。1941 年 1 月孟加拉—杜阿尔斯铁路与东孟加拉铁路合并。

另外一条进入杜阿尔斯地区的重要铁路线是戈杰比哈尔国家铁路，这条铁路线将孟加拉地区北部、杜阿尔斯、阿萨姆连接在一起。戈杰比哈尔国家铁路是经英属印度政府同意后，由戈杰比哈尔土邦国王公恩里彭德拉・纳拉扬投资建设的区域窄轨铁路。铁路线起点从戈杰比哈尔地区托尔萨河的南岸，至东孟加拉铁路的吉塔达哈，从而连接阿萨姆地区西北部的图布里和孟加拉地区北部的拉尔莫尼哈德。1893 年 9 月，货物运输开通运行，1894 年 3 月旅客火车开通运行。在托尔萨河桥建成之后，铁路线延伸至库奇比哈尔镇，该线进一步延伸至靠近不丹边境的东部杜阿尔斯地区的阿里布尔杜阿尔、斋恩提和布克萨茶区。1901 年，整条 53.5 英里的线路完成通车。至 20 世纪初，杜阿尔斯地区连接孟加拉地区、加尔各答和阿萨姆地区的铁路线已基本建成，极大地方便了杜阿尔斯地区英国茶叶种植园的茶叶、物资、人员的运输。至 1920 年，殖民政府已经为该地区茶产业花费了约 220 万卢比的费用建设道路和铁路。公路、铁路交通的发展，以及大量的移民，促进了杜阿尔斯－特莱地区经济和社会的发展，围绕着茶叶种植园星罗棋布的小村庄和一些大城镇，如西里古里、阿里布尔杜阿尔、杰尔拜古里也建设形成。印度一些学者承认：英国殖民时期，杜阿尔斯地区茶叶种植园的发展，促进了整个地区经济和社会的发展，特别是城镇的建设和形成。如果没有当年茶叶种植园的发展，该地区还笼罩在疟疾和黑水热病的恐怖环境中，也不会有今天的阿里布尔杜阿尔县、杰尔拜古里和其他城镇的建立。可以说，英国人带来了繁荣的茶产业，也彻底改变了当地的经济和社会面貌。

杜阿尔斯地区茶产业蓬勃发展的同时，也使地区人口大幅度增长。最早在杜阿尔斯地区居住的包括博多人、拉巴哈人、梅奇人、托托人、戈杰比哈尔人、尼泊尔塔芒人，以及从中国西藏和尼泊尔穿越美琪河来到特莱地区定居的林布族人和锡金的雷布查人，他们一般具有蒙古人种的特征，其中戈杰比哈里人口占比例较大。如同阿萨姆地区一样，杜阿尔斯地区开发茶叶种植园以后，需要大量的劳工，当地梅奇部落等其他部落人口稀少，而且他们一般不太愿意在茶园工作。因此英国人需要殖民政府和雇佣工头从外部地区招聘劳工来到杜阿尔斯地区的茶叶种植园工作。最初招募的季节性劳工是来自邻近的尼泊尔山区的帕哈里人。这些尼泊尔人不是长期合同制劳工，他们像迁徙的候鸟，随着季节变化而往返。随着茶园大规模发展和茶园进入收获年份，需要的固定劳动力越来越多，英国人就从尼泊尔和印度中部地区焦达讷格普尔高原（今恰尔肯德邦）地区和桑塔尔帕格纳斯地区大量移民，来自这些地区的部落民族是奥朗人、蒙达人、卡里亚人、马哈里人、洛哈拉人和奇克巴莱科人等，一批批、一群群衣衫褴褛的劳工被雇用，来到野兽出没、遮天蔽日的原始丛林中，将原始森林开垦成一块块茶园，建设成一个个小村庄。这些部落的幸存者后来成为杜阿尔斯地区的主要人口。杜阿尔斯地区逐渐形成了多民族混居的状况，占大多数人口的是尼泊尔语社区。据英属当地政府 1888 年的统计，当时茶叶种植园雇用了将近 5 万名劳工。劳动力的迁移使得杜阿尔斯地区人口从 1865 年 10.0111 万人增加至 1901 年的 41.0606 万人，其中四分之三都是移民。20 世纪 40 年代后，印巴分治导致许多孟加拉人从孟加拉地区迁徙到杜阿尔斯地区定居，逐渐形成了孟加拉人社区。

在杜阿尔斯－特莱地区，早年拓荒的年代是一个艰难的征服荒野的年代，大量移民进入茶叶种植园工作，杜阿尔斯地区炎热的气候和茶叶种植园恶劣的居住条件，导致杜阿尔斯－特莱地区常常发生严重的疟疾、霍乱和天花等流行传染病，不少英国人也死于疟疾和霍乱，对于英国茶园主来说，杜阿尔斯－特莱地区是“种植者的坟墓”。1876 年，一个茶园主曼德利说：“我可以向你保证，茶园主的生活一点都不令人愉快……干旱之后连续不断的雨，最要命的是，苦力们发生的霍乱，所有这些都能把人逼疯。除此之外，我几乎失去我妻子——她得了霍乱……”而茶园劳工的境遇更悲惨。据有关资料统计，1916—1919 年，杜阿尔斯地区茶园劳工每年死亡人数达到 6080 人，一些年份甚至达到 1.2199 万人，相当于千人死亡 28.07 ～ 47.46 人。尽管在英国殖民政府的强烈要求下，后来茶叶种植园配备了孟加拉本土的医生，然而这些医生缺乏医学知识和经验，而且茶叶种植园和医生有意隐瞒茶园劳工生病和死亡的实际数字。面对猖獗的流行病，英国茶园主更愿意雇用更多的外来劳工，而不愿意花钱购买药品以及改善劳工的生活和卫生条件。

在杜阿尔斯地区的茶叶种植园，不同种族的人被指定居住在不同的区域内。一般来说，英国管理人员居住在茶园的环境优美的中心地带，英国人建造了独立的庄园大宅。印度职员或者驻地医生（一般是孟加拉人）居住在远离庄园大宅的房子里。劳工则根据他们的民族或部落分开居住在所谓的苦力棚屋中，这些苦力棚屋一般安排在茶叶种植园的边缘地带，由苦力自己用竹叶或干草搭建而成。据本特利博士和克里斯托弗上校在1911年对杜阿尔斯地区茶园劳工的调查，茶园劳工的平均月收入男性4.9卢比，女性3.7卢比，儿童1.05卢比。而且这些工资是支付给工头的，工头还要克扣一部分，劳工实际所得没有那么多。

杜阿尔斯地区茶园的发展，大量外来劳工的涌入，给当地居民的生计带来了极大的冲击和影响。杜阿尔斯地区当地的梅奇部落是最悲惨的部落。在英国与不丹的战争中，东印度公司第30本地步兵部队的印度雇佣兵进入杜阿尔斯地区后，对当地梅奇部落烧杀、掠抢和强奸，抢劫梅奇部落头人的财产。英国军官对此暴行熟视无睹，英国人认为梅奇人也是参与交战的一方，理应受到惩罚。当英国人最终占领该地区后，许多梅奇人的村庄已经空无一人。战争结束后，为了发展茶叶种植园，殖民政府与茶园主达成协议，没收了梅奇部落的土地，强行将世代居住在杜阿尔斯地区、以种植水稻为生的梅奇部落赶走，以致梅奇人失去了土地和家园，离开杜阿尔斯地区，流离失所。

第三章 南印度半岛茶叶种植

一、肥沃富饶的南印度半岛

南印度半岛如同一个倒三角形伸入阿拉伯海、孟加拉湾和印度洋，东西南三面环海，漫长的海岸线绵延六千余公里，两侧海岸又各横亘一条上千公里的山脉，分别为面向阿拉伯海的西高止山脉和面向孟加拉湾的东高止山脉。东、西高止山脉与大海之间形成了东西两条狭窄的德干高原和海岸平原。德干高原以温德亚山脉和纳尔默达河作为南北印度的分界线，被山脉拦截的水汽在德干高原和平原上形成充沛的降水，汇集成纵横交错的河流奔向大海。在东、西高止山之间海拔 300 ～ 1700 米的丘陵和高山地带，成为后来英国和欧洲其他国家的种植园主开垦并种植咖啡、金鸡纳、香料、茶叶的主要区域。德干高原东部的东高止山、西部的西高止山有众多山口是德干高原连接海岸港口的主要通道。南印度半岛东南西海岸分布着诸多天然港口，成为印度次大陆与外部世界通商交往的重要通道。

南印度地区气候是典型的热带气候，每年要经历两次季风的影响，酷热、潮湿和季风带来暴雨是当地气候的主要特征。从6月至9月是西南季风季节，由于印度次大陆北部和中部炎热的空气形成低压区，导致印度洋潮湿气流由西南向东北方向涌入印度次大陆，而喜马拉雅山脉像一堵高墙，阻止了气流进入中亚，并迫使气流上升，引起气流温度剧烈下降，给南印度地区带来了大量的降雨，既滋润着南印度广袤肥沃的土地，肆虐的飓风和洪水也席卷城镇和村庄，留下一片片废墟。从11月至4月是东北季风季节，由于印度次大陆北部开始迅速降温，印度洋及其周围气流依然保持相当的热量，这导致从喜马拉雅山脉的气流横扫千里，跨越恒河平原和南印度德干半岛，直至印度洋。

自然的季风交替使南印度地区热带和亚热带遍布森林、灌木和特有的经济作物。循环的季风有利于跨越阿拉伯海、孟加拉湾和南中国海之间长距离航海，促进了印度洋海上商贸发展。据学者研究考证，在公元前1000年时，横跨印度洋的海上贸易正在快速发展。公元初，在南印度马拉巴尔海岸港口，东西方的贸易已经很常见，产自南亚的纺织品、宝石、象牙、胡椒、珍珠、小麦等商品被运至中东和东非。

14世纪前的南印度地区经历了十多个王朝迭代统治，各个王朝统治时期产生特有文明，呈现出与印度东北部和西北部截然不同的历史和文化。直到14世纪时期，卡尔纳塔帝国崛起，统治了南印度大部分地区。南印度半岛地理上濒临印度洋和阿拉伯海，地处印度洋的贸易中心，历史上沿海港口商贸发达，与罗马帝国、阿拉伯世界、非洲东北部、中国南部、东南亚地区都有密切的贸易往来。15世纪以前，阿拉伯商人主宰和控制着这条海上贸易航线，产自南印度的香料（胡椒、丁香、肉桂、豆蔻等）、生丝、棉花制品、象牙、兽皮等商品经阿拉伯商人穿越印度洋大量出口欧洲和非洲。优质的香料、棉制品及其他物产引得欧洲人垂涎欲滴。马拉巴尔海岸和科罗曼德尔海岸的城镇是当时南印度与欧洲、东非、中东、希腊、耶路撒冷和中国的主要贸易口岸。最著名的港口为坎努尔、

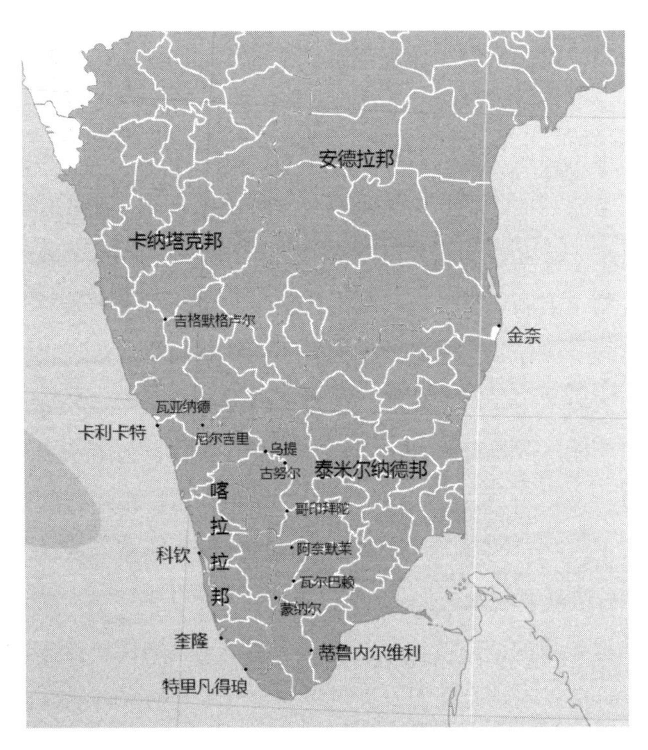

南印度茶区示意图

维津詹姆、埃尔讷古勒姆、卡利卡特（科泽科德）、芒格洛尔和穆吉里斯。因为繁荣的海上贸易，马拉巴尔海岸的城镇很早就成为繁荣和富有的国际化城市，犹太人、波斯人、希腊人、欧印混血人种以及托马斯基督徒、穆斯林等一起聚居在马拉巴尔海岸。15 世纪早期，中国明代郑和舰队曾登陆马拉巴尔海岸。

1497 年葡萄牙探险家瓦斯科 • 达 • 伽马奉葡萄牙国王曼努埃尔之命，率船队远征南印度，成功登陆南印度的卡利卡特港，开拓了从欧洲绕过好望角到达印度的海上航线。1502 年，瓦斯科 • 达 • 伽马再次率领25 艘船组成的船队进入印度洋，配备“大量大炮、数量充足的军需品和其他武器”，杀戮、烧毁、抢夺阿拉伯人船队，赶走了阿拉伯人。1503 年葡萄牙人在科钦建立了贸易站，葡萄牙人依靠强大的海上军事实力和残暴的手段，开拓了欧洲和印度之间海上贸易航线，打破了阿拉伯人垄断的东方海上贸易，控制了南印度沿海港口和贸易，将印度洋贸易网络融入欧洲贸易之中。整个 16 世纪，葡萄牙垄断了东方海上航行，也垄断了印度与欧洲的贸易，葡萄牙也成为第一个以香料贸易发财的欧洲海上帝国。16 世纪末，葡萄牙势力开始衰弱，荷兰人乘势崛起，1602 年成立荷兰东印度公司，开始进入印度南部地区建立贸易站和要塞，试图打破葡萄牙人对香料、棉织品贸易的垄断。1600 年底，英国东印度公司成立，获得了英国国王授予的东方贸易垄断权。1616 年，丹麦东印度公司成立。1664 年法国东印度公司成立，跟着也来到南印度扩张商业势力。欧洲诸强都试图在南印度角逐争夺贸易垄断权，从此南印度地区成为欧洲列强群雄逐鹿全球贸易的焦点之地。令人不可思议的是，烽火不断的战争却是各国公司之间的战争，英国东印度公司成为最终的胜利者。

1611年和1625年，英国东印度公司已经分别在默吉利帕塔姆和阿玛伽岗建立贸易站。1639年，英国东印度公司在南印度东海岸购买马德拉斯帕塔姆村庄，一年后建立了东印度公司马德拉斯（现金奈市）圣乔治堡贸易站。1641年，圣乔治堡成为英国东印度公司在南印度科罗曼德尔海岸的总部。根据《东印度公司法案》，1785年英国东印度公司在印度重新组合建立三个管辖区，在马德拉斯的圣乔治堡贸易站升级为马德拉斯管辖区，相当于一个省，另外两个分别是孟买管辖区和加尔各答管辖区。从18世纪初开始，英国东印度公司就在印度南部地区不断地与荷兰和法国争夺贸易权和土地，特别是与法国进行了一场场旷日持久的军事争夺，以控制和占领印度南部；同时不断地与南印度各土邦王国迈索尔、海德拉巴和马拉特联盟之间发生血腥战争。英国东印度公司利用王国之间的矛盾，通过贿赂、威胁和许诺等手段，挑拨离间、分化瓦解、各个击破。1792年，英国东印度公司在第三次迈索尔战争中打败海德拉巴君主尼扎姆、迈索尔君主蒂普苏丹和马拉特人，与迈索尔王国签订了《塞林伽巴丹条约》，获得了塞伦和马拉巴尔海岸地区等大片土地。1799年2月14日，英国东印度公司发动了第四次迈索尔战争。在塞林伽巴丹战役中，英国东印度公司军队打败了迈索尔王国的蒂普苏丹首领，占领了迈索尔王国首府塞林伽巴丹和哥印拜陀、卡纳拉等大部分领土。从此英国东印度公司基本征服、占领了南印度绝大部分领土，这些领土被并入英国东印度公司设立的马德拉斯管辖区。除了法国控制的本地治里区外，英国人成为这片土地的征服者和统治者，马德拉斯市遂成为东印度公司在印度南部地区的政治、经济、贸易和交通中心。在英国殖民统治期间，南印度地区除了海德拉巴、迈索尔、特拉凡哥尔、科钦和维兹亚那格兰姆王国保留部分领土成为英国殖民政府的附庸土邦国之外，其余的领土全部归属于英国东印度公司的马德拉斯管辖区，包括后来发展咖啡、茶叶种植区域的哥印拜陀、尼尔吉里、阿奈默莱、马拉巴尔的瓦亚纳德、特拉凡哥尔的穆讷尔等。

第四次迈索尔战争结束后至1818年期间，英属印度马德拉斯政府就派出多支科学考察队对南印度地区进行全面的勘探和考察。1799年，马德拉斯总督爱德华·克莱夫勋爵任命46岁的苏格兰人柯林·麦肯齐上校领导了第一次迈索尔地区考察。柯林·麦肯齐当时是英国东印度公司的一名上校，他早在1783年9月就加入东印度公司马德拉斯工程兵团，参加了迈索尔战争，辗转于南印度的哥印拜陀等地区，拥有丰富的勘探、测绘经验。东印度公司要求麦肯齐上校勘定确立迈索尔、海德拉巴王国割让给东印度公司的领土边界，并指示："调查并非纯粹的军事或地理信息，但你的调查必须扩展到整个国家的统计信息"，甚至测量耕种和未开垦的农田。至1810年，麦肯齐上校领导了多次南印度地区考察测绘。麦肯齐上校领导的考察队取得了巨大的成果，制作出历史上第一张迈索尔地区地图，标示了重要景观和考古地标。麦肯齐上校还收集了迈索尔地区大量自然、地理、建筑、历史、习俗和该地区的民间故事等材料，以及成千上万的手稿、铭文、书籍、硬币和绘画，使得他后来成为博学的东方学专家、地质学家和文物收藏家。1810年他被任命为马德拉斯管辖区测绘局总测绘师。由于他突出的贡献，1815年他被授予最尊贵骑士巴斯勋章，并担任首任英属印度政府测绘局局长。

1800年，马德拉斯殖民政府再次派遣38岁的植物学家弗朗西

柯林·麦肯齐上校

斯·布坎南博士和植物学家本杰明·海恩博士负责对迈索尔地区和南印度地区政治、社会和资源的全面调查和考察。苏格兰人弗朗西斯·布坎南博士（也称弗朗西斯·汉密尔顿），1783 年获得爱丁堡大学的医学博士学位。他曾跟随著名苏格兰植物学家、卡尔·林奈植物分类系统的支持者约翰·霍普教授学习植物学知识。毕业后加入英国商船队海军，在“蒙特罗斯公爵”号船担任外科医生，往来于英国、孟买和中国之间。1794 年，他来到印度，开始服务于英国东印度公司孟加拉地区的医疗机构。本杰明·海恩博士也是一位植物学家，当时担任英国东印度公司建立在南印度班加罗尔的拉尔巴格植物园的负责人。弗朗西斯·布坎南博士另外一项成果是 1807—1814 年受殖民政府派遣对孟加拉地区政治、社会和资源的全面调查和考察。他的考察报告为历史学家提供了翔实的 19 世纪英国殖民统治时期的社会和经济资料。1806 年，他被选为英国皇家学会会员。1814年，他还担任加尔各答植物园园长，成为英国著名地理学家、动物学家和植物学家。

1800年至1802年，马德拉斯军队的威廉·兰普顿中校率领的测量队，对南印度半岛进行了著名的大规模的大三角地区的勘探和测绘。威廉·兰普顿中校早年从军，参加了第四次迈索尔战争。他最早建议殖民政府采用最新的大地测量学技术对南印度地区进行测绘，他的建议获得了英属印度军队总司令罗伯特·克莱夫少将的支持。他碰巧听到天文学家詹姆斯·丁威迪博士携带一套先进的经纬仪从中国返回英国途中经过马德拉斯，原来丁威迪博士携带这套仪器被派往中国，帮助清朝政府进行国土的勘测，无奈中国皇帝和朝廷不感兴趣，丁威迪博士只好扫兴地携仪器返回，1801年到达马德拉斯。威廉·兰普顿中校幸运地获得了这套仪器，他用这套先进的经纬仪开始了南印度半岛的测量，获得了南印度地形地貌等地理数据。

马德拉斯殖民政府试图通过对南部地区的实地勘探和测量，探明适合南印度地区发展的资源和当地的种植业区域，为大力发展种植业提供依据。经过几年艰苦的探险，弗朗西斯·布坎南博士1807年正式出版了考察报告《马德拉斯、迈索尔、卡纳拉和马拉巴尔旅行》一书。考察队初步探明了南印度迈索尔和马德拉斯地区历史、地形、文化、艺术、居民状况、宗教信仰、自然资源以及农业和商业等产业现状，特别是不同区域中森林资源和最适合种植的森林区域分布情况。

英国人在南印度地区开垦、种植经济作物的历史可追溯至19世纪20年代，在南印度地区，英国商人最早看中的是当地具有一定种植基础且具有巨大市场前景的咖啡作物。传说17世纪时期，南印度半岛的咖啡种植业始于迈索尔地区，穆斯林巴巴布丹从麦加朝圣返回时带回了咖啡种子，种植在迈索尔地区，开始了迈索尔地区小规模的咖啡种植。至18世纪末，咖啡成为欧洲市场上非常受欢迎的一种饮料，是除了香料之外最重要的商品。欧洲商人都认为在已有一定咖啡种植基础的印度南部地区发展咖啡种植园是值得投资的产业。英国人便开始在迈索尔地区发展咖啡种植园，迈索尔地区也成为南印度咖啡产业的发源地和中心，随后咖啡种植拓展至马拉巴尔地区，再拓展至马德拉斯地区，咖啡种植园在南印度地区蓬勃发展。1860—1870年是南印度咖啡产业的鼎盛时期，1861年，印度咖啡出口量达到2000万磅。在西高止山脉的迈索尔、特拉凡哥尔、瓦亚纳德和库格等地区遍布英国人建立的咖啡种植园。与咖啡同时发展的还有金鸡纳树种植业，从金鸡纳树皮中提取的奎宁是当时治疗疟疾的最好药物。1880年初，锡兰（今斯里兰卡）咖啡种植园发生严重咖啡锈病，这种咖啡锈病菌开始传染、蔓延至南印度咖啡产区，使得南印度整个咖啡产业遭受沉重的打击，特别是瓦亚纳德和特拉凡哥尔地区。同时，由于国际市场上巴西的咖啡大幅度增产，市场供过于求，导致国际市场咖啡价格不断下降，也使得南印度咖啡种植者严重亏损而放弃咖啡种植。

19世纪50年代初，阿萨姆地区种植茶树成功，而远隔千里的南印度地区茶产业还处于萌芽时期。实际上，南印度地区茶树种植的历史与阿萨姆和喜马拉雅山脉的茶树试验种植是同时起步的。1835年，东印度公司茶叶委员会秘书戈登从中国带回大量的中国茶籽，经过加尔各答植物园培育成茶苗后，约2000株中国茶苗被送往南印度尼尔吉里山区科提山谷的试验场种植，由驻守乌德格曼德勒姆村（也称乌塔卡蒙德村，现简称“乌提镇”）的英军指挥官克鲁上校和法国植物学家乔治·塞缪尔·佩罗蒂提负责试验工作，但当时茶叶种植没有引起英国人的重视，茶叶种植试验不了了之，随后茶叶种植试验园被废弃。咖啡产业的衰落，促使英属殖民政府在南印度地区再次开展茶叶种植试验，茶产业才开始引起英国人的重视和兴趣，英国咖啡种植园主开始转换或者投资茶产业。除了迈索尔和库格地区外，其他地区都开始转向发展茶叶种植，逐步形成了从北向南的迈索尔、库格、尼尔吉里、阿奈默莱、瓦亚纳德、特拉凡哥尔（现喀拉拉东部和北部）的茶叶、咖啡和金鸡纳三种作物交叉种植经济带。后起的南印度茶产业谙熟阿萨姆茶产业的成功之道，把握了茶产业增长机遇，东、西高止山脉开始出现星罗棋布的茶园。

二、妖娆的蓝山——尼尔吉里山脉

“尼尔吉里”是梵文“蓝色山脉”的意思。据说每隔12年，尼尔吉里漫山遍野会开满蓝色的“马蓝花”，当地人称“尼尔拉库林杰”（Neelakurinji）。尼尔吉里山脉位于南印度中心地区，今泰米尔纳德邦、卡纳塔克邦和喀拉拉邦的接合处。尼尔吉里山脉平均海拔约1980米，最高海拔2500米。区域东西长约40英里，连接东、西高止山脉，西部与马拉巴尔地区的瓦亚纳德接壤。南北宽约25英里，北部与迈索尔王国接壤，东南部与哥印拜陀接壤。尼尔吉里高地区域内拥有众多奇特山峰，南印度最高峰、海拔

2633 米的多达贝达山就位于区域内，其次是坎达尔山。尼尔吉里山森林茂密、峰峦叠嶂，在莽莽林海内生活着大象、野猪、黑面猴、黑豹以及特有的尼尔吉里塔尔羊。区域内几条清澈的小河流全部流入印度半岛的高韦里河。尼尔吉里区域内年平均降雨量约 1700 毫米，一年受西南季风和东北季风影响，每年 6—9 月受西南季风影响，月平均降雨量可达 290 毫米，最高可达 4000 毫米；10—12 月受东北季风影响，月降雨量 160 ～ 170 毫米。1—3 月是干燥季节，降雨量 20 ～ 30 毫米；12—2 月气候寒冷，3—5 月是气候最炎热的季节。

尼尔吉里地区曾经是迈索尔王国统治的领土。1799 年英国东印度公司正式占领迈索尔王国后，尼尔吉里及邻近的瓦亚纳德地区也成为英国东印度公司的领土，归属于马德拉斯殖民政府哥印

尼尔吉里的托达部落（约 1860 年）

拜陀区。哥印拜陀区是平均海拔约411米的平原地区，它的西部和北部连接延绵起伏的西高止山脉，尼尔吉里山区就位于哥印拜陀区北部。19世纪初，尼尔吉里大山还是森林覆盖着的原始蛮荒之地，几乎没有外人进入，有记载，第一个进入尼尔吉里地区的欧洲人是葡萄牙人贾科莫·菲尼思科牧师，他是一位马拉巴尔地区罗马天主教耶稣会的牧师。1603年他不辞艰辛，进入尼尔吉里山区传播福音。据弗朗西斯1908年的《尼尔吉里，马德拉斯地区地方志》记载：至1812年以前，英国人从未进入该地区。当时尼尔吉里还是一片人烟稀少的原始森林，是丛林覆盖下的蛮荒之地，零星分散居住着巴达嘎人、科塔人、托达人、伊鲁拉斯人、库龙巴人、帕尼亚人、科图纳亚克人、高达人等。巴达嘎人是13

尼尔吉里的古努尔镇（1860年）

世纪时期从迈索尔王国的卡纳拉地区迁移至尼尔吉里居住的，他们是当地最大的群体，主要从事耕种。科塔人居住在古德卢尔和戈德吉里区域，主要是从事陶工、铁匠、木匠的手艺人和民间音乐的艺人。托达人和高达人也是从事耕种的农耕部落。而伊鲁拉斯人主要从事耍蛇卖艺， 在播种和收割季节常常被雇用为劳力。库龙巴人则是游猎部落，这些游猎部落通常 4 ～ 5 家集中居住在山坡上，以采集森林野果和狩猎为生。科图纳亚克人是尼尔吉里山区高地的古老游猎部落，他们采集森林中的果实为生，也从事狩猎。帕尼亚人被认为是最底层的部落。此外，尼尔吉里山区还居住着一些从马拉巴尔地区迁移来穆斯林玛普勒人和平原地区迁移来的泰米尔人。

1814 年，东印度公司马德拉斯殖民政府调查部的两个英国助理勘查员威廉 • 基斯和麦克马洪受哥印拜陀区行政长官约翰 • 沙利文派遣，攀越达纳恩库科塔山口，进入尼尔吉里山探险考察。他们回来后报告：尼尔吉里是一个“气候非常冷、不健康、持续有浓雾和云雾覆盖”的地区。据说，当时哥印拜陀的收税官麦克劳德少校也曾进入尼尔吉里山区考察。1818 年，马德拉斯殖民政府民事服务部的两个英国助理维什和金德利再次进入尼尔吉里山区的乌提考察，他们的考察却得出完全相反的结论，他们发现该区域海拔高，不仅气候凉爽，而且风景优美。维什和金德利的考察报告说，“在经过戈德吉里附近时，发现拥有与欧洲一样气候的高地”。因此他们向马德拉斯殖民政府极力推荐尼尔吉里的乌提，认为这里非常适合建立夏季疗养院。1819 年 1 月，约翰 • 沙利文在法国自然学家德拉图尔陪同下，亲自带领着一支由欧洲人和印度士兵组成的探险队，一路跋山涉水，攀登陡峭的山岩，穿越瘴气笼罩的森林，6天后才进入尼尔吉里山区，途中还死亡了6人。行政长官约翰·沙利文兴奋地说："（乌提）拥有如此凉爽的空气、芬芳草木、飞流瀑布和涓涓的溪流，以及连绵起伏的草原和森林。"考察后，他也向马德拉斯殖民政府极力推荐尼尔吉里的乌提非常适合作为夏季的疗养之地，同时他也报告这个地区非常适合种植经济作物。1822年，他迫不及待地先为自己在尼尔吉里的戈德吉里建立了一个私人别墅"石屋"，供夏季度假之用，成为第一个居住在尼尔吉里的英国人。他在写给马德拉斯总督托马斯·蒙罗少将的信中赞叹道："……它与瑞士非常相似，比欧洲任何一个国家都要好……山上美丽的树木繁茂，每一个山谷山泉涌流。"

实际上，马德拉斯殖民政府一直在南印度寻找夏季避暑的疗养之地。发现尼尔吉里山区后，他们简直不敢相信南印度地区竟有如此优美、清凉的高山地区。1823年9月，马德拉斯总督托马斯·蒙罗少将成立一个专门委员会，由约翰·沙利文、埃文斯·麦克弗森中尉和外科医生海恩斯组成，筹划在尼尔吉里的乌提建立疗养山站，并拨出专款用于建设。从此，殖民政府开始将尼尔吉里土地转让给英国私人，尼尔吉里乌提镇迅速发展起来。尼尔吉里年平均气温约15 ℃的凉爽环境，使得平原地区的大批欧洲人开始涌入尼尔吉里地区，购置土地建度假屋，并携带家属到乌提镇旅游和度假。海拔2200米左右的乌提成为尼尔吉里山区城镇中心。英国人还从英国本土引进胡萝卜、萝卜、牛蒡、卷心菜、西葫芦、花椰菜、豌豆和芹菜等蔬菜及水果和家禽等许多品种，种植和养殖在尼尔吉里地区，乌提镇开始成为南印度最受欢迎的夏季和周末度假胜地。1826年9月，托马斯·蒙罗少将还亲自进入乌提镇视察，此举加快了乌提镇的建设，殖民政府在当地大兴土木，兴建疗养院、医院、别墅。至1827年9月，乌提镇已经建造了17座大房子，其中10座是私人房子，有5座建造在戈德吉里村附近。1832年，麦克劳德少校在戈德吉里从当地人手中购买了一小块地，建造了一座木结构的庄园，命名为“安杰莉卡”，东印度公司后来授予他99年的土地使用权。这块土地几经转手，至1931年被诺曼·斯坦内购买，后来他开始在此种植茶树。

1827年，乌提镇正式成为马德拉斯殖民政府官方的夏季首府和疗养胜地。由于疗养山站的建设和种植业的发展，从1823年开始，从马德拉斯、马拉巴尔海岸和迈索尔地区连接尼尔吉里的许多蜿蜒的山区公路不断地修筑和开通。1833年从尼尔吉里山麓梅杜巴莱耶姆镇至古努尔的公路开工建设。1871年，该条公路得到进一步拓宽和修建。1871年至1875年，殖民政府修建了从梅杜巴莱耶姆至戈德吉里的公路。在乌提、古努尔和戈德吉里三个主要镇，为殖民者服务的医院、学校、教堂、俱乐部、饭店，以及市政公共办公楼也已经完全建成。1830年建造了圣·史蒂芬教堂。1855年、1867年和1866年分别建造了古努尔、古德卢尔和乌提的圣·巴沙洛缪医院。1848年建造了乌提植物园。1856年、1875年和1889年分别由教会、政府或私人资助建立了劳伦斯收容院，以及斯塔内、圣约瑟夫等为欧洲人的子女或当地人的子女服务的8所学校。乌提镇还建立了体育馆、俱乐部，可以举行羽毛球、网球、高尔夫球、板球、曲棍球比赛，以及赛艇、马球、赛马和狩猎比赛等。至1877年，尼尔吉里地区已经建成一个以乌提为中心的夏季避暑城镇和马德拉斯殖民政府的夏季首府。青翠的山峦、清凉的气候、座座英式建筑，使乌提镇宛如一个英格兰的小镇，后来尼尔吉里

1830 年建的乌提镇圣·史蒂芬教堂

也被称为“女王之山”（Queen of the Hills）。1895 年，英国人甚至在乌提建立了一个“玫瑰王冠啤酒厂”。1914 年，仅乌提镇的人口就达到 1.8 万人。

1908 年，在马德拉斯殖民政府资金的支持下，具有里程碑意义的尼尔吉里山区铁路建成通车。这条铁路线从设想到建成通车，可谓一波三折，前后历时 50 多年，1854 年开始提出设想，直至 1874 年才正式开始研究和规划。1908 年，采用齿条与齿轮复合机车驱动设计，从尼尔吉里山麓的梅杜巴莱耶姆镇至乌提镇全程 344 公里的窄轨铁路终于建成通车。该条铁路的开通，为尼尔吉里地区的咖啡和茶叶种植者提供了极大的方便。在尼尔吉里种植者协会的要求下，该条铁路还专门为茶叶种植园主提供特别优惠的运输价格，用于茶叶和茶籽的运输。这条摇摇晃晃、穿山越岭的窄轨铁路线至今还在运行，2005年还被联合国教科文组织列入世界遗产目录。

随着在尼尔吉里居住的英国人口增加，1841年10月，英国人专有的传统俱乐部——乌提俱乐部诞生。道格拉斯上尉是俱乐部创始人，马德拉斯和孟买英国军队的其他7名人员组成了俱乐部委员会，顿中校成为第一任俱乐部主席，道格拉斯担任委员会秘书。3个月后，俱乐部正式开放运作，当时拥有360名会员，会员全部是"英国在印度的政府民用、军事、服务、商业或其他职业的绅士"。俱乐部的房子原来是海得拉巴富商威廉·朗博尔德1831年6月13日从顿中校手中购买的小平房改建的一家旅馆。1833—1834年，乌提俱乐部曾经租赁给当时英属印度总督威廉·班提克勋爵作为总督官邸。1835年12月至1836年9月，该俱乐部租给英属印度总督弗雷德里克·亚当爵士作为总督官邸。1875年，当时的英国威尔士王子，后来成为英国国王的爱德华七世，在访问乌提时曾经下榻该官邸。

在建设乌提疗养山站的同时，南印度地区的种植业开始兴起，最早引进的是咖啡种植业。1795年，当时迈索尔地区塞伦区行政长官里德上校在他的管辖区域就尝试种植咖啡。1825年，东印度公司马德拉斯本土步兵第27团的贝文上尉接管了马拉巴尔地区瓦亚纳德北部的守备部队。在驻守期间，他开始引进咖啡在当地种植，他购买了一批咖啡苗在代利杰里区域种植，经过他多年的精心试验种植，证明咖啡树能够在该地区繁茂生长。因此，他从马拉巴尔购买了大量咖啡种子，将咖啡种植推广至瓦亚纳德地区。贝文上尉由此成为南印度西高止山地区的第一位咖啡种植者。1828年，英国人布朗也在马拉巴尔海岸的瓦亚纳德区域开始种植咖啡。

乌提植物园（1902 年）

第一位将咖啡引进尼尔吉里山区的是英国人道森。1838 年，他在古努尔开垦了一块土地试验种植咖啡。1840 年，在迈索尔的东印度公司的医生玛格拉斯博士送了一些咖啡种子到尼尔吉里山区给拉斯塞·勒尔斯和博普斯，他们与玛格拉斯博士合作在戈德吉里附近建立了哈拉达索拉咖啡种植园。同一时间，马德拉斯殖民政府公务员蒙塔古·科伯恩也在戈德吉里附近建立了巴拉哈答咖啡种植园。1841 年，他在邦纳胡提也建立了咖啡种植园。1843 年，他又在戈德吉里附近建立了坎纳哈提种植园。科伯恩对尼尔吉里地区的咖啡产业发展起到了极大的推动示范作用，因此他也被认为是尼尔吉里咖啡种植的先驱。1841 年，马德拉斯的帕里公司的乔里成立了瓦亚纳德咖啡种植公司，在瓦亚纳德区域发展咖啡种植。从此咖啡种植一直拓展至瓦亚纳德的东南部，即现今的尼尔吉里地区的古德卢尔村区域。

此后，在马德拉斯殖民政府的大力支持下，政府官员、雇员、私人公司开始投资开垦这片肥沃的原始森林。当时，世代居住在尼尔吉里地区的巴达嘎人和托达人中的地主或者高种姓人拥有耕种土地，最早进入尼尔吉里地区建立种植园的英国人则“文明”地从当地地主手中租赁土地。随后，尼尔吉里大部分森林和草地等被英国人定义为“荒地”而被殖民政府强行收为政府所有。这种强制性掠夺土地的政策与阿萨姆地区如出一辙，殖民政府对掠夺的“荒地”实行土地拍卖制度，将所谓的荒地以极低价格卖给英国种植者，每英亩森林土地1～2卢比，草地8安那至1卢比。殖民政府还将大量森林土地以特许经营的方式，以极低租金租赁给英国种植者长达30年至99年。一些英国种植者或公司甚至肆无忌惮地公开侵占蚕食当地部落的土地。1863年，殖民政府出台了新的《荒地法》，将土地商品化，进一步刺激了尼尔吉里地区土地的大开发。1879年，尼尔吉里地区咖啡种植面积就已经达到2.5万英亩，产量达到1025万磅。1908年，当时国际咖啡的消费量约1600万袋，其中1200万袋由巴西供应，其余400万袋由爪哇和南印度供应。在南印度地区，迈索尔生产了约50％的咖啡，其余在马德拉斯、库格和特拉凡哥尔（今喀拉拉邦的中南部）。

有资料记载，最早在尼尔吉里引进茶树种植的是马德拉斯外科医生克里斯蒂博士。1832年，他受命负责南印度地区气象和地质考察。他在考察时发现山茶树在尼尔吉里丘陵地带一直长势很好，他认为茶树与山茶树习性相同，推断茶树能够在该地区生长。不久，他向殖民政府申请要求给予尼尔吉里的古努尔的一块土地进行茶树、咖啡和桑树种植试验。据说他从中国订购了一批中国茶籽，但遗憾的是那年的11月他不幸去世。他订购的茶籽被乌提驻军指挥官克鲁上校接收，克鲁上校将这些茶籽种在他的院子里。

1835年，东印度公司茶叶委员会秘书戈登从中国带回大量的茶树茶籽，经过加尔各答植物园繁殖后，大约2000株茶苗被送往尼尔吉里山区的试验茶场种植。尼尔吉里试验茶场建立在乌提和古努尔之间的科提山谷，这个试验茶场是马德拉斯殖民政府租赁建立的试验场。由英国在乌提驻军的指挥官克鲁上校负责试验种植，但马德拉斯殖民政府和克鲁上校最初似乎没有重视茶树种植试验，种植试验半途搁浅。1836年该土地转租给原法属印度殖民地总督圣·西蒙侯爵建立私人官邸。西蒙侯爵聘请了法国植物学家乔治·塞缪尔·佩罗蒂提负责打理他的花园。一次偶然，佩罗蒂提在圣·西蒙的住所附近发现9株幸存的矮小茶树，仅有几英寸高。他精心移植和管理这些小茶树。两年后，这些茶树已生长至近4英尺高，并且已经长出新的芽叶，随后开花结果了。他立即把茶树种植试验结果发表在《亚洲杂志》上，这篇论文引起了很多人的关注。1839年曾有报告说，当时科提山谷的茶树生长旺盛。据说，1840年英国人从科提试验场和戈德吉里附近的比利蔻种植园的茶树上采摘少量鲜叶，用铁锅制作了少量茶叶，样品被当时哥印拜陀行政长官约翰·沙利文送到马德拉斯农业园艺学会上品尝鉴定，结果意外地获得马德拉斯专家们一致好评，认为品质“极好”。

虽然如此，尼尔吉里地区的茶产业仍一直处于小规模的试验阶段。真正对尼尔吉里地区茶产业起推动作用是后来的亨利·曼恩。据说亨利·曼恩曾经在中国经商，1854 年在中国获得一批高质量的茶籽，他将茶籽带到南印度尼尔吉里，在古努尔附近建立了古努尔种植园，种植从中国带回的茶籽，茶园面积约 4 英亩，有约 6000 株茶树。1856 年，亨利·曼恩曾经将古努尔种植园制作的茶叶样品送到伦敦，邀请部分茶叶经纪人、商人评审，受到了茶叶拍卖行经纪人的好评。当然，仅仅靠一小块地种植茶树不足以使他获利，他要求政府出租更多的林地种植茶树，但被政府拒绝，他无奈地放弃继续试验。资料记载，马德拉斯殖民政府森林管理员克莱格霍恩博士发现尼尔吉里地区小规模种植的茶树生长良好后，预测南印度种植茶树具有巨大的潜力，非常热心推动尼尔吉里地区茶产业的发展。为此，他写信请求殖民政府从西北省份派遣一批训练有素的中国制茶工来尼尔吉里地区指导制茶。这封信被辗转送至印度西北省萨哈兰普尔植物园，园长回信道，

尼尔吉里茶园（1910 年）

他没有中国制茶工可以派遣到尼尔吉里，但他可以派遣经过了培训、合同为期三年的本地人前往尼尔吉里指导。1859年春天，任马德拉斯殖民政府总督的查尔斯·特里维廉了解此事后，讥讽这些尼尔吉里英国种植者要求政府支持太多，被过分宠坏了，他拒绝了这个建议。尼尔吉里地区当地流传一种说法，19世纪50年代末英国人在尼尔吉里开发茶叶种植园初期，尼尔吉里监狱曾经关押了一批来自英国海峡殖民地的中国人，也有资料记载这些中国人是来自中国的战俘，英国人认为这些中国人应该都掌握茶树种植和茶叶加工技术，便强迫中国战俘参与茶园的开垦和建设。

据多份资料记载，事实确实如此。1859年，曼恩在尼尔吉里建立第一家商业化的斯尔索拉茶叶种植园时，强迫中国战俘作为茶园劳工。据资料介绍，1858年和1860年，关押在马德拉斯监狱中的中国战俘被运送到尼尔吉里，关押在纳杜瓦塔姆和斯尔索拉监狱中，这批中国战俘被迫在英国人曼恩的斯尔索拉茶叶种植园充当苦力。

1859年，马德拉斯总督查尔斯·特里维廉实施了“继承者可任意处理地产”的政策，土地所有权可以卖给任何想购买的人。这个政策受到了英国人和本土富人的热烈欢迎。尼尔吉里的土地被大肆出售给英国的种植园主。曼恩商业化种植茶叶引发了南印度许多英国人对种植茶叶的兴趣和热情。与此同时，在卡尔哈提附近海拔约1800米以上的森林中，另外一名英国人雷也建立了顿桑道茶叶种植园。1861年，威廉·丹尼森爵士成为马德拉斯总督，他在担任马德拉斯总督后对尼尔吉里发展茶叶种植给予了极大的支持。1863—1864年，马德拉斯殖民政府再次在多达贝达山建立了殖民政府茶叶和金鸡纳试验场，丹尼森爵士从印度西北省份调配一批有经验的制茶工来到尼尔吉里帮助种植茶树和制茶，并且又从西北省份无偿获得了大批中国品种茶籽种植在多达贝达山试验场，可惜种植试验没有取得预期的效果。1863年，另外一个英国人在乌提区域建立了贝尔蒙特茶叶种植园。1864年，爱德华•摩根建立了465英亩的格兰摩根茶叶种植园，这个茶园海拔2133米，距离乌提镇约25公里。1864年一个英国人在戈德吉里也建立了玛丹纳德茶叶种植园，种植了145英亩茶树。同年，英国人威廉•穆拉里在古努尔创立了里普尔耶鲁茶叶种植园。英国人明钦上校也从阿萨姆引进阿萨姆茶树茶籽种植在德瓦拉的里士蒙特种植园。

至1869年，尼尔吉里地区已经种植了200～300英亩茶树。当然每个茶叶种植园面积都非常小，仅仅15～20英亩，面积较大的也仅有50～80英亩。1869年乌提镇农业展览会上，已经有18位欧洲的茶叶种植者拿出自己生产的茶叶样品参加了展览。尼尔吉里地区行政长官詹姆斯•伯里科斯参观了博览会后，提议送一些茶叶样品给伦敦的茶叶经纪人，请经纪人评审和提供意见，茶园主采纳了他的意见。伦敦茶叶经纪人对尼尔吉里的茶叶给予了“好”和“非常好”的极高的评价，每磅茶叶的价格被评定为1先令4便士至6先令。这给尼尔吉里地区的茶园主极大的鼓励。科丹尼德茶园当时是茶叶品质最好的茶园之一，该茶园先后参加了印度和国外的多次展览会，获得了许多荣誉，如1874年、1875年、1876年、1878年和1879年的马德拉斯金牌；1880年墨尔本和1883年加尔各答展览会金牌。

1870—1877年，尼尔吉里茶园总面积从大约2000英亩发展至3142英亩。主要种植中国茶树品种，也有来自阿萨姆地区的品种，以及其他被英国人冠以“扎波卡”“阿纳卡尔”“辛罗”“曼尼普尔”和“班帕拉”等名称的茶树品种。

虽然19世纪70年代尼尔吉里地区茶产业取得了初步进展，但相比咖啡种植业，尼尔吉里的茶产业发展依然处于蹒跚起步阶段。19世纪80年代开始，尼尔吉里咖啡种植业遭受严重咖啡锈病和虫害的影响，再加上国际咖啡市场价格下跌，尼尔吉里咖啡种植业遭受严重打击。19世纪末至20世纪20—30年代，尼尔吉里地区茶叶种植进入迅猛发展时期，尼尔吉里地区的海拔、气候和土壤条件被证明更有利于茶叶种植。而且，英国人不仅不受土地、劳工、资本的限制，还得到了殖民政府的大力支持。1889年，英国人麦克劳德在德瓦拉村建立了里士蒙德种植园。瑞士人亨利·阿兹森维勒也是最早进入潘德勒村开垦并建立种植园的欧洲人之一。19世纪中期，英国人还在德瓦拉村和潘德勒村发现了金矿，总部位于伦敦的几十家矿业公司蜂拥而至，疯狂地开采黄金，并在潘德勒建了教堂、邮局、商店和赛马场，潘德勒镇因此获得了短暂的繁荣。至19世纪末，黄金开采的繁荣时代逐渐过去，英国人又将投资转向咖啡和茶叶。1916—1918年，一家英格兰—苏格兰合作批发协会有限公司购置了德瓦拉村和潘德勒村的土地，委派福克和阿查德开垦，建立了卡洛琳茶园和阿提库纳茶园，收购了里士蒙德茶园，并在芒果山脉建立了一家大型茶叶加工厂。

1904年，维波拉汉姆等人合资建立了代沃尔绍拉种植园，他们聘请曾在锡兰从事茶叶种植园管理的英国人尼科尔斯担任经理管理这个种植园。该种植园拥有土地2215英亩，其中茶园面积568英亩，拥有茶园工人650人。1913—1914年，该种植园年生产茶叶 35.1 万磅。尼科尔斯后来还曾担任尼尔吉里种植者协会主席。极品和上珠哲种植园也在乌提建立，该种植园拥有 451 英亩土地，其中茶园 250 英亩，1913—1914 年茶叶产量达到 10.2 万磅。

1928 年，英国人乔治·马丁在戈德吉里建立了凯比塔种植园。1936 年，印度人科塔里在尼尔吉里成立了蓝山种植园有限公司，开始种植咖啡和茶叶。科塔里是当时马德拉斯立法院议员，也是南印度第一个进入种植业的印度人，他的儿子后来成为南印度种植者联合会的第一位印度籍主席。随后的几年间，英国人建立了许多茶叶种植园，如凯瑞摩、卡塔里、伯林塞德、图塔普尔勒姆等等。

英国人在尼尔吉里地区发展咖啡、茶叶时，还将金鸡纳引进尼尔吉里山区种植。1860 年，英国人莫尼首次在尼尔吉里引进金鸡纳。1862 年，殖民政府任命威廉·麦基弗为主管，负责建立多达贝达山、纳杜瓦塔姆、伍德和胡克 4 个金鸡纳种植园。1868 年，4 个金鸡纳种植园总面积达到 355 英亩。1878 年，金鸡纳种植面积达到 843 英亩。由于当时金鸡纳的市场需求旺盛，尼尔吉里的金鸡纳种植得到了快速发展。1884 年，金鸡纳种植面积已经达到 4000 英亩，金鸡纳皮产量达到 24.3 万磅，其中殖民政府种植园产量达到 11.6 万磅。1888—1889 年当地金鸡纳皮产量达到最高峰。由于锡兰和印度尼西亚的金鸡纳过量生产，导致伦敦市场的奎宁平均价格大幅度下降，1881—1882 年奎宁每盎司价格平均为 10 先令 3 便士，1884—1885 年奎宁每盎司平均价格仅 7 先令。进入 20 世纪后，金鸡纳种植业逐渐被抛弃，大部分种植园改种茶叶。19 世纪下半叶，英国人还将苎麻、橡胶、白麻、美胶树、苹果、桃、草莓等经济作物引进尼尔吉里种植。

尼尔吉里当地人看准了英国种植园发展急需大量劳工的商机，便从中充当劳工招聘中介，帮助英国人从平原地区雇用劳工，这些中介被称为“康格尼”（Kangani）。本地人柯讷里库提·哈吉便是其中最大的招聘中介，他与英国当局和英国人关系密切，深得英国人信任。康格尼通常从英国种植园主那里先预支部分费用，然后奔赴西海岸马拉巴尔、迈索尔、泰米尔纳德平原地区村庄招聘大量劳工输送到尼尔吉里山区，提供给英国人。通常康格尼预先垫付招募劳工的路途费用，当劳工到达种植园后，康格尼已经成为劳工的债主。因此，康格尼可以牢牢地控制劳工。传言柯讷里库提·哈吉不仅剥削和压榨劳工，甚至拐骗和贩卖劳工，发了大笔横财，成为当地富豪。20 世纪 20 年代，南印度马拉巴尔地区穆斯林兴起反抗英国人和地主的哈里发运动，愤怒的穆斯林袭击柯讷里库提·哈吉家族，摧毁了他的商店，幸亏他的朋友、潘德勒村巴达嘎部落的头人救了他的性命。

1885 年古努尔种植者俱乐部成立。1891 年，具有重要意义的尼尔吉里种植者协会成立，标示着区域性的英国和欧洲其他国家的种植者开始联合。1893 年 8 月，规模更大的种植业联盟南印度种植者联合协会在南印度班加罗尔梅奥大厅成立，协会成员包括了马德拉斯、迈索尔、科钦、特拉凡哥尔和库格地区的所有咖啡、茶叶、金鸡纳种植者，该协会行政上直接接受马德拉斯殖民政府的领导。

至 20 世纪初，尼尔吉里地区三大经济作物中，咖啡依然是主要的种植物。1908 年咖啡种植面积达到 2.6 万英亩，占尼尔吉里总种植面积的 36 %；茶园面积仅约 7600 英亩，占 10.6 %；金鸡纳

南印度种植者联合协会（1914 年）

种植面积约 2600 英亩（大部分集中在乌提镇），占 4.6 %。

尼尔吉里地区茶园主要分布在海拔 1158 米至 2400 米区域的古努尔、古德卢尔、戈德吉里、德瓦拉、坎达尔、潘德勒和乌提镇。全年都可以采摘茶叶，第一轮茶季从 4 月至 5 月，产量约占年产量的 25 %。第二轮从 9 月到 11 月，占年产量的 40 %～45 %。第三轮从 12 月至第二年的 3 月，由于该采摘期气候寒冷，甚至有霜，这一采摘期的茶叶被称为“霜茶”。尼尔吉里茶被认为具有滋味芳香、鲜爽和汤色明亮的特征。

三、丛林处女地瓦亚纳德地区

1845年，咖啡种植业迅速扩展至瓦亚纳德地区。瓦亚纳德位于尼尔吉里山脉的西北部，原属于迈索尔王国，1799年第四次迈索尔战争后被割让给了英国东印度公司，在英国殖民统治时期由马拉巴尔地区管辖。现今瓦亚纳德行政上属于喀拉拉邦，位于喀拉拉邦的东北部与尼尔吉里相邻地区。瓦亚纳德山区拥有良好的气候条件，海拔700～2100米，年平均降水量2322毫米，年最高降雨量达到3000～4000毫米。一年可分为四个季节，即冷季（12—2月）、夏季（3—5月）、西南季风季（6—9月）和东北季风季（10—11月）。西南季风季期间，一股股强劲的印度洋旋风刮过山脉，带来大量的降雨，山间经常大雨倾盆、雾气缭绕，相对湿度可达95％以上。英国人最初在瓦亚纳德地区发展的是咖啡种植园。英国人詹姆斯·奥克特罗尼是第一个在瓦亚纳德地区纳杜瓦塔姆的奥克特罗尼山谷（这个山谷后来以他的名字命名）开垦土地种植咖啡的。1845年他建立了劳里斯顿、萨福克和桑迪山三个咖啡种植园，由阿尔平福勒任主管负责管理。奥克特罗尼当时任马德拉斯殖民政府观察员。他的兄弟约翰·奥克特罗尼上校曾经在1847年发表过一篇关于尼尔吉里地区的考察报告。报告中写道：瓦亚纳德地区具有良好的自然环境条件，拥有森林覆盖的土地、肥沃的土壤和几条小河，海拔、降雨量等条件也很适合，是非常理想的咖啡种植之地。他甚至乐观地认为尼尔吉里地区种植的咖啡将来可能是英国东印度公司出品的咖啡中最好的品牌之一。也许是受奥克特罗尼上校的报告指引，1845年12月18日，詹姆斯·奥克特罗尼选择了瓦亚纳德的一个山谷区域，从当地的地主手中以年租金2020卢比租赁了这个山谷一半的土地，成立了奥克特罗尼山谷种植园公司，建立了劳里斯顿咖啡种植园。他从牙买加聘请了技术员赖特，同时邀请了一位有经验的合作伙伴坎贝尔加入。英国人坎贝尔曾经是孟加拉地区一个大规模靛蓝种植园主，在孟加拉地区以狩猎野猪而闻名。1857年，奥克特罗尼租赁了第二块土地，这两块土地合计面积达到了2.1万英亩，山谷平均海拔3000英尺，最高海拔5000英尺。1874年，他在奥克特罗尼山谷开始尝试种植茶叶，建立了阿拉图帕拉、霍普和新霍普3个茶叶种植园，种植了中国茶树品种及阿萨姆茶与中国茶的杂交茶树品种，总面积550英亩。1889年新霍普种植园建立了茶叶加工厂，年生产茶叶达到15万磅。1896年新建立的纳杜瓦塔姆种植园也开始种植茶叶，茶园面积120英亩。奥克特罗尼的咖啡种植业发展速度更快，至1915年，他已经在瓦亚纳德建立了11个咖啡种植园，咖啡种植总面积达到3700英亩，年生产咖啡850吨，生产的咖啡以“Naidoobatam”品牌通过卡利卡特港直接出口英国伦敦市场。奥克特罗尼山谷种植园当时雇用了约4000多名来自迈索尔王国的卡纳拉人做劳工，成为当时尼尔吉里地区规模最大的咖啡和茶叶种植园。

在詹姆斯·奥克特罗尼开垦咖啡种植园之后，其他欧洲人也紧随着进入瓦亚纳德地区的东南部区域，大面积开垦咖啡种植园。在短短的几年时间，瓦亚纳德地区兴起咖啡种植狂潮。至1890年，咖啡种植园几乎布满了瓦亚纳德地区的东南部区域。不幸的是，咖啡种植突然遭受严重的病虫害，致使咖啡树大量死亡，极大地打击了瓦亚纳德地区咖啡种植业。1890年后，尽管咖啡种植业还在继续，但咖啡种植业的黄金时代已经过去，仅奥克特罗尼山谷咖啡种植园一直坚持至20世纪50年代。

1890年至20世纪20年代是瓦亚纳德地区茶园快速发展时期。早期一些咖啡种植园也曾经尝试小面积转换种植茶叶，据说1872年位于瓦亚纳德地区梅巴迪的皮林多提种植园开始种植茶叶。1874年，詹姆斯·奥克特罗尼在奥克特罗尼山谷开始尝试种植茶叶。1884年位于瓦亚粹的皮仁格达种植园也开始种植茶叶，至1914年茶园面积达到578英亩。1887年，温特沃斯矿业公司转行进入更有前景的茶叶种植，建立温特沃斯种植园，但后来将这个种植园转让给东印度茶和产品有限公司。1897年，温特沃斯矿业公司又从东印度茶和产品有限公司购回温特沃斯种植园，面积有2126.8英亩。1896年卡尔多拉种植园创立并开始种植茶叶，后来该种植园转让给了1910年成立的米帕迪瓦亚纳德茶叶公司，至1914年左右，该公司拥有5304英亩土地，其中茶园1300英亩，包括哨兵岩茶叶种植园等。1897年，一个德国崇真会传教士建立了罗克伍德种植园，种植了15英亩的茶树。1897年皮戈特购置了600英亩土地建立了德文种植园，一开始种植咖啡，几年后改种植茶叶。1905年，弗莱彻和达利种植了101英亩的茶树。1907年，英国人比赛特的梅菲尔德种植园也开始种植茶树，1908年他将梅菲尔德种植园卖给了东印度茶和产品有限公司。其后，后面两个总面积806.9英亩的种植园都被马拉雅拉姆种植园公司收购，总共拥有茶园面积312.37英亩。1903年，英格兰人威尔弗雷德·皮克游猎至瓦亚纳德地区，当地殖民政府禁止他在此狩猎。他一气之下，租赁了1660英亩山林作为狩猎之地，还建造了自己的庄园。1913年，他在租赁土地上建立罗顿穆莱种植园，种植了橡胶、咖啡、豆蔻

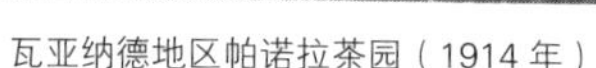

瓦亚纳德地区帕诺拉茶园（1914 年）

梅菲尔德茶园（1914 年）

和茶叶，后来全部改种茶树。1907 年，东印度茶和产品有限公司在伦敦正式成立，该公司进入尼尔吉里和瓦亚纳德地区，收购了梅菲尔德等 9 个种植园，总种植面积达到 1.6637 万英亩，其中茶园面积达到 2263 英亩，1914 年茶叶产量达到 203.8250 万磅，是当时瓦亚纳德地区最大的种植园公司。1911 年，帕诺拉茶和产品公司在英国伦敦成立，也进入瓦亚纳德地区收购和建立了 6 个种植园，拥有 1466 英亩的茶园。瓦亚纳德种植园集团也在瓦亚纳德地区建立，拥有土地面积 8704 英亩，其中 1279 英亩种植咖啡，1121 英亩种植胡椒，347 英亩种植茶叶。

19 世纪末，英国咖啡和茶叶种植者修筑了从瓦亚纳德山区经过古德卢尔至乌提镇，再连接迈索尔和科泽科德港口及塔拉斯塞尔伊的道路，这些道路的开通，为各个地区英国投资者开发当地原始森林土地提供了极为便利的条件。1918 年，尼尔吉里 - 瓦亚纳德种植者协会成立，同年与尼尔吉里种植者协会合并。该组织的建立为尼尔吉里 - 瓦亚纳德种植区域的公共服务做出了极大的贡献，在古德卢尔、代沃尔绍拉区域修建公路、桥梁、通信等基础设施建设。1926 年，南印度种植者联合协会正式在尼尔吉里的

代沃尔绍拉茶园（1914 年）

代沃尔绍拉建立了南印度地区第一个茶叶试验站。1965 年，该试验站搬迁至阿奈默莱地区，改为南印度金鸡纳试验站。

四、阿奈默莱和高维威斯山脉

阿奈默莱是南印度比较晚被开垦成为种植区域的山区，英国东印度公司占领南印度后，这片区域似乎被遗忘。阿奈默莱山脉的名字来自当地泰米尔－马拉雅拉姆语，意思是“大象山”，表明该山脉曾经是野生大象成群出没的地区。阿奈默莱山脉位于西高止山脉最南部的泰米尔纳德邦和喀拉拉邦区的交界处，今属于哥印拜陀市。阿奈默莱山脉在哥印拜陀平原中徒然升起，紫檀、檀香、柚木及西米椰子林和密密匝匝的丛林覆盖海拔 900 ～ 1300 米连绵起伏的群山和丘陵地带，最高的阿纳姆迪峰海拔达到 2695 米。茂密的柚木林为英国人提供了丰富的优质木材，曾有记载：1895 年，英国人砍伐了一株约 37.8 米高、周长约 7 米的柚木大树，这株大树可获得 500 ～ 600 立方英尺的木材。阿奈默莱山脉最早开发种植业的记录，是 1846 年当地人拉玛萨密·姆达利亚在这个地区种植咖啡。直到 1851 年，殖民政府森林保护部的迈克尔上尉才第一次考察了阿奈默莱山区。1858 年森林保护员克莱格·霍恩博士和总测量师麦克弗森博士再次考察了阿奈默莱山区，克莱格·霍恩博士的报告中指出，“考察的这一大片土地非常适合于咖啡种植”。

然而直到 1864 年，英国人才第一次进入阿奈默莱山区，卡那提克咖啡公司的劳里是第一个申请阿奈默莱西部瓦尔巴赖土地的英国人，这是马德拉斯殖民政府第一次出售“荒地”给英国的种植者。劳里建立了沃特福尔和威弗利咖啡种植园后，殖民政府很长一段时间内没有批准出售土地。由于劳里不善于经营咖啡种植园，1870年他将沃特福尔咖啡种植园卖给了英国人罗伯特·斯塔内。罗伯特·斯塔内是一位在南印度地区产业和贸易界的传奇式人物，他从1861年就在哥印拜陀创立了咖啡加工厂，为尼尔吉里种植园加工和出口咖啡。19世纪70年代，他发现茶叶蕴含的巨大商机，开始将贸易从咖啡加工延伸至咖啡种植，后来又进一步拓展进入茶叶种植业，生意越做越大。1922年他在阿奈默莱创立了联合尼尔吉里茶种植园有限公司。1947年又创立了斯塔内联合种植园有限公司，旗下拥有6个茶叶种植园。然而，在19世纪70年代，阿奈默莱山区只有罗伯特·斯塔内的沃特福尔咖啡种植园，阿奈默莱地区依然并不为外界所熟知。1875年，威尔士王子即后来成为英国国王的爱德华七世访问印度，马德拉斯殖民政府曾计划安排威尔士王子进入阿奈默莱山区狩猎。为迎接威尔士王子的到来，马德拉斯殖民政府开拓进入阿奈默莱的道路，使用大量军队士兵、当地劳工、大象、马匹开山造路，还在瓦尔巴赖建筑供威尔士王子下榻的豪华度假别墅，并派遣士兵守卫。正在此时，周边平原一些部落村庄忽然爆发严重的霍乱，为了威尔士王子的安全，殖民政府被迫取消了狩猎活动，但阿奈默莱山区这片富饶土地引起了马德拉斯殖民政府的浓厚兴趣。1876年，马德拉斯殖民政府财政部计划出售该地区的部分土地供开发，此公告一出，即引起了英国资本家和商人的极大兴趣。开始阶段，殖民政府较为谨慎，仅计划出售极少量的土地，这当然无法满足许多英国投资者急切大量购买这片土地建立种植园的要求。1896年10月，殖民政府与英国人在哥印拜陀召开磋商会议，经过多次的协商，殖民政府决定出售阿奈默莱山区西部瓦尔巴赖的森林土地供开发种植园。英国投资者现场就急切地提出了申请，要求购置17块土地，合计面积达到6.35万英亩；但殖民政府规定每个投资者限购1000英亩的土地，又引起许多投资者的不满。最后经再次协商，殖民政府同意出售阿奈默莱地区西部瓦尔巴赖20块土地，合计2.0244万英亩土地，允许英国投资者购买。

1897年，英国人卡弗·马什在阿奈默莱地区西部海拔约1100米瓦尔巴赖的一片土地，与另外两个英国人温德尔和康格里夫合作，卡弗·马什带领着几百名劳工，安营扎寨，砍伐森林、修筑道路、开垦土地，克服了季风、暴雨等自然灾害的威胁，抵御疟疾、毒蛇、猛兽和成堆水蛭的侵袭，艰难地从平原地区招募大量的劳工，因为当地部落拒绝为马什的种植园劳动。他们从尼尔吉里购买了咖啡种子，终于艰难地建立了50英亩的帕拉雷咖啡种植园，1910年还建立了卡勒尼潘岛种植园。1913年，马什和康格里夫又在卡拉玛雷建立了茶叶种植园，后来成立帕拉雷卡拉玛雷茶和产品有限公司，由马什、克里斯蒂、林内和康格里夫担任董事。1940年左右，公司又收购了三个茶叶种植园，总面积达到5000英亩，成为阿奈默莱山区最大的种植园。因此，马什后来被称为“阿奈默莱之父”。

开发阿奈默莱地区的投资者之中，还有一家苏格兰的芬利－缪尔有限公司。1895年，芬利－缪尔有限公司派遣经理科克尔进入阿奈默莱地区开发种植园。1897年，他和他的继任者夏普在瓦尔巴赖和瓦拉帕拉建立了咖啡和豆蔻种植园。在随后几年中，公司分别在高止山脉建立了33个种植园，在阿奈默莱地区建立了9个种植园。1898—1899年从锡兰来的马丁、班南廷讷和尤文·马克卢尔合伙建立了莫妮卡、斯如昆德和斯坦摩尔3个种植园，这3个种植园后来属于斯坦摩尔集团。与此同时，哥印拜陀知名律师、印度人纳拉西耶也建立了埃耶帕迪种植园，这也许是第一位进入阿奈默莱地区种植业的印度人。1899 年，一个英国人在阿奈默莱地区的下帕拉雷村建立起第一个 150 英亩的豆蔻种植园。1905—1906 年他又建立了 250 英亩的橡胶园。至 19 世纪末，阿奈默莱地区成为咖啡、茶叶、豆蔻等经济作物的种植区域。

为了加快阿奈默莱地区的开发，1899 年殖民政府任命伍德为执行工程师，负责修筑阿奈默莱山区与平原地区连接的公路和桥梁。殖民政府公共事务执行工程师朗姆负责道路的设计，而卡弗·马什则负责施工建设，修筑了从帕拉雷村延伸至瓦尔巴赖的道路。1903 年，阿奈默莱山区主要道路建设完成。至 1900 年，阿奈默莱山区已经开垦了 2543 英亩的种植园，主要是种植咖啡，其次有茶园约 1155 英亩，小豆蔻约 443 英亩。1903 年阿奈默莱种植者协会成立，班南廷讷当选第一届主席，卡弗·马什当选荣誉秘书长。

1909 年，英国人布罗克在阿奈默莱开垦土地并种植了 285 英亩咖啡、5 英亩茶叶和 10 英亩金鸡纳树。他从锡兰购置茶籽，又种植了 380 英亩茶叶。1909 年，他又在埃耶帕迪村开垦了 700 英亩土地种植茶叶。1910 年，温德尔和尼科尔森成立印度半岛橡胶和茶叶种植有限公司，收购了帕拉雷种植园。1912 年以缅甸柚木贸易发家的英国孟买伯马贸易有限公司也进入该地区投资，一出手就购置了 3000 英亩土地建立姆科图姆迪种植园。

1911 年，殖民政府进一步加大了土地出售力度，约有 1.55 万英亩土地被英国种植者购买，阿奈默莱地区种植业迎来了大开发高潮，此时新开垦的种植园几乎全部种植茶叶，阿奈默莱地区总种植面积达到 3.7 万英亩，其中茶园面积约 1 万英亩。1914—1918 年第一次世界大战期间，阿奈默莱地区茶叶种植再次迎来大发展时期。1913 年，实力雄厚的阿奈默莱种植园公司成立，斯科特担任第一任总经理，该公司后来发展成为南印度地区规模较大的杰伊什里茶产业有限公司。1958年，该公司在南印度首先采用CTC红茶加工技术。1912年至1916年，又有9个英国人投资建立了茶叶种植园。

1916年，阿奈默莱整个地区拥有21个茶园，茶树种植面积达到1.3317万英亩。不断地砍伐、燃烧，成群出没在森林中的大象和野牛被驱赶出这个曾经的森林天堂。在第二次世界大战期间，阿奈默莱地区茶叶种植面积略有增加，达到1.35万英亩。1923年、1927年和1930年，玛拉科帕雷、乌拉里卡和卡达拉帕雷种植园分别成立。20世纪50年代，这3个种植园后来都被印度塔塔茶叶公司收购。

随着种植业的发展，交通运输成为该地区发展的主要障碍。1915年，殖民政府就开始建设、开通阿奈默莱至西海岸科钦港口的公路。1948年，从玛拉科帕雷种植园至查拉库迪的道路开通了，随后道路逐步延伸。直至今天，这条道路依然是阿奈默莱当地通往科钦和喀拉拉南部的主要运输道路。

当时阿奈默莱山区生产的茶叶运至平原地区，都是由1927年创立的阿奈默莱索道有限公司负责，该公司由阿奈默莱种植者协会管理，公司建设了从阿奈默莱至山麓下万纳色雷村的高空索道运输线，茶叶、货物从茶叶加工厂用牛车装载运输至埃耶帕迪村庄的大仓库，再从大仓库通过高空索道运送到平原。卸下的茶叶被暂时储存在各公司设立在万纳色雷村庄的大仓库中。茶叶再经过货车运送到波拉奇火车站，转用运货火车运输至科钦港口。阿奈默莱山区生产的茶叶通常在科钦茶叶拍卖行销售或者用轮船直接运输出口到伦敦销售，通常茶叶从茶厂运输到伦敦需要一个多月时间。

至20世纪20年代，瓦尔巴赖已经被开发建设成为一个新兴的经济作物种植区。1927年，阿奈默莱俱乐部在瓦尔巴赖镇成立，英国人引进了足球、板球、高尔夫、网球、台球等运动项目，英国种植园主们享受着舒适的生活。1933年，马德拉斯殖民政府首席电气工程师亨利•霍华德首次在该地区建立了小型水电站，开始了电气化茶叶加工，也对瓦尔巴赖地区经济发展起到了极大的推进作用。

至20世纪50年代，阿奈默莱地区总计拥有38个种植园，总种植面积达到3.6937万英亩，其中茶叶2.4870万英亩，比1916年增长约87 %；咖啡3330英亩，橡胶644英亩，小豆蔻3718英亩，金鸡纳树3352英亩。虽然曾经引进橡胶种植，但后来认为橡胶种植不适合该地区，因此逐渐被抛弃。阿奈默莱地区成为泰米尔纳德邦仅次于尼尔吉里地区的第二大茶叶产区。

1927年，茶叶种植拓展进入相邻的高维威斯山地区。高维威斯山位于阿奈默莱山脉南部，今泰米尔纳德邦德尼县的西高止山脉与喀拉拉邦伊都基县的库米里镇接壤区域。“高维威斯”在当地泰米尔语中的意思是“飘飘白云覆盖下的绿色山峰”。在英国殖民统治时期，高维威斯山脉属于以历史悠久的印度教神庙米纳克希殿闻名的马杜赖行政区。海拔约1500米的高维威斯山拥有丰富的植物群落和动物群落，有茂密的森林，是无数野生动物的天堂。1920年英国人布拉特和哈尔贝格教授曾经进入该地区考察和测绘。他们描述“高维威斯山是马杜赖山脉很少有人知道的地方，聚集生活着成群大象，也是流淌穿越原始森林的舒利河的源头”。

1927年，云景茶叶种植园公司的内皮尔·福特最早进入该地区开垦土地，种植茶叶。1930年，当时任职于马德拉斯茶叶种植园公司的班森，受公司之命开始在该地区种植茶叶，马德拉斯茶叶种植园公司从殖民政府手中购置了总面积9894英亩的土地，原先这片土地是当地帕西人的私人土地，后被马德拉斯殖民政府收购，再卖给了马德拉斯茶叶种植园公司。1943年，云景茶叶种植园公司也将725英亩茶园卖给了马德拉斯茶叶种植园公司，这样包括最早从殖民政府购置的土地，马德拉斯茶叶种植园公司合计拥有了1万多英亩的土地，因此马德拉斯茶叶种植园公司在高维威斯山单独设立了高维威斯山种植园公司，拥有当时高维威斯山最大的茶园。

五、自然的天堂蒙讷尔

蒙讷尔地区位于现今印度西南部喀拉拉邦伊都基县海拔1500米至2695米的西高止山脉的卡南德文山。南印度海拔最高的山峰阿纳姆迪峰（海拔2695米）就位于蒙讷尔山区。它的北部与阿奈默莱县瓦尔巴赖接壤，行政上现属于南印度喀拉拉邦。在15世纪时期，伊都基地区曾经是南印度半岛胡椒的主产区。“蒙讷尔”得名于当地姆斯拉普扎、纳拉森尼和坎达拉三条河流的汇合处。在英国殖民时期，该地区属于首府在特里凡得琅的特拉凡哥尔土邦王国，由普恩扎王室家族拥有。蒙讷尔曾是英国殖民政府在南印度除了尼尔吉里外另外一个疗养山站和夏季首都。

19 世纪 60 年代之前，蒙讷尔是一个原始森林覆盖的封闭的高地山区，在森林中栖息着特有的尼尔吉里山羊、斑白巨松鼠、林鸽、大象、印度野牛、乌叶猴、水鹿等动物。马杜赖王朝的姆苏万部落民族在这里世代居住。英国人一直没有进入这片郁郁葱葱的原始地区。据说，马德拉斯殖民政府 1864 年才在蒙讷尔的皮尔玛德村建立了作物试验场，试验种植茶叶、咖啡和金鸡纳。当年英国东印度公司曾带来了 4 名中国制茶工在蒙讷尔试验种植中国茶树。直到 1870 年发生马德拉斯殖民政府与特拉凡哥尔王国之间的土地边界争端事件，蒙讷尔才被英国人所了解。为了解决边界纠纷问题，马德拉斯殖民政府派遣代表英国人约翰·蒙罗上校进入这个地区调查和协商谈判。进入该地区后，这片优美富饶的高地森林土地深深地吸引了约翰·蒙罗上校。凉爽的气候和如油画般美丽的草原、丘陵、峡谷、溪流和瀑布，特别是卡南德文山脉良好的种植经济作物的环境，令约翰·蒙罗上校兴奋不已。约翰·蒙罗上校虽然身为殖民政府官员，却意在发财，他一直对种植业很感兴趣，伺机投资种植园。蒙罗上校立即访问了特拉凡哥尔王国的普恩扎王室，会见王室成员科拉·瓦尔马，心怀鬼胎的蒙罗上校极力巴结讨好王公贵族，经过多次接触，不久之后便获得王室的信任。1877 年普恩扎王室同意以一个非常低廉的价格——每年租金仅 3000 卢比、押金 5000 卢比，把卡南德文山约 13.66 万英亩土地租借给蒙罗上校。1879 年，胸怀致富梦想的蒙罗上校组建了北特拉凡哥尔土地种植农业公司，开垦建立了艾希莉和比松山谷种植园，开始种植咖啡、豆蔻、金鸡纳和剑麻等作物，他也成为特拉凡哥尔王国卡南德文山脉种植者的先驱。

第一个在蒙讷尔建立茶叶种植园的是亨利·贝克牧师。1819

年贝克牧师受蒙罗上校邀请来到特拉凡哥尔王国，帮助创建基督教神学院，他的妻子贝克太太也在特拉凡哥尔创建了当地第一所女子学校。1862 年，禁不住财富的诱惑，贝克牧师在皮尔玛德购置森林土地，开垦并建立维姆巴纳德种植园。他的 6 个儿子中的 3 个儿子也在皮尔玛德山开垦并建立特怀福德茶叶种植园。后来，贝克牧师和蒙罗上校两家联姻，成为当时较大的种植园主家族。1915 年，家族的后代合作成立的特怀福德和艾希莉茶叶种植园有限公司，合计拥有 1183 英亩茶园。

1875 年左右，在锡兰发了财的苏格兰人瓦伦丁等人也进入特拉凡哥尔的普恩姆迪区域，建立普恩姆迪、班埃科德和布雷摩咖啡种植园，后来由于遭受严重的咖啡锈病打击，他们从 1884 年开始在普恩姆迪种植茶叶和橡胶，1914 年茶叶和橡胶种植面积合计达到 1710 英亩。1880 年左右，英国人杨和威廉·马歇尔合作建立了 700 英亩的默奇斯顿咖啡种植园，后来也全部改种茶叶。1882 年，英国人贝莎·达卡斯女士和穆德·威尔布里厄姆在皮尔玛德镇投资建立费尔菲尔德种植园，该种植园最早种植咖啡和金鸡纳，后来种植了 180 英亩的茶叶。1914 年，费尔菲尔德种植园的茶园面积达到 439 英亩。

1880 年至 1890 年，南印度咖啡产业遭受严重的咖啡锈病打击，种植园主纷纷改种茶叶。19 世纪末至 20 世纪 20 年代是蒙纳尔地区茶叶种植的大发展时期，不断有新的种植园建立，也不断有种植园被并购和重组。1880 年夏普在帕瓦色种植约 50 英亩的茶叶。1890 年，两家原在锡兰经营种植园的英国公司也进入蒙纳尔地区，收购了当时的格兰玛丽、韦斯特、约翰·阿卓等几个小种植园，1895 年和 1896 年分别成立了南印度茶叶种植公司和特拉凡哥尔茶叶种植园公司。这也是最早以公司形式进入该地区开发建立种植园的大型茶叶公司。在被收购的种植园中，约翰·阿卓茶园非常特殊，据拉维·拉曼在他的著作《资本和外围劳工：印度种植园工人的历史和政治经济》一书中记载："1870年左右，英国东印度公司从中国招聘了6名制茶师到尼尔吉里帮助种植茶叶。其中一位叫约翰·阿卓的中国人之后还去了蒙讷尔地区，建立了自己的茶园，这个茶园后来被当地人称为'中国人茶园'。1890年，这个茶园被英国资本控制的特拉凡哥尔茶叶种植园公司收购。"据说约翰·阿卓当时脱离东印度公司出来单干，在蒙讷尔山区开垦建立了13英亩的茶园。

规模较大的南印度茶叶种植公司此后不断拓展扩张，至1914年已经拥有4个种植园，总面积有3000多英亩。英国人奈特是南印度地区著名的茶叶种植者、特拉凡哥尔茶叶种植园公司创始人。1896年，他将旗下的波纳米种植园中796英亩的咖啡全部改种茶叶。至1914年，该公司拥有的土地总面积达到6999英亩。1895年，苏格兰的芬利-缪尔有限公司携巨额资本强势进入蒙讷尔地区，买下了英国人建立的33个独立的种植园，于1897年组建成立了卡南德文山生产公司。至1914年，该公司拥有1.73万英亩茶园、16个茶叶加工厂，雇有英国管理人员共67名、当地劳工1.8万名，成为20世纪初南印度最大的茶叶种植公司。

蒙讷尔茶区海拔1500～2000米，应该也是南印度海拔最高的茶叶种植区域。蒙讷尔地区种植的茶树品种，最初都是从尼尔吉里引进的中国茶树品种或者中国茶树与阿萨姆茶树的杂交品种；后来一些茶园又从阿萨姆引进阿萨姆茶树品种，使得蒙讷尔地区茶树品种多元化和复杂化，但以中国茶树与阿萨姆茶树的杂交品

特拉凡哥尔茶叶种植园公司的茶叶揉捻车间（1910年）

种为主，而在萨拉亚种植园，主要种植的品种依然是中国茶树品种。

进入20世纪60年代，印度本土企业塔塔集团进军南印度的种植业。1964年，苏格兰芬利－缪尔有限公司与印度塔塔集团组成塔塔－芬利集团。同年，塔塔集团与芬利－缪尔公司合作在蒙讷尔成立了速溶茶生产公司，这也是印度第一家生产速溶茶的公司。

六、最南端茶区辛伽姆帕提

辛伽姆帕提地区位于西高止山的最南部边缘海拔1000～1500米的曼宙莱山，也是南印度半岛最南部的茶区，行政上现属于泰米尔纳德邦的蒂鲁内尔维利县。这片 7.4 万英亩的辽阔土地曾属于英属印度附庸国特拉凡哥尔王国，当时特拉凡哥尔国王将辛伽姆帕提的土地赐封给当地的地主。20 世纪 20 年代以前，这片土地一直处于未开发状态，地主家族世代守护着这片原始森林。1927 年，眼看周边地区的土地逐渐被出租开发，按捺不住财富诱惑的地主后代有意出租部分土地供开发。早已进入阿奈默莱地区的英国资本公司——孟买伯马贸易有限公司的西蒙斯从南印度种植者联合协会秘书沃丁顿处听到这个消息后，即与地主的经纪人取得了联系，希望能租赁这片土地，开垦并建立茶叶和其他作物种植园。地主爽快地答应出租 8000 英亩土地，并且由孟买伯马贸易有限公司自行考察挑选适合种植茶叶的区域。随即该公司派遣阿米蒂奇进入该地区进行土地的勘探和考察，选择可以开垦的曼宙莱山区域，并报告给西蒙斯和康格里夫。1929 年 2 月，双方签订了租赁合同，租赁了 8374 英亩土地，租赁期 99 年。

1929 年 5 月，西蒙斯和他的助手斯莱登开始在曼宙莱山开垦，建立了种植园。1930 年 1 月，西蒙斯首先建立了茶苗繁殖园，7465 颗茶籽被种植在繁殖园内。茶园雇用了 1000 多名劳工，砍伐清理森林、开垦茶园、修筑道路、架建桥梁和建筑房子。西蒙斯和斯莱登每天骑着他们的弗朗西斯·巴内特牌摩托车穿梭在各个工地监督。1931 年，在海拔 700 ～ 1300 米的山地种植了 400 英亩茶树。1938 年，曼宙莱山茶厂建成投产，开始正式生产茶叶。1949 年茶树种植面积达到 550 英亩，金鸡纳种植面积 1000 英亩，豆蔻种植面积 1500 英亩，罗布斯塔咖啡种植面积 600 英亩。孟买伯马贸易有限公司在辛伽姆帕提成立了独立的辛伽姆帕提集团公司，公司将在辛伽姆帕提地区的茶园分成三个，即马尼穆塔、曼亩莱和奥苏种植园。进入20世纪60至70年代，该公司原先种植咖啡、金鸡纳的土地全部改种茶树。

七、南印度半岛茶叶贸易

据马德拉斯殖民政府统计，至20世纪初，在马德拉斯管辖区的南印度半岛拥有180多家大型种植园，雇用了5万多名劳工。南印度地区种植园生产的原棉、咖啡、茶叶、油籽、谷物和豆类成为南印度半岛出口贸易的主要商品。繁荣的海上贸易通过马德拉斯管辖区西海岸和东海岸的主要港口马德拉斯、科钦、卡利卡特、代利杰里和奎隆等出口至英国和欧洲其他国家。

来自欧洲的外表彬彬有礼的英国绅士、衣冠楚楚的资本家、道貌岸然的政府官员、锱铢必较的商人或穷凶极恶的士兵，在绵延千里的南印度西高止山脉一带，穿越无人踏足的丛林和荒野，砍伐森林、清理土地，建立起一个个经济作物种植园，大规模种植咖啡、茶叶和金鸡纳。至19世纪末，茶叶种植还向北部拓展进入以咖啡种植为主的迈索尔地区。开始，南印度种植园都是私人小资本，至19世纪80年代，拥有雄厚资本的英国大公司进入该地区，种植面积从几十英亩发展至几百英亩，甚至至几千英亩。茶园雇用的劳工从几百名增加至几千名。最早的经营方式是投资者自己直接管理种植园，再聘请几个欧洲人作为助手，后来大部分英国投资者委托专业的管理代理公司经营管理。如哈里森-克劳斯费尔德公司就是当时南印度闻名的英国茶园管理代理公司。

1911年，哈里森－克劳斯费尔德公司在南印度奎隆港建立分公司，不仅直接投资种植园，还接受委托管理种植园，业务还涉及运输、出口、瓷砖厂、锯木厂、工程机械和航运等。公司还代理销售英国戴维森公司生产的“西洛克”制茶机械和布朗公司的三动揉捻机。

据马德拉斯殖民政府统计，19世纪70年代后，南印度的茶叶出口持续增加，1870—1871年出口额仅1.7883万卢比；1882—1883年达到32.9057万卢比，约为1870—1871年出口额的18倍。1915—1916年，南印度茶叶出口额达到1737.6万卢比；1936—1937年达到4065.4万卢比；1940—1941年达到5128.9万卢比。拉维·拉曼在他的著作《资本和外围劳工：印度种植园工人的历史和政治经济》一书中记载，至1896年，英国资本投资南印度地区咖啡和茶叶种植园的资金累计达到2亿多卢比。仅1895—1897年，4家英国茶叶公司，即英格兰南印度茶叶种植园公司、特拉凡哥尔茶叶种植园公司、苏格兰卡南德文山生产公司和英美公司分别投资了7.2万、16.5万、130万和91万卢比在南印度特拉凡哥尔的种植园，总投资达到244.7万卢比。

萨默塞特·普拉内尔的《南印度：她的历史、人民、商业和工业资源》一书中记载：1913年，南印度地区尼尔吉里、马拉巴尔、哥印拜陀和特拉凡哥尔地区的茶园面积分别达到1.3871万、0.9774万、0.2633万和3.7430万英亩，总面积达到6.37万英亩，比1912年增长9％。1913年全印度茶叶产量达到3.07亿磅，其中南印度地区茶叶总产量2224.47万磅，占印度总产量的7.2％，其中马德拉斯管辖区708.9万磅，科钦和特拉凡哥尔共1515.56万磅。1913—1914年，南印度地区出口英国的茶叶量1200万磅，出口加拿大528.7万磅，出口锡兰378.7万磅，出口其他国家34.4万磅，总出口量达到 2141.8 万磅，迅猛发展的南印度茶叶开始重塑全球茶叶市场。

在伦敦茶叶拍卖行，尼尔吉里、瓦亚纳德的茶叶平均价格可以达到每磅 8.54 便士，特拉凡哥尔茶叶达到 8.52 便士。20 世纪初，南印度也生产绿茶，1912 年南印度生产绿茶 182.2743 万磅，占印度绿茶产量的 37 %。1913 年，生产绿茶 52.1399 万磅，占印度绿茶总产量的 16 %。

1938 年，南印度茶园面积达到 6.5586 万公顷，茶叶产量 3.41 万吨，出口 2.8094 万吨。印度独立后的 1948 年，南印度茶园面积 6.237 万公顷，茶叶产量略有增加，达到 4.87 万吨，出口 2.934 万吨。1955 年，茶园面积增加至 7.1177 万公顷，茶叶产量 6.1436 万吨，出口 3.0625 万吨。与阿萨姆地区比较，南印度地区的茶叶产量明显较低。

19 世纪下半叶，虽然南印度茶产业有较快的发展，但咖啡种植面积和产量远远大于茶叶。1910—1912 年，马德拉斯管辖区、迈索尔、库格、科钦和特拉凡哥尔的咖啡种植面积分别达到 5.1127 万、10.4652 万、4.3313 万、0.3056 万和 0.0986 万英亩，总面积达到 20.3134 万英亩，约是茶园面积的 3 倍，橡胶种植园面积也达到 4.4125 万英亩。1913—1914 年，南印度咖啡总出口额达到 250 万英镑。南印度生产的咖啡还以特殊的“马拉巴尔季风咖啡”风味而风靡欧洲市场。南印度生产的咖啡需要从马巴拉尔海港装船，扬帆起航，必须横渡印度洋，绕道非洲南端好望角，穿越南大西洋，继续航行经停圣赫勒拿岛，后经圣赫勒拿岛的附属岛阿森松岛，再继续航行 3 ～ 4 日，跨过赤道抵达圣安东尼奥岛和佛得角，再经弗洛勒斯岛，进入英吉利海峡，经过圣凯瑟琳岛，最终到达伦敦码头。装载咖啡的货船经历长达4～6个月的海上航行才能抵达英国。咖啡豆在运输过程中长期受海风吹拂和海上潮湿空气的浸润，到达英国时咖啡豆已经由绿色变为黄白色，体积也膨胀了，完全不同于最初新鲜的生豆，但咖啡商意外地发现，这“变质”的咖啡豆竟然在烘焙后产生更为独特的风味，醇度提高了，酸度却降低了，别样的风味形成了独特的南印度“马拉巴尔季风咖啡”风味，成为印度最具代表性的一款咖啡。进入20世纪50年代，南印度的茶叶种植面积已经超过咖啡种植面积。据泰米尔纳德种植者协会的统计，仅泰米尔纳德邦，1954年茶叶种植面积超过咖啡的种植面积，但产量远低于咖啡，茶叶种植面积3.475万公顷，茶叶产量3.011万吨，咖啡种植面积2.5889万公顷，咖啡产量267.4万吨。

在英国殖民统治时代，南印度茶叶贸易被几家英国寡头公司垄断，如詹姆斯·芬利公司、哈里森－克劳斯费尔德公司、阿斯平沃尔公司、达拉赫斯梅尔公司和皮尔斯－莱斯利公司等，这些英国公司作为管理代理公司，不仅控制着资本和进出口贸易，还进行茶叶种植、茶叶加工和茶园管理，牢牢控制着南印度的茶产业。英国和欧洲其他国家的茶园主主导着咖啡、茶等经济作物种植业。在茶叶出口方面，第二次世界大战之前，南印度地区没有本土的茶叶销售市场，生产的茶叶大部分通过管理代理公司从卡利卡特港口直接出口到伦敦茶叶拍卖行，茶叶包装都采用胶合木板镶嵌的茶箱，内衬铝箔纸，用特殊规格的铁钉封口包装。部分茶叶被运送到加尔各答茶叶拍卖行或者相邻的锡兰科伦坡茶叶拍卖行销售，也有少量茶叶被海外客户直接订购。第二次世界大战期间，英国政府颁布战时命令，政府食品部直接从南印度地区采购茶叶以供应军队饮用，至1950年才停止直接采购。

为了促进南印度地区茶叶销售，第二次世界大战前，当时担任英属印度殖民政府科钦茶叶监督员的R.G.皮尔斯就提出在南印度科钦港建立茶叶拍卖行的设想。第二次世界大战期间，他直接负责监督英国食品部在南印度地区的茶叶采购和运输。二战结束后，尽管印度社会处于独立前政治、宗教运动风起云涌的复杂局面，在他坚持不懈的努力下，科钦茶叶贸易协会还是艰难地开始筹备。1947年3月1日，科钦茶叶拍卖行开张营业。拍卖行由锡兰科伦坡福布斯－艾瓦特－沃克公司、伦敦艾瓦特－迈康纳西公司和加尔各答菲吉斯公司3家公司合作建立，由皮尔斯负责运营，拍卖方式完全按照加尔各答茶叶拍卖行的模式运作。1947年6月5日，南印度第一次茶叶拍卖在福布斯－艾瓦特－沃克公司大楼隆重举行，供拍卖的茶叶来自南印度海里尔伯利亚、班寇、康尼玛拉、莫拉玛雷、科里卡拉、普里卡南姆和姆迪斯7个茶叶种植园，共53单，合计2156箱。海里尔伯利亚种植园的茶叶荣幸地被第一个拍卖，但遗憾的是，此次供拍卖的53单茶叶，没有一单被拍卖出去，第一次拍卖活动就这样尴尬地草草收场。当年再也没有举行茶叶拍卖活动。初次拍卖出师不利，科钦茶叶拍卖行没有气馁。经过充分、周密的准备，1948年1月27日，科钦茶叶拍卖行再次举行茶叶拍卖，并取得了巨大的成功。随后科钦茶叶拍卖行乘胜追击，每月举行一次拍卖，其中在8月和10月各进行两次拍卖，全年一共进行14次拍卖，92570箱茶叶被拍卖出去，茶叶价格比较平稳。西弗斯种植园生产的BOP红茶在1月拍出每磅1卢比9安那的较高价格，12月拍出了1卢比6安那的价格。拍卖活动全部在科钦商会大楼举行，每次拍卖大约有20多个买家参加。1949年，科钦茶叶拍卖行一共成功举办了14次茶叶拍卖活动。当年9月，加尔各答茶叶经纪公司卡里特－莫兰也在科钦设立了拍卖分公司，增加了经纪公司之间的竞争。1950年，科钦茶叶贸易协会成立，协会秉承“促进茶叶卖家和买家之间的共同利益”宗旨，所有的南印度茶叶贸易活动都在该宗旨下进行，此后科钦每年拍卖南印度茶叶5万～6万吨。

八、尼尔吉里的中国人

遥远的南印度半岛曾经留下中国人的足迹。据史料记载，公元5世纪，中国高僧法显游学考察了印度佛教，曾经游历来到南印度西海岸，然后从这里搭乘商船游历锡兰和爪哇岛。公元7世纪，中国僧人玄奘西行取经曾游历印度东南部的达罗毗荼国。14世纪时期，古代中国的船队经常光顾南印度西海岸，西海岸的奎隆、卡利卡特（科泽科德）及科钦都是古代中国船队经常停靠的繁忙港口。公元1342年，旅行到马拉巴尔海岸的穆斯林学者兼旅行家伊本·巴图塔曾在卡利卡特遇见中国的商船，并在卡利卡特港搭乘中国商船进入中国。他在游记中这样记述：“进入卡利卡特及奎隆的中国船队庞大如城市，船上装载着草药和生姜，中国高官和他们的妻子在船上拥有自己的房间。”根据相关史料记载，从中国汉朝，甚至更早时期开始，中国丝绸等商品就从福建、广东等地的港口装船出发，被运到印度西南部港口进行交易。中国学者耿引曾在《印度洋史》一书的译者前言部分论述：中国元代民间航海家汪大渊曾在1330—1334年到访印度洋区域，在他的著作《岛夷志略》中记载，他在泰米尔纳德邦东岸的坦焦尔东约48英里的讷加帕塔姆见到一座中国塔，从塔砖上看到“咸淳三年八月毕工”的汉字，咸淳（南宋度宗年号）三年即1267年。在这个地方建立一座中国塔，足可见当时印度半岛的中国商人之多，“这说明了当时中国商人不仅以丰富的商品，还以充足的资金来参与印度洋贸易”。曾经有许多中国商人跨过南中国海进入南印度的奎隆和卡利卡特从事商品贸易，中国商船带来的绸缎、茶叶、瓷器都是交易的热门货，印度商人则多以胡椒等商品作为交换物。

15世纪末时期，南印度地区出产的香料吸引了大批阿拉伯人、波斯人、欧洲人、中国人跨海而来，香料被贩卖至欧洲，逐渐形成了著名的“海上香料之路”。在那个年代，科钦是世界东方贸易航线上最重要的港口之一。据记载，1405—1431年，明朝郑和率船队七次下西洋，郑和船队曾经东南亚抵达距南印度科钦200公里外的卡利卡特港，并多次在卡利卡特港补充淡水和食物后前往波斯湾、阿拉伯半岛及非洲东海岸，其中规模最大的一个船队由2.7万余人和200多艘船舶组成，许多中国水手和商人就在那时留在卡利卡特港从事贸易。郑和在最后一次西洋之行返航至卡利卡特港时，多年的航海生活耗尽了他人生最后的精力，最终在1433年4月初离世。郑和被葬在卡利卡特港，留下了一些官兵侍从和守墓人，后来由于此地洪水泛滥，这些中国人迁往科钦。传说，1350—1450年，一些中国人从科兰加诺尔迁居到科钦，并把中国渔网带到了科钦。此后几百年，中国人航海南印度洋的足迹所激起的回声消失得渺无踪影。

马德拉斯也曾经有中国人居住和经商，据1758年马德拉斯殖民政府一份文件记载，在马德拉斯市沿着城堡的北墙曾经有一个著名的“中国集市”，销售来自中国的瓷器。1758—1759年，马德拉斯市被法国军队围攻，该集市西迁，从此消失。另外，在马德拉斯市劳埃德路附近的犹太公墓附近，还有一处破败的中国人公墓，是中国人曾经在南印度马德拉斯市生活的足迹。

进入19世纪，英国东印度公司在印度种植茶叶，再次将中国人裹挟其中。同在阿萨姆地区和西北部喜马拉雅山脉山麓一样，在南印度地区遥远和偏僻的尼尔吉里深山之中，一批中国人也曾经在此经历过一段悲惨的遭遇。通过对相关资料的挖掘，一批苦难中国人经历的一段几乎被遗忘的心酸历史由此展现。

19世纪60年代初，就有零星的中国制茶工进入尼尔吉里山区。据《尼尔吉里山百科全书》记载，当时的塞伦地区收税官、1830年在尼尔吉里地区开垦建立咖啡种植园第一人蒙塔古·科伯恩的女儿玛格丽特，在1863年曾雇用一个中国制茶工在戈德吉里奥尔波特种植园帮助她种植和加工茶叶，这个茶叶种植园1863年开始运营。

据拉维·拉曼在他的《资本和外围劳工：印度种植园工人的

中国茶工后裔约翰·安东尼

历史和政治经济》一书中记载，1870 年左右，东印度公司从中国招聘了 6 名制茶工到尼尔古里帮助种植茶叶。其中一位名为约翰·阿卓的中国制茶工后来去了蒙讷尔地区，建立了 13 英亩自己的茶园，这个茶园后来被当地人称为“中国人茶园”。后来，约翰·阿卓皈依基督教，并和一位当地女子结婚，1869 年 6 月生下儿子约翰·安东尼。约翰·安东尼长大后成为南印度种植业历史上的传奇人物。1890 年，当约翰·安东尼 21 岁时，他父亲约翰·阿卓建立的“中国人茶园”被英国资本的特拉凡哥尔茶叶种植园公司收购。约翰·安东尼最初在镇里一个英国人的食品公司工作，他跟英国人努力苦学英语，并加入圣公会教会。他业余时间喜欢打猎，善于追踪猎物，是一位优秀的猎手。这让他有机会结交许多英国人和特拉凡哥尔王公贵族，经常与英国种植园主、当地王公贵族一起狩猎游玩，并认识了特拉凡哥尔王国王室贵族瓦尔马·瓦里亚·凯尔撒姆普拉南。当地传言，约翰·安东尼后来与凯尔撒姆普拉南的寡妇玛丽安曼结婚了。约翰·安东尼后来转向投入种植园，经过他努力奋斗，他的种植园事业不断扩展壮大，自己也成为当地一个大种植园主，拥有比松山谷土地和瓦亚卡达沃种植园。他还是特拉凡哥尔小豆蔻种植者协会马杜赖地区的创始人之一。约翰·安东尼 82 岁时去世，他被后人称为蒙讷尔地区、卡南德文山脉和北特拉凡哥尔王国的种植先驱者之一。

然而绝大多数中国人没有这么幸运，约翰·安乐尼只是个例。19 世纪 30 至 60 年代，一大批中国人被英国人作为“罪犯”从其海峡殖民地和中国大陆运送到南印度马德拉斯和印度西部的马哈拉施特拉关押，被强迫参与英属印度殖民政府的市政、疗养山站建设及茶叶、金鸡纳种植园的开垦。1826 年英国东印度公司在东南亚的新加坡、马来西亚槟榔屿、马六甲、曼绒市和安达曼群岛建立了英属海峡殖民地，1867 年 4 月 1 日，英属海峡殖民地成为英国政府直接控制殖民地。由于这些海峡殖民地的监狱人满为患，许多所谓的中国“罪犯”被陆续分批转送往印度。据有关资料记载，从 1834 年至 1864 年，大约 120 名中国和马来西亚的“囚犯”被送往印度西高止山脉的马哈拉施特拉地区萨达拉的哈巴莱斯赫瓦尔监狱关押。当时英国人正在萨达拉建立哈巴莱斯赫瓦尔夏季避暑疗养山站，也是英国殖民统治时期孟买殖民政府的夏季首都。中国和马来西亚“囚犯”被强迫参加避暑山站的道路建设，为英国军需粮食部门制备木薯粉、种植蔬菜等。善于种植蔬菜的中国人使得土豆和一些英国品种的蔬菜种植在当地获得了成功。中国人也教会当地居民制作藤条篮子和椅子。1864 年监狱被废除时，大多数“囚犯”获准离开，一些中国人被允许继续留在山上，但被要求每个月的 1 号必须到英国主管的办公室报到。

另外几批中国“囚犯”被转送往南印度马德拉斯管辖区。关于马德拉斯的中国“囚犯”来源有两种说法，一种说法是，他们全部来自英国的海峡殖民地。这些“囚犯”是 1856—1860 年中英第二次鸦片战争期间被俘虏的中国战俘，中国战俘被遣送到英国的海峡殖民地，由于英国海峡殖民地的监狱已经人满为患，一部分战俘被从海峡殖民地马来西亚监狱转运送到了马德拉斯监狱，他们也被称为“马来中国人”。另一种说法是，这些中国战俘是第二次鸦片战争期间俘虏的士兵和百姓，被遣送至英国海峡殖民地过程中，英国人为了节省海运的费用，一部分战俘中途被转送到了马德拉斯的监狱。

19 世纪初英国东印度公司占领南印度大部分领土后，开始了马德拉斯市政建设。在马德拉斯关押的中国人被强迫为英国人修建马德拉斯市政建筑、铁路和学校。据1908年马德拉斯殖民政府编制的《马德拉斯地方志》第1卷记载："（马德拉斯市）许多建筑工作是由被从海峡殖民地（那里没有足够的监狱设施）遣送至马德拉斯的中国'囚犯'完成的，这些人不止一次地从他们被囚禁在勒弗戴尔的临时关押的监狱中逃出来。"而当时马德拉斯的监狱也人满为患。此时，英国人正进入尼尔吉里地区开发种植业，种植园需要招募大量劳工，因此一部分中国"囚犯"被分批运送到了遥远的尼尔吉里山区监狱。中国"囚犯"被关押在尼尔吉里山区的两个监狱中，一个在斯尔索拉森林保护区，另一个在纳杜瓦塔姆村。

关押在斯尔索拉森林保护区监狱的中国人，据记载大约在1856年被从马德拉斯送往尼尔吉里山区。1859年，英国人曼恩最早购置"斯尔索拉"（Thiashola）这块土地种植茶叶，中国"囚犯"被强迫作为劳工参与了尼尔吉里山区第一个商业化茶园斯尔索拉的开垦。当地人称该茶园为"Thiashola"，意思是"茶树林"，"Thia"是中文的"茶"，"Shola"是当地语言，意思是"森林"。1863年，曼恩将这个由中国人开垦的茶园转让给另一个英国人斯克纳尔，但不幸的是，在一次去乌提的路上，斯克纳尔落水身亡。1864年，他妻子将斯尔索拉种植园卖给了英国人菲利普斯。从1867年起，斯尔索拉种植园又几经转手。1902年，巴伯将它买下，种植咖啡和茶叶，他将公司名称改为斯尔索拉种植园公司，种植园总共拥有907英亩土地，一座茶叶加工厂，其中茶园面积222英亩，咖啡园面积133英亩，茶园大部分是19世纪60年代种植的中国茶树品种。1898—1913年，斯尔索拉种植园公司陆续种植了阿萨姆茶树品种。当地人依然称这个茶园为"中国山茶园"

（Chinese Hill Estate）。

19 世纪初，法国、荷兰和英国都试图在各自在南印度的殖民地引进金鸡纳种植。19 世纪 60 年代，马德拉斯殖民政府计划在尼尔吉里地区发展金鸡纳种植。英国东印度公司植物学家、萨哈兰普尔植物园园长约翰·罗伊尔向殖民政府建议在卡西地区或尼尔吉里培育、种植金鸡纳作物。在英属印度总督达尔豪西的命令下，英属印度殖民政府加尔各答办公室职员克莱门茨·马卡姆率领 4 个助手，于 1860 年 1 月去秘鲁考察，1860 年 10 月返回印度，并带回了一些金鸡纳植物和金鸡纳产品。克莱门茨·马卡姆考察返回印度之前，马德拉斯殖民政府乌提植物园园长威廉·麦基弗已经选择尼尔吉里山区的多达贝达山区域作为金鸡纳种植园场地。但克莱门茨·马卡姆回来后，则认为纳杜瓦塔姆区域的气候条件比多达贝达山区域更适合金鸡纳的种植。因此，殖民政府根据克莱门茨·马卡姆的意见决定在纳杜瓦塔姆建立政府金鸡纳种植园，并且任命苏格兰人威廉·麦基弗为金鸡纳种植园主管。威廉·麦基弗原是英国皇家邱园的园艺师，1848 年他被任命为乌提植物园园长。威廉·麦基弗任金鸡纳种植园主管后，急需招募大量劳工开垦土地，而附近部落的村民非常懒惰，不愿意也无法被雇用在种植园工作。1864 年，威廉·麦基弗请求殖民政府给予支持，请求马德拉斯殖民政府派遣 500 名囚犯作为劳工派送到尼尔吉里山区纳杜瓦塔姆金鸡纳种植园工作。马德拉斯殖民政府同意了威廉·麦基弗的要求，1865 年第一批 566 名中国“囚犯”被从马德拉斯监狱转移送抵尼尔吉里的纳杜瓦塔姆监狱。

此时，英国人正将尼尔吉里地区建设成为马德拉斯政府的夏季避暑山站。在乌提、古努尔和戈德吉里，正大兴土木建筑政府

THIA SHOLA ESTATES.

1. GENERAL VIEW FROM THE ENTRANCE. 2. THE FACTORY, THIA SHOLA. 3. MANAGER'S BUNGALOW, THIA SHOLA. 4. THE ROLL-CALL.

斯尔索拉种植公司茶园（1913 年）

办公大楼、疗养院、学校和住宅，身陷囹圄的中国“囚犯”首先被强迫参与尼尔吉里疗养山站和城镇建设。1858年，拥有“慈爱”之心的英国人亨利·劳伦斯提出为在印度服役或者死亡的英国官兵的子女提供教育服务计划，他计划在印度建立系列“劳伦斯学校”，其中一所劳伦斯学校确定建立在尼尔吉里地区距离乌提镇5公里的勒弗戴尔村庄，而建设这所学校的劳工就是关押在纳杜瓦塔姆监狱的中国人。

中国“囚犯”到达尼尔吉里后，被关押在纳杜瓦塔姆监狱。监狱是由锌板屋顶和砖墙建成的简陋而黑暗的房子，没有窗户，房顶仅留下一个小孔透光。每个房间挤满了9名囚犯，每个囚犯仅一个木板床、一块小围毯和两件外衣。关押在纳杜瓦塔姆监狱的中国人被迫充当金鸡纳种植园的劳工，每天在苏格兰人威廉·麦基弗的严厉管理下从事开垦、种植的苦役。许多中国人因疾病、饥饿、虐待致死，因反抗和顶撞英国人被绞死，尸体被英国人从监狱的地下管道系统用水冲走。1873年，殖民政府又在派卡拉村建立两个金鸡纳种植园。几年后，金鸡纳树到了收割树皮时期，殖民政府又在纳杜瓦塔姆建立起金鸡纳加工厂，提取金鸡纳树皮中的奎宁。许多中国人又被强迫在纳杜瓦塔姆加工厂从事奎宁的提取和生产，这个金鸡纳加工厂一直开工生产至20世纪初。

据文献记载，被关押在尼尔吉里山区监狱的中国“囚犯”曾经组织过两次越狱。1868年，7名被关押在勒弗戴尔临时监狱的中国人不堪遭受非人的折磨，组织越狱偷跑，他们试图穿越莽莽林海，抄小路奔向沿海港口。在逃亡途中，被当地巴达伽斯部落头人发现，报告给英国人，7名中国人全部被抓捕回来。1869年7月，一个狂风暴雨的晚上，又有12名中国人集体越狱偷跑，英国当局派出几支武装警察队伍去追捕，一支警察队伍在搜捕中失踪。两个星期后，逃亡的12名中国人最终在马拉巴尔海岸的卡利卡特港口被英国人抓捕。失踪的警察队直至9月才在西斯帕拉山脉的瓦拉哈特丛林中被发现，丛林中4具警察的尸体已经难以辨认，当局认为这些警察可能是被中国人杀死的。

被监禁在尼尔吉里的中国“囚犯”服役后，存活下来的最后被全部释放。但他们再也无法回到中国，多年残酷折磨已经完全消磨了他们的意志，一部分中国人无奈地在当地定居，与低种姓泰米尔女性结婚，生下混血后代。1894年，当时任马德加斯博物馆馆长的英国人埃德加•瑟斯顿，在孟加拉地区亚洲学会的资助下，对南印度本土部落进行人类学考察和研究。他当时进入尼尔吉里地区调查，在尼尔吉里纳杜瓦塔姆村偶然发现了一个类似中国人居住的小村庄。在村庄里，他遇到了许多中国男人和他们的泰米尔妻子和孩子，瑟斯顿在书中称他们为“中国泰米尔人”，这一发现让他非常地惊奇和意外。他在1909年出版的《印度南部的阶层和部族》一书中描述：“……结束了最近对尼尔吉里高原西部人类学探险和研究，在政府的金鸡纳种植园中，我遇到了一小批中国人，他们已经在纳杜瓦塔姆村和古德卢尔之间的山坡聚居生活了好几年，因为与泰米尔贱民女子结婚，形成一个特殊的族群，（他们）依靠种植蔬菜、小规模种植咖啡，诚实地赚取收入维持生活；另外还养殖奶牛及制作牛奶制品增加收入。”瑟斯顿在书中还详细地描述了他调查的一家有4个孩子的特殊中国家庭，“父亲是一个典型的中国人，他唯一的委屈是皈依基督教时，不得不‘割了尾巴（长辫子）’。母亲是一个暗淡肤色的典型泰米尔贱民。孩子们的肤色与父亲的黄色更接近，而半蒙古人种的血统已经没有了（蒙古人）斜眼睛、扁鼻子和明显突出的颧骨特征”。这个中国家庭有一个 18 岁的女孩，3 个男孩分别 10 岁、9 岁和 5 岁，从孩子的年龄可以推算这个中国父亲应该是 1875 年前就已经居住在尼尔吉里山区。在埃德加•瑟斯顿与当地部落和中国人的交流中，中国人诚实和文明的举止给瑟斯顿留下了深刻的印象。他对当地部落和中国人家庭做体格特征测量和拍照时，有这样一个细节，书中描述：“一个（当地部落的）代表被委派到这家中国人的小院中对我说，当我测量和记录印度人和中国人之间的种族特征时，应该给他们（印度人）钱。印度人允许使用自己身体为了研究目的换取金钱而进行交易，价钱从 2 至 8 个亚那不等。而中国人，尽管贫穷，却发出一个彬彬有礼的信息，他们说不需要我给钱，但如果我给他们留下他们的照片作为一个纪念品，他们会非常高兴。”埃德加•瑟斯顿在他书中也认为这些中国人是很早之前从马德拉斯监狱被送到尼尔吉里的。一份英国历史资料也记载，尼尔吉里的中国人“身体肌肉强壮，精力充沛，对在南印度种植园的大米饮食也非常习惯”。

纳杜瓦塔姆金鸡纳种植园最后完全荒废。1968 年，印度当地政府接管了这个种植园，后来完全改造种植茶叶，更名为“坦提（Tantea）茶叶种植园”。如今，这个茶园也被称为“监狱茶园”。在古德勒镇与乌提镇之间的纳杜瓦塔姆村庄，至今还遗留一座中国风格的寺庙和当年关押中国人的两座监狱遗址，监狱门口上面的英文牌子写着“Ancient Sub-jail，1865-69”（老监狱旧址）的字样。金鸡纳加工厂遗址也依然保留着，监狱和金鸡纳加工厂遗址由泰米尔纳德茶园有限公司旗下的坦提种植园公司保护管理。

尼尔吉里的城镇和茶园曾经洒满了中国劳工的血汗，有多少

Chinese-Tamil Cross.—Halting in the course of an anthropological expedition on the western side of the Nīlgiri plateau, I came across a small settlement of Chinese, who have squatted for some time on the slopes of the hills between Naduvatam and Gudalūr and developed, as the result of alliances with Tamil Pariah women, into a colony, earning a modest livelihood by cultivating vegetables and coffee.

The original Chinese who arrived on the Nīlgiris were convicts from the Straits Settlement, where there was no sufficient prison accommodation, who were confined

埃德加·瑟斯顿《印度南部的阶层和部族》一书中记载的南印度中国人的内容（1909 年出版）

中国劳工死于丛林可怕的疟疾？有多少中国劳工死于英国种植园主的残酷拷打？有多少中国劳工埋骨尼尔吉里山区或者颠沛流离于异国他乡？正如在阿萨姆地区和喜马拉雅山脉地区一样，中国劳工帮助英国人开创了阿萨姆和印度西北部的茶产业，也帮助英国人开创南印度茶叶和金鸡纳种植。这是一段一直被淹埋和遗忘的历史，没有多少人真正了解这段历史的真相。尼尔吉里的乌提植物园，这个 1848 年英国人建立的繁花似锦的植物园，每年吸引 300 多万的印度游客和国际游客参观游览。植物园内一个宽阔的草坪和树木相间的“意大利花园”格外引人注目，在喜马拉雅樱桃树和白银桦树掩映下，色彩斑斓的多年生植物，修剪整齐的灌木，给游客留下了深刻的印象。这个意大利花园也是一战期间被俘的意大利战俘修建的花园，当时他们被短暂拘留在乌提战俘营，这个意大利花园让游客记住了意大利战俘，而印度人、欧洲人谁记住了中国人曾经在尼尔吉里山区的磨难呢？

第四章　殖民地时期茶叶资本和贸易

一、强势的英国管理代理公司

自 1690 年英国东印度公司商人约伯·查诺克发现了加尔各答村庄，并建立东印度公司贸易站以来，至 1750 年，加尔各答城市人口已经有 12 万多人。1772 年，加尔各答成为英属印度政府的首府。19 世纪初，加尔各答已经发展成为英属印度殖民地的政治、行政和商业中心。沿着胡格利河的东岸，屹立着一座座壮丽的建筑，豪华宅邸比比皆是，包括雄伟堂皇的英属印度政府总部——威廉堡、悬挂着眼镜蛇徽章的白色孟加拉俱乐部、仿照伦敦圣马丁教堂建筑的圣·约翰教堂、屋顶站立一只昂扬啼鸣的黑色公鸡风向标的圣·安德鲁教会、奢华的奥克兰饭店、皇家高尔夫俱乐部以及共济会会址等英式大楼。孟加拉地区殖民政府第一任总督、著名英国将领罗伯特·克莱夫将军在1750年就曾说过：“（加尔各答）是世界上除了康塞普西翁（Concepcion）之外最邪恶的地方之一……”。

19世纪初始，大批英国商人赶上了帝国殖民地扩张的热潮，在繁华热闹的加尔各答克莱夫大街和芒果大街，一批实力雄厚的英国贸易公司、实业公司如雨后春笋般冒出，在街道两旁的一幢幢大楼内聚集。1839年英国东印度公司放弃垄断茶园后，从19世纪40年代至20世纪中期的100多年间，这两条大街上的实力强大的英国商业公司主宰和控制着印度殖民地茶产业和贸易的发展，这批商业公司就是当时被称为“管理代理公司”或“代理公司”（managing agency house或agency house）的独特的英国殖民地商业组织。所谓的管理代理即为那些英国人设立在印度的公司或工厂代理管理所有的商业运作，包括工厂或公司建立、任命或雇用雇员、原材料和机器设备购买、产品销售等等。因为公司或工厂的投资者、股东、董事们大多数远在万里之外的英国，无法亲自在印度管理公司，就把公司全权委托给在印度的管理代理公司管理。管理代理公司凭借雄厚的资本、人才、经验以及与英属印度政府的良好关系，渗透进印度殖民地各个主要行业的每一个角落，其经营业务范围极为广泛，后来大多数发展为多元化的集团公司。加尔各答则成为这股商业势力盘踞的桥头堡，随后发展至孟买和南印度马德拉斯等主要城市。这股商业势力为追逐利润几乎无所不能，正如学者斯坦利·查普曼所言：“1815—1914年，重商资本主义（mercantile capitalism）或者众所周知的管理代理系统是印度商业、金融和产业的最主要力量。”1935年印度学者罗卡纳桑指出："至今为止，除了合资银行外，印度的产业发展都与管理代理系统紧密关联并受其控制，重要的产业发展都不能在此系统之外独立地进行。"

印度殖民地茶产业和贸易的发展经历了英国东印度公司、管理代理公司和茶叶经纪公司三种组织形式阶段。19 世纪 40 年代印度茶产业起步阶段，英国东印度公司曾领导着印度茶产业的发展，随后一批敢于冒险的英国人或者家族公司、股份公司进入茶产业。这些最初投资茶叶种植业的公司投资规模都比较小，如英国第一家茶叶种植公司——阿萨姆公司的投资为 50 万英镑，第二家茶叶种植公司——乔哈特茶叶公司投资仅 6 万英镑。阿萨姆公司在阿萨姆地区商业化种植茶叶取得成功后，1861 年英属印度政府颁布《荒地法》，允许以非常低廉的价格和宽松的条款购置荒地，旨在促进印度茶、棉花和其他作物种植业发展。这一法案的颁布，促使英国商人疯狂地大面积购置阿萨姆的荒地种植茶叶，引起了 1862—1866 年一股投机"茶叶狂潮"。由于过分投机，导致 1866—1868 年发生"茶叶危机"，致使许多中小茶叶公司和茶园运作困难或者倒闭。"茶叶危机"之后，越来越多的茶园被有能力、有资金、有长远眼光的大公司接管。英国市场对茶叶旺盛的需求、无竞争对手、印度低廉的土地成本、廉价的劳动力、低起步资本投资和成熟的种植和加工技术等因素，使得英国本土公司和盘踞在英属印度首府加尔各答、最初通过贸易发家的英国管理代理公司都敏锐地意识到茶产业将是非常有利可图的产业。因此，这些公司以"茶叶危机"为契机，在英国本土银行的支持下，开始大规模投资、代理管理、控股、参股、兼并和重组许多中小型的茶叶种植园，组建规模更大的茶叶种植园，从而加速推动着印度茶产业的扩张，大大促进了英属印度茶产业的发展和繁荣。此外，管理代理公司开展的经营业务范围非常广泛，包括进出口贸易、保险、银行、海运、担保和各种代理、经纪业务等。管理代理公司既开展参与创立新的茶叶股份公司，受托管理茶叶公司，为茶叶公司融资、贷款或担保等管理和金融业务，还为茶叶种植园代理产品进出口销售、原材料和设备采购、劳动力招募等业务。在具体的运作上，管理代理公司根据茶叶公司或茶叶种植园主的要求，双方签订委托代理合同，受委托派出董事、总经理、秘书或其他高级管理人员代理管理运作茶叶公司或茶叶种植园。一家管理代理公司甚至可以管理十多家茶叶公司或茶叶种植园。通过这种模式，茶叶公司或茶叶种植园逐渐被集中在几家实力雄厚的管理代理公司手中，这些管理代理公司在此后的一个多世纪中，轻易地牢牢控制和影响着印度殖民地茶产业资本、茶叶种植和茶叶贸易市场的发展。

至 19 世纪下半叶，英国强大的管理代理公司已逐渐控制印度大多数的茶叶公司或茶叶种植园，如 1819 年成立的吉兰德斯－阿博斯诺特公司，1843 年成立的渣甸－斯金纳公司，1853 年成立的威廉姆森－马戈尔公司，1856 年成立的贝格－邓禄普公司，1859 年成立的普莱费尔－邓肯公司，1861 年成立的托马斯私人有限公司，1863 年成立的安德鲁－尤尔公司，1868 年成立的肖－华莱士公司，1867 年成立的巴尔默－劳里公司、德文波特公司，1870 年成立的奥克塔维厄斯－斯蒂尔公司（由斯蒂尔－麦金托什公司重组而成），1870 年成立的詹姆斯·芬利公司（原芬利－缪尔公司），1872 年成立的麦克尼尔公司、舍尼尔－基尔伯恩公司、黑尔格斯公司，以及 1887 年成立的麦克劳德公司等。

而在更早之前，英国的管理代理公司就在伦敦参与投资成立

1935 年的克莱夫大街（今讷塔吉苏巴斯路），左边大楼是原巴尔默－劳里公司

了几十家英镑茶叶公司，如 1839 年创立的阿萨姆公司，1859 年创立的乔哈特茶叶公司，1861 年创立的下阿萨姆公司，1862 年创立的上阿萨姆茶叶公司，1863 年创立的英国印度茶叶公司和印度察查茶叶公司，1864 年创立的大吉岭茶叶公司和波洛凯茶叶公司等，投资金额从几万至几十万英镑不等。

每一家管理代理公司的起源、发展和壮大都有一段引人入胜的英国人冒险发财的故事。印度殖民地的管理代理公司起源于 19 世纪初。1772 年加尔各答成为英属印度殖民地的首府之后，加尔各答逐渐发展成为英属印度殖民地的政治、行政和贸易中心，聚集了众多寻求发财机会的英国人、法国人、葡萄牙人、德国人、阿拉伯人、孟加拉人、亚美尼亚人、犹太人、帕西人和中国人，以及几十年前就来到加尔各答的马尔瓦尔商人。马尔瓦尔人既放贷，也从事向中国出口鸦片和向英国兰开夏郡出口棉花等业务。1813 年，英国议会通过了《东印度公司法案》，取消了英国东印度公司在印度的贸易垄断权，印度市场完全向英国和其他欧洲国家开放，使英国和印度的贸易进入一个新时代。印度巨大的市场和廉价的原料吸引着英国人，蜂拥而至的英国资本家、商人携带着英国工业革命的产品进入印度，推销英国的产品。同时，将印度价廉物美的棉花、丝绸、靛蓝、香料、鸦片等原料运往英国、其他欧洲国家和中国销售，轰轰烈烈的贸易热潮瞬间席卷印度的加尔各答、孟买、马德拉斯等主要城市。从英国本土来的苏格兰和英格兰公司或企业，前东印度公司的官员、职员、士兵，前东印度公司的供应商、经销商等，特别是后两者，非常了解和熟悉印度当地市场和贸易方式，也纷纷合伙在英国本土或印度建立和开办各种贸易公司和商行，从事进出口贸易。由于印度与英国距离遥远，印度境内交通和信息沟通不便，便在加尔各答、孟买催生了一批专业的管理代理公司，专门从事投资、贸易或代理相关业务。

吉兰德斯－阿博斯诺特公司便是印度殖民地时期最早成立和最著名的管理代理公司。1819 年，由托马斯·奥格威、约翰·格莱斯顿和吉兰德斯等人合伙在英国利物浦成立的贸易公司，最初在利物浦和格拉斯哥从事日用品和布匹的贸易，也从印度进口靛蓝等产品。1865 年，该公司在印度涉足茶叶贸易和代理茶叶种植园管理，成为戈拉加特茶叶种植园和提瓦尔茶叶公司的管理代理公司；1870 年涉足黄麻工厂管理代理；1881 年转向投资印度铁路建设；1890—1910 年，管理经营著名的大吉岭喜马拉雅山铁路公司；后来重点投资转向印度的煤矿、钻石、锡矿、金矿、铜矿等采矿业。

麦克尼尔－巴里公司是 1915 年英国第一大臣英奇凯普子爵家族收购了巴里公司、麦克尼尔公司和舍尼尔－基尔伯恩公司三家老资格的管理代理公司合并而成的。1862 年，阿萨姆一位茶叶种植园主巴里医生和茶叶种植者桑德曼合伙在伦敦和加尔各答分别创立了巴里公司，公司在今属孟加拉国的吉大港购置土地开垦种植茶叶，加尔各答公司负责在印度生产和采购茶叶，运往伦敦公司销售。麦克尼尔公司是1872年由苏格兰人邓肯·麦克尼尔和约翰·麦金农创立，最初收购了一家内河航运公司、一家煤炭公司和卡林恩茶叶公司，随后进入阿萨姆地区建立了茶叶种植园。基尔伯恩公司最初是1842年俄国人舍尼尔创立的贸易公司，主要从事进出口贸易。1849年，英国人基尔伯恩加入该公司，公司名称改为舍尼尔－基尔伯恩公司。1860年，舍尼尔－基尔伯恩公司并购了印度的两家保险公司，开始与茶叶公司合作。1865年，它成为印度第一家茶叶公司——阿萨姆公司的管理代理。1915年，英奇凯普子爵家族收购这三家公司，合并而成麦克尼尔－巴里公司，但三家公司依然各自独立运行。20世纪初，麦克尼尔公司表现尤为抢眼，管理着阿萨姆、察查、杜阿尔斯、锡尔赫特地区42个茶叶种植园，茶园总面积达到3.0422万英亩，土地面积11.2223万英亩，每年生产茶叶总量1600多万磅。

巴尔默－劳里公司是1867年2月1日两个苏格兰人斯蒂芬·巴尔默和亚历山大·劳里成立于加尔各答的公司。亚历山大·劳里1862年来到印度，在史密斯·巴里公司担任助理，1865年他成为该公司合伙人。1867年，他与斯蒂芬·巴尔默合作成立巴尔默－劳里公司，业务涉及航运、保险、银行、贸易和制造业，最初管理一些小茶叶种植园。1872年，公司开始代理管理一些大型茶叶种植园。随着茶园面积的扩张，公司开拓了销售业务，将印度茶叶销往世界各地。1930年，该公司旗下管理的茶园面积达到2.8万英亩，年生产茶叶2000万磅，分销茶叶1000万磅。

斯蒂芬·巴尔默和亚历山大·劳里

沃尔特·邓肯

普莱费尔－邓肯公司是1859年苏格兰人沃尔特·邓肯在加尔各答成立的公司。沃尔特·邓肯出生于苏格兰西洛锡安郡的一个农场主家庭，在格拉斯哥的普莱费尔－布赖斯公司开始他的商业生涯。1858年，22岁的邓肯来到印度加尔各答寻找发财机会。他于1859年10月在克莱夫大街创立普莱费尔－邓肯公司，作为苏格兰格拉斯哥的帕特里克－普莱费尔公司的合作公司。当时正好美国内战开始，英国国内棉花供应紧张，普莱费尔－邓肯公司大量采购印度棉花出口英国。普莱费尔－邓肯公司在美国内战期间从事棉花、布匹和黄麻的进出口业务，发了大财。在此期间，他认识了1850年就来到印度的查尔斯·莱基，查尔斯·莱基当时代理了察查地区的两个茶叶种植园，还从事虫胶、红花和黄麻的出口贸易。1861年，当查尔斯·莱基因健康原因离开印度时，他将生意转给了沃尔特·邓肯。沃尔特·邓肯开始正式进入茶产业，接收了察查地区的德洛和扎林格两个茶叶种植园，并开拓出口茶叶到美国的生意。沃尔特·邓肯的弟弟威廉·邓肯也来到印度加入他的公司。1875年沃尔特·邓肯和威廉·邓肯在加尔各答建立邓肯兄弟公司，并在苏格兰格拉斯哥创立沃尔特·邓肯公司。由于棉布业务减少，1880—1890年，公司将业务更多转向茶产业，进入杜阿尔斯地区接管代理多家种植园。至1890年，该公司一共管理12家茶叶种植园，种植面积2350公顷，每年生产95万公斤茶叶。1895年，该公司在杜阿尔斯和锡尔赫特地区增加了525公顷茶园。到1898年，其管理的茶园面积达3150公顷。至20世纪20年代，邓肯兄弟公司管理下的茶叶种植园有60个，种植面积2万公顷，年生产茶叶1.45万吨。邓肯兄弟公司的合伙人多次担任印度茶叶协会的副主席、主席一职。1947年印度独立后，加尔各答的邓肯兄弟公司从一家私人公司转为上市公司，并于1948年7月31日创立邓肯兄弟（东巴基斯坦）有限公司。1949年沃尔特·邓肯公司与古德利克茶叶公司合并形成沃克-邓肯-古德利克有限公司，一跃成为印度最大的茶叶公司之一。

此外，印度与英国之间的大量贸易需要资本和资金。20世纪50年代，东印度公司的垄断金融地位已经宣告终止，取而代之的是殖民地银行。最先在印度设立银行的是1842年在孟买创立的东方银行，即丽如银行。1853年在伦敦创立的渣打银行也于1858年在加尔各答、孟买和上海开办分支机构，但这些银行远不能满足繁荣的印度贸易的需求，而且当时印度也还没有完善的银行、保险等金融行业。因此，管理代理公司有效利用其与英国本土银行的关系，担任英国银行和保险的代理，从事金融和保险经纪业务，逐渐在加尔各答孕育诞生了一批强大的英国贸易公司，垄断控制着印度和欧洲的贸易。这种情形与19世纪的中国清朝的广州、香港、澳门等地一样。当时广州、香港、澳门等地也有这类由英国人和其他欧洲人设立的“洋行”，如以贩卖鸦片闻名的英国怡和洋行、仁记洋行、颠地洋行、义记洋行等。

这些贸易公司发现，印度虽然拥有丰富的原料和廉价的劳动力，但是却缺乏行业领导者，缺乏资本和现代工业化的人才和经验，当地的商人、地主和放贷者也不愿意进入工业化产业领域。这些英国贸易公司便在挖掘了贸易第一桶金后，携雄厚的资本、人才和管理经验大举进军印度的各个主要行业，开办印度本土的新兴产业，如航运、采矿，建立黄麻工厂、靛蓝工厂、棉纺厂、制糖厂等。19 世纪中叶，从贸易中赚取了巨额利润的资本开始转移至生产、制造领域，进入茶叶种植园、煤矿、机械制造、石油、铁路、发电厂等重要行业。这些早期的英国贸易公司摇身一变成为资本雄厚的集贸易、投资和实业于一体的集团公司。在商业鼎盛时期的 19 世纪下半叶，加尔各答的管理代理公司实际上控制了印度殖民地的经济命脉。

除了加尔各答，在 19 世纪的印度主要中心城市孟买、马德拉斯等都有众多的欧洲人创立的管理代理公司，特别是 1869 年苏伊士运河开通后，印度与英国和其他欧洲国家的贸易进入空前繁荣时期。这些管理代理公司有的由家族投资创立，家族公司代代相传，也有许多是合伙创立的有限责任公司——由一些具有进取心和雄心的初级助理合伙创立。在伦敦注册创立总部的公司，通常被称为“英镑公司”，在加尔各答创立分公司或子公司，通常被称为“卢比公司”，而且通常在印度大城镇还设立有多个分公司。董事们在伦敦或其他地方参与公司的事务，而业务主要由居住在印度的英国合作伙伴和助理开展。管理代理公司一直由欧洲人控制，只有一些小公司的底层职员由印度人担任。1853 年英国人成立的孟加拉商会是管理代理公司的强大后盾。1881 年成立的印度茶叶协会，实际上是由强大的管理代理公司把持。印度茶叶协会实际上是孟加拉地区商会的附属机构，这是一个非常强大的英国人和其他欧洲人组建的商业组织，常常影响着英属印度殖民政府的产业政策。

许多管理代理公司都是从贸易或者招募劳工佣金中赚取第一桶金，如安德鲁－尤尔公司是通过贸易、招募劳工、煤矿和蒸汽船航运赚取第一桶金后，才进入黄麻产业。伯德公司也是通过为东印度铁路公司招募劳工赚取了第一桶金。进入新产业后，许多管理代理公司依然从事进出口贸易，从英国进口布匹、机械、五金器具等，出口印度的黄麻原料、黄麻制品、鸦片、皮革、油菜籽、靛蓝、茶叶、咖啡、香料等。管理代理公司的创始人大多数是贸易商、承包商和财务人员，从茶叶种植者或者靛蓝种植者直接发展成为管理代理公司创始人的很少。

19 世纪初，棉花和黄麻产业是印度最主要的产业，也是一个非常有利可图的产业。棉花主要种植在印度西部的孟买管辖区；棉花的种植业、初级棉纱加工业主要由印度孟买的帕西人和艾哈迈达巴德的婆罗门人控制。黄麻广泛种植在孟加拉地区的恒河平原，收获后由驳船运输到加尔各答的胡格利河沿岸的黄麻工厂。一些大的黄麻工厂，几乎都由管理代理公司控制。黄麻产品经过麦克农－麦肯齐公司和舍尼尔－基尔伯恩公司从加尔各答港口出口到欧洲、澳大利亚、新西兰和非洲等地。因此管理代理公司实际控制着印度大部分棉花和黄麻等工厂和贸易市场。毫无疑问，管理代理制度在许多方面很好地适应了当时印度殖民地的现状，比其他普通公司在信用和经营成就方面更有优势，而且管理代理公司与英属印度政府之间良好的紧密关系，在某种程度上可以左右政府的产业政策，被认为对印度殖民地经济发展发挥了重要的作用。

例如，1863 年英国人安德鲁和其兄弟乔治合作创办的安德鲁－尤尔公司就是一个实力强大的管理代理公司，当时英属印度孟加拉商会主席是该公司的主要合伙人。在这个背景下，该公司最早从招募劳工经纪中赚取了第一桶金，然后业务拓展至茶叶、煤炭、面粉厂、黄麻、石油加工厂、内河航行和地产。它还建立了电厂、纸浆厂，管理了潮水石油厂、胡格利印刷厂等。20 世纪初，安德鲁－尤尔公司旗下管理着 4 家黄麻厂、1 家棉纺厂、15 家茶叶公司、4 家煤炭公司、2 家面粉厂、1 家铁路公司、1 家航运公司和 1 家油厂，成为当时实力和规模最大的管理代理公司。

这些管理代理公司代理管理下的工厂或公司最少一家，有些大的管理代理公司可以代理十多家工厂或公司，而且一个管理代理公司既代理茶叶，也代理棉花、黄麻，甚至煤矿等，因为茶叶、棉花和黄麻作物的收获季节不同，如茶叶生产高峰季节在 6—7 月，而黄麻收获高峰季节在 10 月，因此，管理代理公司可以合理安排

巴尔默－劳里公司茶叶采购部审评室，左上角戴头巾的人是负责仓库和公司之间送茶样品和文件往返的仆人

分配资金，当用于茶叶收获的资金收回后，即可投入黄麻收获使用。管理代理公司分别派出不同层级的管理人员，进入茶叶公司的董事会或者担任秘书，参与实际的管理。代理管理纺织厂、黄麻工厂和茶叶种植园的佣金收入一般按照销售额来提取。在 20 世纪初，代理茶叶种植园的佣金一般按照销售额的 2.5％支付，另外还要从利润中提取 2.5％给管理代理公司。当受管理的公司陷入困境时，许多著名的管理代理公司会降低其佣金，甚至放弃到期的贷款利息或债券利息，还会额外提供资金的支持。

第一次世界大战前，管理代理公司的实力达到了顶峰，盘踞在加尔各答的英国管理代理公司实际上控制了印度整个棉花、茶叶、黄麻和煤炭产业。据赛克斯平克公司《印度主要产业目录》记载：1899—1901 年，领先的詹姆斯•芬利公司、吉兰德斯 - 阿博斯诺特公司、麦克劳德公司、奥克塔维厄斯 - 斯蒂尔公司、巴尔默 - 劳里公司、肖 - 华莱士公司、舍尼尔 - 基尔伯恩公司、渣甸 - 斯金纳公司、贝格 - 邓禄普公司、种植者存储公司等英国管理代理公司投入大量资金在印度的茶产业，组建几十家投资额 10 万至 100 多万英镑的茶叶公司，最大的投资是来自苏格兰格拉斯哥的芬利集团公司，该公司投资 176 万英镑建立了茶叶和土地联合公司。拉维•拉曼在他的著作《资本和外围劳工：印度种植园工人的历史和政治经济》一书中记载，1895 年，印度的英镑公司有 56 家，总资本达到 6900 万卢比。至 1896 年，英国资本投资南印度地区咖啡和茶园的资金累计达到 2 亿多卢比。至 1900 年，英国在印度的合资公司总投资累计达到 16 亿卢比，其中 13.8 亿卢比是注册在伦敦的英镑公司提供的。1909—1910 年，英国资本投资在印度和锡兰的种植园（咖啡、茶叶和橡胶）的资金达到 2420

万卢比。布班尼斯·米斯拉《质量、投资与国际竞争力：印度茶业，1880—1910》一文指出：英国资本投资茶产业的全部资本中，约有 92 % 投资在印度东部地区。英国控制的四大产业，即煤、棉花、茶和黄麻中，茶产业的投资总额是最高的。英镑公司投资在茶产业的投资额比卢比公司更大。1880—1910 年，投资于茶产业的资本中，英镑公司占了 76 % 以上。1881—1882 年和 1909—1910 年两个财政年份，茶叶公司的卢比实收资本从 2760 万卢比增加到 3520 万卢比，卢比公司在茶产业的数量从 113 家上升到了 141 家。而英镑资本总额从 1881—1882 年的 250 万英镑增加到 1910 年的 1450 万英镑，即投资增加至 5.8 倍。在此期间，在印度东部地区，英国控制的煤、棉花、茶和黄麻四大产业中的卢比实收资本总额，茶叶企业平均仅占 12.2 %。卢比茶叶公司在印度东部地区所有卢比公司资本中所占的份额连年下降，这一比例从 1881—1882 年的 17.6 % 降至 1909—1910 年的 5.7 %，而黄麻和煤炭行业所占投资份额有所增加。

1911 年，加尔各答最大的 7 家管理代理公司安德鲁 - 尤尔公司、伯德公司、贝格 - 邓禄普公司、肖 - 华莱士公司、威廉姆森 - 马戈尔公司、奥克塔维厄斯 - 斯蒂尔公司和邓肯兄弟公司控制了全印度茶叶公司 61 %、黄麻公司 55 % 和煤公司 46 % 的资本，其中邓肯兄弟公司控制在印度注册的合资茶叶公司 12 家，安德鲁 - 尤尔公司、贝格 - 邓禄普公司、威廉姆森 - 马戈尔公司和奥克塔维厄斯 - 斯蒂尔公司分别控制合资茶叶公司 10 家。此外，邓文波特公司和舍尼尔 - 基尔伯恩公司分别控制 8 家和 6 家合资茶叶公司，麦克劳德公司和麦克尼尔 - 巴里公司分别控制 3 家，肖 - 华莱士公司、乔治 - 亨德森公司、渣甸 - 斯金纳公司和麦凯里肯公司分别控制 2 家。

奥克塔维厄斯－斯蒂尔公司是苏格兰人斯蒂尔家族1878年创立的，也是印度茶产业的先驱之一。1870年，奥克塔维厄斯·斯蒂尔与麦金托什合伙创立了斯蒂尔－麦金托什代理公司，同年，在伦敦创立相同名称的公司。1876年，公司名称改为奥克塔维厄斯－斯蒂尔公司。1878年，奥克塔维厄斯·斯蒂尔向他富裕的哥哥借了6万英镑，开始涉足印度的茶叶贸易和茶叶种植园，在加尔各答和伦敦创立多家茶叶公司。至20世纪80年代，公司旗下管理和拥有的茶叶种植园达到12家，成为当时实力雄厚的茶叶管理代理公司。该公司最喜欢进入当时还未开垦的荒蛮之地，如阿萨姆布拉马普特拉河北部、杜阿尔斯、苏尔玛山谷、察查东部、锡莱特地区等，而且敢于冒险，在加尔各答证券交易所非常活跃，被称为“特别喜欢在加尔各答证券交易所投机茶叶股票”的公司。该公司业务多元，1890年后，进入电力、交通、黄麻等产业。该公司还与殖民政府合作，建设了从朗布尔区西北部的拉尔莫尼哈德经杰尔拜古里至杜阿尔斯茶区的铁路线，1900年又经营制糖厂。

肖－华莱士公司1868年在加尔各答成立，公司最初进口曼彻斯特布匹、水泥、金属、纸等商品到印度，从印度出口茶叶、兽皮和原棉等商品到英国。1886年经英国伦敦的罗伯特·肖和查尔斯·华莱士重组，在加尔各答的公司名称改为肖－华莱士公司，随后从事茶叶公司的管理。公司的另外两个合伙人阿什顿和杰拉德·金斯利原来是阿萨姆的茶叶种植园主，他们在阿萨姆拥有11年茶园管理经验。1886年，肖－华莱士公司代理了阿萨姆地区塔勒普、丹格里、希利卡、赫坎古里和多拉5家茶叶种植园。罗伯特·肖对进一步拓展阿萨姆杜姆杜马镇地区的茶园非常有兴趣，通过与詹姆斯·沃伦家族合作，1889年在伦敦成立了阿萨姆边境茶叶有限公司，收购了阿萨姆地区的5家茶园。1893年，肖-华莱士公司进一步拓展至苏尔玛山谷，成立希尔洛茶叶公司；1894年又在阿萨姆成立布德拉贝塔茶叶公司。公司不断地在阿萨姆、杜阿尔斯、锡莱特地区扩张，1905年在阿萨姆、杜阿尔斯、锡莱特地区控制茶叶种植面积达到2.654万英亩。1911年，公司进入煤矿业，旗下管理了11家在印度注册的煤炭公司，与安德鲁-尤尔公司和伯德公司一起成为印度最大的煤炭集团。

贝格-邓禄普公司是苏格兰人大卫·贝格和罗伯特·邓禄普1856年5月1日在加尔各答成立的管理代理公司。公司最早也从事商品贸易和经营靛蓝工厂，1859年与他人合作创立乔哈特茶叶公司，开始涉足代理茶园。至20世纪初，其管理的茶园面积达到2.88万英亩。公司的合伙人曾多次担任印度茶叶协会主席和孟加拉商会主席，印度茶叶协会第一届主席英格利斯也是该公司早期的合伙人。

威廉姆森-马戈尔公司创始于1868年，由三名富有进取心的年轻英国人詹姆斯·海·威廉姆森、小乔治·威廉姆森和理查德·布莱米·马戈尔合伙创立。创始人之一詹姆斯·海·威廉姆森1853年就来到印度，他当时是东印度公司一艘蒸汽船的船长，来往加尔各答和阿萨姆地区之间。小乔治·威廉姆森1849年加入阿萨姆公司担任助理，每月薪水100卢比；1853年担任阿萨姆种植园主管，将面临破产的阿萨姆公司扭亏为盈，为印度茶叶种植的商业化树立了榜样；1859年参与创办了印度第二家茶叶公司——乔哈特茶叶公司。小乔治·威廉姆森从阿萨姆公司退休后，在1860年与他的兄弟詹姆斯·海·威廉姆森在伦敦和加尔各答分别创办了管理代理公司——乔治-威廉姆森公司。理查德·布莱米·马戈尔当时是加尔各答著名的大东方酒店的助理，詹姆斯·海·威廉姆森也是该酒店的董事。1868年，双方合作在加尔各答新中国市场大街（new China bazaar）创办了威廉姆森-马戈尔公司。1876年，威廉姆森-马戈尔公司搬迁至芒果大街3号大楼，公司开始专注于茶园的管理代理和茶叶贸易业务。1875年，詹姆斯·海·威廉姆森在加尔各答退休，他的儿子罗伯特·威廉姆森接班成为合伙人。理查德·布莱米·马戈尔1884年退休，他的儿子成为合伙人。在接下来的几十年里，该公司几乎都控制在威廉姆森和马戈尔家族手中。通过并购和扩张，威廉姆森-马戈尔公司在众多的管理代理公司控制的印度茶产业中奋力厮杀，脱颖而出，在印度茶产业中取得了领先地位。公司的合伙人曾多次担任印度茶叶协会主席和加尔各答茶叶贸易商协会主席。至1895年，威廉姆森-马戈尔公司管理的茶园达到40个，茶园面积达到3.51万英亩，年生产茶叶1400万磅。至1901年，威廉姆森-马戈尔公司投入印度茶产业的资金达到160万英镑，成为印度第二大茶叶集团公司，仅次于詹姆斯·芬利公司。

根据1914年英国明辛街茶叶和橡胶股份经纪协会有限公司和印度茶叶股份交易有限公司的资料，注册在印度的合资茶叶公司的名义资本金达到3.023亿卢比。1914年实力雄厚的22家管理代理公司控制了124家英镑茶叶公司，其中实力最雄厚的威廉姆森-马戈尔公司旗下18家，奥克塔维厄斯-斯蒂尔公司旗下13家，种植者存储公司、沃尔特·邓肯公司和肖公司旗下各6家，詹姆斯·芬利公司、肖-华莱士公司、麦克劳德-拉塞尔公司旗下各5家英镑茶叶公司，前4家管理代理公司是当时印度管理茶园规模最大的茶叶管理代理公司。但从资本影响力和涉及业务范围来说，

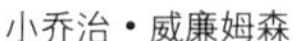

小乔治·威廉姆森

詹姆斯·海·威廉姆森

理查德·布莱米·马戈尔

安德鲁－尤尔公司、渣甸－斯金纳公司、伯德公司、肖－华莱士公司、贝格－邓禄普公司和黑尔格斯公司（后来与伯德公司合并）6家公司是印度最大的管理代理公司，控制着茶叶公司51％、黄麻公司57％和煤矿公司52％的资本。伯德公司最擅长管理黄麻和煤炭公司，涉及茶产业很少。

渣甸－斯金纳公司是代理印度茶叶种植园的先驱。1843年，戴维－渣甸和约翰·斯金纳在孟买成立渣甸－斯金纳公司，最初从事纺织品贸易，后来公司搬迁至加尔各答，业务扩展到鸦片、茶叶、木材和石油贸易等。该公司与伦敦的詹姆士·马地臣创办的马地臣公司和香港著名的鸦片商渣甸洋行业务关系十分密切。渣甸－斯金纳公司很早就介入察查地区和大吉岭地区的茶园管理，如格尔西扬大吉岭茶叶公司的马凯巴里茶园等。公司的合伙人凯瑟克曾在1882年担任加尔各答印度茶叶协会主席，威尔森曾在1883—1885年担任加尔各答印度茶叶协会主席。

麦克劳德－拉塞尔公司是查尔斯·麦克劳德和坎贝尔1887年在加尔各答芒果大街5号创立的公司，专注于茶叶公司的管理代理。至20世纪初，该公司控制16家茶叶公司、40个茶园，茶园面积达到 3.4313 万英亩。

詹姆斯·芬利公司 1750 年由苏格兰商人詹姆斯·芬利在苏格兰格拉斯哥成立，最早从事棉织品出口业务。在东印度公司被取消印度和中国的贸易垄断权后，詹姆斯·芬利开始进入印度的孟买和中国建立公司，从事棉花和棉织品贸易。1861 年左右，英国人约翰·缪尔和休奇·缪尔加入公司，成为合伙人。19 世纪 60 至 80 年代，该公司在印度孟买、加尔各答的贸易生意做得风生水起，业务范围拓展至布匹、煤矿、钢铁、虫胶、兽皮、树蜡、水牛角。1870 年，加尔各答公司成立，公司名称变更为“芬利－缪尔公司”，成为管理代理公司，业务拓展至黄麻、大米、丝绸、麻袋的出口和红酒及啤酒进口。1872 年，该公司第一次出口茶叶至美国纽约。1882 年，该公司开始进入茶产业，投资巨额资金建立北锡莱特茶叶公司和南锡莱特茶叶公司；1896 年，这 2 家公司合并成茶叶和土地联合公司；1896—1898 年，又投资 435.84 万英镑建立了 4 家茶叶公司，至约翰·缪尔去世那年，该公司拥有 7.4 万英亩茶园，雇用劳工达到 7 万人。1890 年，芬利－缪尔公司收购了西高止山脉北察查茶园，同时大举进军南印度地区，在西高止山脉的特拉凡哥尔收购了 230 平方英里的土地，建立卡南德文茶叶种植园；1893 年进入锡兰；1901 年进入今属孟加拉国的吉大港。至 20 世纪初，芬利－缪尔公司在印度茶产业的总投资达到 500 多万英镑，既是加尔各答最强大的茶叶管理代理公司之一，又是印度最大的茶叶公司之一，仅雇用到印度担任茶叶种植园助理、主管和经理的苏格兰人就有 300 ～ 400 名。

进入 20 世纪，邓肯兄弟公司、奥克塔维厄斯－斯蒂尔公司、威廉姆森－马戈尔公司和德文波特公司成为最大的茶叶公司和茶叶种植园管理代理公司，这些公司没有涉足黄麻和煤矿产业。20世纪20年代以后，管理代理公司控制的印度茶叶种植园和茶叶公司数量达到顶峰。1939年，加尔各答的13家大型管理代理公司控制了全印度75％的茶叶生产量。1942年，阿萨姆地区84％的茶叶种植园和89％的茶园面积都在管理代理公司控制之下。1954—1955年，印度有茶叶种植园公司591家，已缴资本金2.786亿卢比，其中由管理代理公司管理的茶叶种植园有266家，占总数的45％，资本金1.609亿卢比，占57.8％。

1947年印度独立，印度茶行业发生了巨大的变化。印度人纷纷进入欧洲人撤出的茶叶种植园。更重要的是，在英国殖民统治时期占统治地位的管理代理制，在20世纪50年代末至60年代初开始逐渐撤退。自1956年以后，委托管理代理公司代理管理的茶叶公司数量急剧减少。1961—1962年，印度拥有茶叶种植园公司583家，资本金3.23亿卢比，其中由管理代理公司管理的茶叶种植园仅有130家，占22.30％，资本金1.234亿卢比，仅占38.2％。20世纪50年代以后，管理代理公司获得的收益报酬逐步减少。印度储备银行对1955—1959年上市的管理代理公司的统计调查数据显示，不仅被管理的公司数量下降，而且收益也大幅度下降，特别是一些注册资本在500万卢比以上的大型管理代理公司，税前利润从1955年的24％，至1956年下降至12％，1959年下降至仅7％。下降最明显的是管理代理公司管理的传统行业，如茶、煤、糖和纺织品行业等。管理代理公司管理的茶园获得的佣金利润从1955年的17％下降至1959年的8.9％，导致许多管理代理公司逐步放弃和退出茶叶管理和经纪业务。1968年横行霸道了100多年的英国管理代理制最终被废除。

管理代理公司衰落和瓦解的主要原因是印度独立后国家经济政策发生重大的改变。印度独立后，1954—1955年，由公共和私人有限公司及非公司企业组成的英国管理代理公司共有3944家，它们管理着印度2.9625万家股份制公司中的5055家公司，控制着40.7％的公共有限公司，占所有公共有限公司实收资本的66.3％。1956年印度政府颁布了《公司法》，对原英国资本的管理代理公司实施各种各样的限制，导致英国资本和公司开始撤出印度。1960年后，管理代理公司数量明显下降。1964年3月，管理代理公司的数量下降至885家，印度2.5824万家公司中只有1272家公司被管理代理公司管理。英国的管理代理公司已经开始瓦解，印度企业家抓住了这一难得的发财暴富机会，精明的马尔瓦尔商人和印度人乘机进入该行业收购英国人的公司，特别是来自拉贾斯坦地区的马尔瓦尔商人。精明和严于律己的马尔瓦尔人，不喝酒，不抽烟，是严格的素食主义者和虔诚的宗教信徒，据说他们一般不愿意进入一个非马尔瓦尔人的房子或娶非马尔瓦尔人为妻。当马尔瓦尔人在某个行业占领统治地位时，他们不愿意让其他的商业组织进入这个行业或与其合作，常常引起其他商业组织的不满。从20世纪60年代开始，马尔瓦尔人邦格斯收购了科提维尔布林公司，1957年K.P.戈恩卡收购了邓肯兄弟公司，其家族的D.P.戈恩卡收购了奥克塔维厄斯－斯蒂尔公司，历史悠久的伯德公司也被马尔瓦尔商人收购。来自拉贾斯坦邦贵族家族的布里杰•莫汉•科海坦也成功地在20世纪60年代抓住了财富增殖的机会，收购了威廉姆森－马戈尔公司。实际上，科海坦家族与威廉姆森－马戈尔公司一直是合作紧密的商业伙伴。1954年科海坦家族在一个关键时刻帮助了威廉姆森－马戈尔公司。当时，威廉姆森－马戈尔公司旗下主体公司比斯瑙斯茶叶有限公司正面临落入巴姆昆德－巴乔瑞亚公司手中的威胁，该公司已经收购了比斯瑙斯茶叶有限公司25％股份，仅仅差1％的控股权。威廉姆森－马戈尔公司为了买回巴姆昆德－巴乔瑞亚公司拥有的全部股份，需要巨额的资金，无论是在伦敦还是在加尔各答都已经没有资金可供使用。此时，当时是威廉姆森－马戈尔公司的包装材料和化肥主要供应商的科海坦家族，及时为威廉姆森－马戈尔公司提供所需的资金，帮助它买回了巴姆昆德－巴乔瑞亚公司拥有的股份，拯救了威廉姆森－马戈尔公司。为此，帕特·威廉姆森一直对其心存感激。1963年帕特·威廉姆森邀请布里杰·莫汉·科海坦加入董事会。1964年1月18日科海坦担任公司董事和总经理。1965年帕特·威廉姆森去世，1966年布里杰·莫汉·科海坦当选了威廉姆森－马戈尔公司主席。接管公司后，布里杰·莫汉·科海坦与在英国的马戈尔家族紧密合作，通过兼并、收购等手段，不断发展壮大公司，于1975年1月兼并著名的麦克尼尔－巴里公司，公司名称因而改为麦克尼尔－马戈尔公司。1987年，麦克尼尔－马戈尔公司收购了英国格思里家族拥有的著名英资老牌茶叶家族企业麦克劳德－拉塞尔集团公司的股权，将在阿萨姆的玛库姆茶叶公司和纳姆丹茶叶公司收入囊中，成为世界上最大的私人茶叶生产公司。

1966年英迪拉·甘地担任印度第三任总理。她在执政期间，开始推行社会主义国有化政策，加速了管理代理公司的瓦解，此外，激进的贸易工会运动风潮更加速了管理代理公司崩溃。1969年7月，印度政府将主要的私人商业银行国有化。安德鲁－尤尔公司由于持续的劳资纠纷，1967年被印度政府接管。马丁－伯恩公司遭遇了相同的命运，同年也被政府接管。1969年印度政府颁布《垄断和限制性贸易惯例法案》(MRTP)，更加严格限制大型管理代理公司的活动，资产超过2亿卢比的企业集团大扩张，必须获得MRTP委员会的批准等限制性政策。1970年，印度政府议会通过了取消管理代理公司的法令。1973年印度政府通过《外汇管理法》，在这个法案下，外汇交易受到严格控制，外国公司不能再通过分支机构在印度开展业务，而必须转换为印度公司。外国资本持股的印度公司都被要求降低股份比例，最高不超过40％。这些被要求重组的公司，尤其是英镑茶叶公司，必须出让公司股权，不能再控制茶叶公司，被迫转化成印度的公司。因此，20世纪70年代以后，原英国资本的银行、保险、煤矿、石油公司基本上都被印度国有化，英国的管理代理公司基本上退出了印度的经济舞台，管理代理公司成为历史书中的一个名词。

繁忙的加尔各答胡格利河港口（1890年）

二、茶叶经纪和茶叶拍卖

在19世纪下半叶，英国殖民地印度茶产业的发展过程中，还有一种英国人的商业组织发挥了重要的作用，这个商业组织就是茶叶代理公司（agency house）和茶叶经纪公司（broker）。代理公司与管理代理公司的主要区别之一在于收取报酬的方式不同，前者只收取代理佣金，后者按照被管理公司的销售额和利润收取报酬，并将所有的管理成本费用计入被管理的公司账户中。另外一个明显的区别是早期的茶叶代理公司仅仅是负责茶叶审评和估价，并没有介入具体的茶叶生产，而管理代理公司派出董事、经理和技术人员或者巡视代理人（visiting agent）到各茶叶种植园进行管理和技术指导服务。

代理公司与管理代理公司有着紧密的业务关系，代理公司是从管理代理公司分离出来的专业从事商品销售代理的公司。这些代理公司最初也从事靛蓝、棉花、黄麻和虫胶等商品的代理。印度茶产业在19世纪中期兴旺发达之后，茶叶出口贸易的繁荣促使一批专业的茶叶服务型代理公司产生。当时的托马斯私人有限公司和麦肯齐－莱尔经纪公司就是最负盛名的茶叶代理公司。

经纪公司是在拍卖行出现时相应产生的一种新的公司形式。印度商业史上，“经纪公司”一词包含两个含义，一是作为贸易或生产公司的代理人（agent）；二是作为拍卖公司的协调员（coordinator）。商品的拍卖必须有五个主要参与者，即拍卖组织机构、卖家或生产者、经纪人或拍卖者、买家和仓储公司。所以有拍卖公司就必须有经纪公司，专业的经纪人必须获得拍卖组织机构的注册和认可登记后，才能成为合法的经纪人。

在拍卖过程中，拍卖组织者监控整个拍卖进程，定期发布拍卖统计报告。卖方或生产商不直接参与拍卖自己生产的茶叶，他们只是将茶叶交给他们信任的经纪人，并将茶叶运送到拍卖组织者注册的仓库中即可。仓库收到茶叶后，将茶叶相关资料送给经纪人。经纪人负责从仓库提取茶叶样品。加尔各答各个主要街道、街头，经纪公司雇用的戴着头巾的印度仆人每天在仓库和公司之间往返，负责送茶叶样品和文件。茶叶样品经过审评和定价后，制作成产品目录分类报告，分送到注册的买家手中，茶叶经纪人既是品茶师，负责茶叶的品质和定价，又是茶叶拍卖人（auctioneer），因此，这些经纪人实际上控制着整个销售过程。

加尔各答港口装卸茶叶（约1880年）

买家没有得到经纪人的许可不能从仓库直接取样，只能在拍卖行出价拍卖茶叶。茶叶保存在注册的仓库里，仓库管理员必须承担保管好茶叶的全部责任。当在拍卖会上竞拍茶叶时，茶叶将卖给出价最高的人。拍卖过程结束后，经纪人签发许可单给买家，买家凭许可单到指定仓库提取茶叶。一家经纪公司可以代理几十家甚至上百家生产商，而在整个拍卖运作系统中，经拍卖组织机构注册的经纪公司数量是非常有限的。因此，整个拍卖系统中，经纪人扮演非常重要的角色。

历史上，英国东印度公司最早创立了茶叶拍卖制度，一直沿用至今。1679 年 3 月 11 日，东印度公司在伦敦明辛街东印度公司大楼举行了世界上第一次茶叶拍卖，从此建立了伦敦茶叶拍卖行机构和茶叶拍卖制度体系，定期举行茶叶拍卖活动。自 1799 年英国东印度公司成功接管了荷兰东印度公司所有的贸易港口后，19 世纪英国伦敦最繁华的商业街明辛街成为国际鸦片、香料、茶叶的贸易中心。全球 90％的鸦片贸易和其他商品贸易，甚至英国的奴隶贸易都在明辛街进行，如英国希伯特·普里尔·霍顿家族公

印度独立前加尔各答的茶叶拍卖行

司在加勒比海地区的奴隶贸易。19世纪英国伟大作家查尔斯·狄更斯的《我们共同的朋友》第16章描述："（贝拉）抵达明辛街的药材区，一股浓烈的药材气味，如同在药店刚刚打开抽屉的感觉。"伦敦明辛街著名的种植园大厦拍卖大厅定期举行茶叶拍卖，明辛街因而成为许多茶叶公司、代理公司和经纪公司的聚集地，被称为"茶叶街"。这些代理公司从印度茶叶种植园或茶叶公司或通过在加尔各答的代理公司采购茶叶，运输到伦敦拍卖，例如，代理公司托马斯－坎伯勒奇－莫斯，后来成为伦敦代理公司的托马斯－坎伯勒奇－英斯基普，加尔各答著名的代理公司如托马斯私人有限公司和阿萨姆茶园主詹姆斯·沃伦公司等。

托马斯私人有限公司由1808年出生的威尔士人罗伯特·托马斯创立。1833年，他来到加尔各答寻找发财的机会，最初他与贸易商查尔斯·马滕合伙成立托马斯－马滕公司，主要从事靛蓝代理业务，也从事黄麻、粗黄麻布、虫胶、糖、硝石、曼彻斯特布、丝绸、煤炭和黄金业务。1851年，他在加尔各答的新集市大街8号的罗公馆创立托马斯公司。这栋公馆曾经是英属印度总督沃伦·黑斯廷斯的顾问克拉弗英将军的住宅，罗伯特·托马斯花了3.4万银币买下了这栋大宅作为公司所在地。此时，托马斯公司开始专业从事靛蓝经纪业务，也从事其他大宗商品的代理业务。他在伦敦成立的公司是在伦敦明辛街27号的托马斯－坎伯勒奇－莫斯公司。

在印度加尔各答最早实行拍卖交易的商品是东印度公司垄断经营的鸦片，其次是靛蓝产品，再次才是茶叶。加尔各答的靛蓝产品拍卖一直持续到20世纪中叶。靛蓝交易季节开始于每年的11月。靛蓝种植园主发送样品给经纪公司，并将靛蓝产品发送到加尔各答仓库。在12月至第二年的1月中旬，每周举行几次拍卖。拍卖从早上6点开始，这段时间是确认靛蓝颜色的最佳时间，买家都是外国进口公司的代理商，靛蓝产品的拍卖季一直至2月结束。托马斯公司在19世纪30—40年代靛蓝危机中遭受了极大的损失，但在1860年公司又获得了新生。托马斯公司重新开始了靛蓝的经纪生意，从事在靛蓝种植园主和出口商之间的中介业务。公司也搬迁至加尔各答的尼尔哈特（Nilhat）大楼，“Nil”意思是“靛蓝”，“hat”意思是“市场”，这栋大楼被命名为“靛蓝大楼”。从此，托马斯公司和威廉－莫兰公司，即后来的卡里特－莫兰公司，控制了印度靛蓝的经纪贸易。这两家专业的经纪公司既不是种植者或者买家的加尔各答代理商，也不是贸易商，而是代表种植者的商品拍卖的组织者和质量担保人，将产品以合理的价格和包装卖给买家。托马斯公司还曾经在南印度销售橡胶给轮胎公司，还经营一家尼尔哈特航运公司，不过因经营不善而关闭。

印度第一次本土茶叶拍卖出现在1841年。1840年3月，东印度公司将在阿萨姆的三分之二茶园等资产转让给阿萨姆公司，但依然保留了4个试验茶园。这4个茶园继续生产茶叶运送到加尔各答，英国东印度公司委托麦肯齐－莱尔经纪公司举行拍卖。第一批拍卖的茶叶据说是1840年茶季由景颇族首领生产的35箱阿萨姆茶叶和95箱东印度公司在阿萨姆茶园生产的茶叶。1841年3月，麦肯齐－莱尔经纪公司组织了印度本土的首次茶叶拍卖。此后20年，在印度本土再也没有举行任何的茶叶拍卖活动。

19世纪60年代后，托马斯公司开始从事茶叶经纪。1861年12月27日一个温暖的冬季下午，由托马斯公司举办的印度历史上第二次大规模茶叶公开拍卖在加尔各答的罗公馆 2 号楼举行。250 箱东印度茶叶公司提供的白毫茶、小种红茶和孟加拉地区茶叶公司提供的 100 箱白毫茶，以及一些来自察查地区其他种植园生产的工夫红茶公开进行了拍卖。白毫茶拍出每磅 2 安那 2 派的价格（Pie，当时印度辅币，12 派 =1 安那），小种红茶拍出每磅 1 安那 4 派的价格，其他等级的茶拍出 1 安那 5 派至 1 安那 4 派的价格。

印度本土第二次激动人心的茶叶拍卖后，1862 年 2 月 19 日威廉 - 莫兰公司举行了印度第三次茶叶拍卖。由大吉岭格尔西扬茶叶公司提供的 53 批共 234 箱叶茶和末茶在伍德 - 欧里福公司的仓库举行。1862 年 2 月 25 日，在老民特商业中心举办了第四次茶叶拍卖，威廉 - 莫兰公司代理阿萨姆公司和乔哈特茶叶公司拍卖了 751 箱茶叶。一个月后，3 月 26 日，托马斯公司在新商业中心举办第五次茶叶拍卖，462 箱茶叶被卖出，其中阿萨姆公司的 214 箱白毫茶、小种茶、工夫茶和叶茶被拍卖出，平均价格 1 先令 9 便士。从此，加尔各答茶叶拍卖持续在新商业中心大厦举行。

1865 年罗伯特 • 托马斯去世后，公司由他的侄子约翰 • 菲利普斯 • 托马斯接管。约翰 • 菲利普斯 • 托马斯 1863 年就来到印度闯荡，在公司经营靛蓝时期就加入公司。约翰 • 菲利普斯 • 托马斯掌管公司后，极力开展茶叶经纪业务。罗伯特 • 托马斯的儿子查尔斯曾经在公司工作过一段时间，后来返回到伦敦。1866 年，由于托马斯公司将向银行短期贷款转贷给种植园主，因没有及时收回资金，导致资金周转不灵而破产。19 世纪 70 年代托马斯公司重新恢复，当时托马斯公司的领导人盖伊 • 劳特利奇曾经在管理代理公司工作过，拥有丰富的经纪业务经验，他高瞻远瞩地预测到茶叶贸易必将迎来高速发展阶段，认为茶叶经纪也必将是利润丰厚的业务，因此带领公司全面转向茶叶经纪业务，公司名字也改为J. 托马斯公司，1947年印度独立后改为私人有限公司，并一直保留使用至今。

19世纪下半叶，除了J. 托马斯有限公司之外，当时闻名的茶叶经纪公司还有1862年创立的卡里特－莫兰有限公司。卡里特－莫兰公司当时还是一个较小的经纪公司，主要为管理代理公司服务，随后也进入茶叶经纪业务。该公司最早是卡里特兄弟创办的卡里特公司，1904年兼并了莫兰公司的茶叶经纪业务，公司名称改为卡里特－莫兰有限公司。19世纪70年代后，茶叶已经取代靛蓝成为印度最具发展前景的商品。许多实力雄厚的茶叶管理代理公司后来都直接收购、控股或者直接投资建立茶叶种植园，茶叶销售的经纪业务一部分由公司自己负责运作，如詹姆斯·芬利的英镑茶叶公司是由詹姆斯·芬利作为经纪人，而不是由管理代理公司负责，而大部分茶叶种植园需要有经纪公司帮助销售茶叶。1871年创立的克瑞斯威尔私人有限公司和1890年创立的菲吉斯私人有限公司都是当时专业的茶叶经纪公司。克瑞斯威尔私人有限公司1862年由克瑞斯威尔创立，其在伦敦创立的公司是劳埃德－马西森－卡里特公司。

1866年，加尔各答经纪人协会成立，当时共有30家英资茶叶公司作为生产商提供茶叶供拍卖。经过20多年的拍卖运营，拍卖制度、收费制度、买家支付制度和规则逐步完善。1886年加尔各答贸易商协会（CTTA）正式创立，协会的宗旨是促进贸易和保护买家和卖家的利益。这是印度茶叶经纪商、代理商、买家和卖家的组织，标志着印度茶叶拍卖贸易开始进入了一个新的时代。1887年，加尔各答贸易商协会在孟加拉商会的领导下，接管了加尔各答茶叶拍卖行。托马斯公司、卡里特－莫兰公司、克瑞斯威尔公司和菲吉斯公司4家经纪公司主导了加尔各答茶叶拍卖业，一直至1947年印度独立。1885年，印度茶叶产量达到3.2万吨的高峰，使加尔各答茶叶拍卖业务蒸蒸日上，一排排长长的茶叶仓库沿着胡格利河岸建立，堆满了从印度各茶区用航船运到加尔各答拍卖的茶叶。1897年，加尔各答拍卖茶叶达到2.3467万吨。1905年，加尔各答拍卖茶叶达到2.7719万吨。同年，伦敦茶叶拍卖行拍卖5.3429万吨。至20世纪30年代，伦敦茶叶拍卖行当然还是国际上主要的茶叶拍卖行，伦敦茶叶拍卖行每周有4天举行茶叶拍卖，其中两天拍卖印度茶叶。在这两天里，大约拍卖5万箱印度茶，平均每箱茶叶重量为110磅，合计550万磅（约2494.758吨）。1934年全年拍卖销售的茶叶总量为359.2446万箱，约17.9万吨。一直至1947年印度独立时，伦敦、锡兰科伦坡、印度加尔各答成为国际上唯有的三大茶叶拍卖地。

进入20世纪初，英国茶叶经纪公司已经赚取了巨额的利润，经纪公司有足够财力支持或担保茶叶公司的销售，为茶叶种植园提供大笔资金支持和承诺独家代理销售茶叶公司所有的产品。1947年成立的苏第尔－查特吉私人有限公司，1956年成立的茶叶经纪私人有限公司相继进入印度的茶叶拍卖业。从此，托马斯公司、卡里特－莫兰公司等6家经纪公司主导着印度加尔各答的茶叶拍卖业。

1947年印度独立后，托马斯公司完全放弃了黄麻经纪业务。英国合伙人和股东继续管理着公司，许多小股东也继续支持公司的发展，一心一意致力于茶叶经纪服务，保证了托马斯公司平稳地经历了印度化和国有化改制，避免了其他英国茶叶公司消亡的

伦敦茶叶拍卖行（约 1940 年）

命运，一直延续至 1972 年。如今托马斯公司是世界上最大的茶叶经纪公司，每年拍卖印度茶叶生产量的三分之一，继续延续 160 多年的历史和辉煌。世界第二大茶叶经纪公司卡里特－莫兰公司，每年拍卖印度茶叶生产量的 24 %。

三、孟加拉商会和印度茶叶协会

19 世纪 30 年代，在英国东印度公司的垄断经营下，加尔各答与欧洲的贸易日益繁荣。1838 年，加尔各答商会首先成立，标志着英国商人控制了加尔各答的商品贸易。1853 年 5 月 14 日，一个代表着英国殖民者商业利益的强大商业组织孟加拉商会创立，孟加拉商会的宗旨是“促进、保护、监督印度的贸易、商业和制造业；保护会员的利益，协调解决之间的纠纷；建立贸易公平原则”等等。孟加拉商会拥有80名加尔各答会员和18名其他地区的会员，会员均来自当时著名的英国管理代理公司或者英国贵族或大家族公司。这些会员基本牢牢控制着印度殖民地的经济和产业。来自马科洛普－斯图尔特公司的J. J. 麦肯齐当选第一届委员会主席，来自吉兰德斯－阿博斯诺特公司的麦金雷当选副主席。1853—1866年，孟加拉商会的主席许多都来自著名的茶叶管理代理公司，如吉兰德斯－阿博斯诺特公司、渣甸－斯金纳公司、安德鲁－尤尔公司、奥克塔维厄斯－斯蒂尔公司、巴里公司和伯德公司等，他们大都是这些公司的创始人。

1857年12月30日，孟加拉商会提出筹建商业交易所的设想。1858年6月1日，经过半年的筹备，商业交易所正式开张，开始了繁荣的殖民地股票、股权和产权交易。1867年，商业交易所名称改为“经纪交易所”，引进大宗商品交易。世界上第一家在伦敦证券交易所上市的茶叶公司是1839年成立的阿萨姆有限公司，第二家是1859年成立的乔哈特茶叶有限公司，它们都是英镑公司。19世纪60年代，伦敦有10多家茶叶公司在证券交易所上市，19世纪70年代增加9家，19世纪80年代增加22家，最繁荣的19世纪90年代增加至103家。大部分茶叶股票交易仅限于在伦敦证券交易所，伦敦证券交易所拥有约4000名会员，是当时茶叶股票最大的交易市场。也有一定数量茶叶股票在阿姆斯特丹证券交易所和明辛街茶叶和橡胶股票经纪人协会有限公司交易。苏格兰公司的股票通常在格拉斯哥和爱丁堡交易，印度和锡兰卢比股票通常在加尔各答和科伦坡交易。1913年，为了方便在明辛街附近注册的股票经纪人，明辛街茶叶和橡胶股票经纪人协会有限公司开张营业，这家公司的交易所被认为是首选的茶叶股票交易市场，它专门从事茶叶和橡胶股票的交易，大约拥有25个会员，每天在上午11点和下午3点举行两次交易。

最初成立的英国茶叶公司大多数是种植园主私有的，在大多数情况下他们或和朋友筹措资金创办公司或茶叶种植园，当种植园主退休后，他们出售茶叶种植园或把茶叶种植园转化为有限公司，他们转而担任董事或董事会的主席，利用他们的经验继续扩大种植业务，或者收购其他种植园，将公司最终转变成为一家成功的茶叶控股有限公司。

1893年，詹姆斯·麦基爵士担任孟加拉商会主席期间，获得了英国维多利亚女王特别许可，商业交易所改名皇家交易所。孟加拉商会在东方银行支持下，购买了一栋大楼作为皇家交易所所在地。1894年，拥有600多名会员的皇家交易所正式开张，当时英属印度总督兰斯顿侯爵发来了祝贺信。1899—1905年担任英属印度总督的乔治·纳撒尼尔·寇松勋爵高度赞赏孟加拉商会，他认为，政府需要加入更多商业元素使商会更有活力：“（根据）我在这个国家四年的经验，我毫不犹豫地说，我们正试图运行这个帝国……我们作为商人来到这里，我们发展成为征服者，我们早已变成了管理者，但现在印度政府希望获得更多。我们需要了解并胜任农业、商业、移民、劳动力、运输、海关的运作，了解煤、铁、钢、盐、油、茶叶、棉花、靛蓝、黄麻等各种形式商品的生产和应用科学技术……”

孟加拉商会旗下成立了诸多专业协会，如印度茶叶协会、印度黄麻工厂协会、加尔各答黄麻包装协会、加尔各答进口贸易协会、印度矿业协会等。至印度独立后的20世纪50年代，孟加拉商会旗下有七个产业协会，主要涉及茶叶、煤、黄麻、工程等，雇了1000多名雇员。高级雇员基本上是苏格兰爱丁堡人。孟加拉商会从270家管理代理公司的董事中选举9名担任最高委员会委员组成最高机构。

在英国殖民统治时期，英属印度政府深谙“自由市场”的理论，仅对印度殖民地茶产业在宏观、土地、税收和劳工政策上进行指导和调控，而茶产业则由商人自行管理。1879年7月22日，为了保证北印度茶园所有者、管理者和相关者的共同利益以及一致的行动，在伦敦市格雷西姆街的市政厅酒馆成立了印度茶区协会，后改为印度茶叶协会（伦敦）。当时众多英国茶叶公司、经纪公司都参加了这次会议，英国东印度公司退休高级官员道格拉斯·福赛思爵士被选为协会主席。为什么选择在伦敦而不是在印度？

皇家交易所、孟加拉商会和印度茶叶协会大楼

主要是因为伦敦当时是国际茶叶贸易的中心，英国所有与茶叶相关的公司，包括在印度的一些茶园主等都支持在伦敦建立印度茶区协会，短短半个月内，就拥有70多名协会会员。

伦敦印度茶区协会的成立，使在印度的英国茶叶种植者和相关的公司认为也有必要在印度成立相应的组织。经过多次商议，1881年5月18日，孟加拉商会主要委员和加尔各答著名管理代理公司创始人或合伙人，如英格利斯、普莱费尔、托马斯、马戈尔、卡里特、巴里、麦肯齐、夏普等15人在孟加拉商会所在的大楼会议室举行成立大会，宣告印度茶叶协会在加尔各答正式成立，来自贝格－邓禄普公司的英格利斯当选协会主席。印度茶叶协会虽然标示“印度”，但开始的会员主要限于来自印度东北部的茶叶种植者，如阿萨姆地区、大吉岭地区和杜阿尔斯地区。

1894年伦敦印度茶区协会和加尔各答印度茶叶协会达成一致协议，伦敦放弃了“印度茶区协会”名称，双方合并正式成立“印度茶叶协会”，在伦敦和加尔各答设立分支机构，各机构成立协会委员会，各自负责伦敦和印度的事务，协会的共同目标是发展和推广印度茶产业。伦敦总部位于明辛街21号，拥有181名公司会员、23名个人会员和1名终身荣誉会员（即来自布坎南公司的阿瑟•布莱恩）。加尔各答印度茶叶协会总部设立在克莱夫大街2号皇家交易所。加尔各答协会的宗旨是促进印度所有茶叶种植者的共同利益。最高理事会由9家公司选派代表组成。孟加拉商会的秘书和助理秘书兼任茶叶协会的秘书和助理秘书。从1881年至1919年，印度茶叶协会历任主席都来自贝格－邓禄普公司、渣甸－斯金纳公司、威廉姆森－马戈尔公司、肖－华莱士公司、基尔布朗公司、麦克尼尔－巴里公司、芬利－缪尔公司、吉兰德斯－阿博斯诺特公司、巴尔默－劳里公司等著名管理代理公司或茶叶公司，各公司派员轮流担任印度茶叶协会主席这一重要职位。当时茶叶协会所有会员拥有的茶园面积达到10.3万英亩。1928年，会员拥有的茶园面积达到53万英亩，占印度北部地区茶园面积的84％。

1889年10月29日，印度茶叶协会阿萨姆茶叶分会在阿萨姆的焦尔哈德成立。1892年9月，印度茶叶协会大吉岭和杜阿尔斯茶叶分会成立。1901年5月，苏尔玛山谷分会成立。印度茶叶协会自成立之日起，为印度殖民地茶产业的发展做出了重要的贡献，特别是在统一招募茶园劳工、为茶叶种植者提供信息、茶区基础交通设施建设和向国际市场推广印度茶叶等方面发挥了重要的作用。19世纪90年代，随着阿萨姆地区茶产业的高速发展，茶叶产品和生产物资的运输成为当时最棘手的问题，许多茶叶种植园生产的茶叶无法及时运送到加尔各答，造成极大的经济损失。为此，印度茶叶协会代表茶叶种植园主与经营布拉马普特拉河航运的三家航运公司内河轮船公司、印度通用轮船公司和伊洛瓦底船公司就延长航运路线、增加航班次数、降低运费等进行谈判，极大地改善了布拉马普特拉河的航运。印度茶叶协会还代表茶园主向殖民政府提出建议并与政府合作，改善广大茶区陆路交通基础设施，包括公路和铁路建设。印度茶叶协会还代表茶行业与殖民政府谈判，要求降低茶叶出口税率。印度茶叶协会充分意识到科学技术的重要性，成立茶叶研究专业机构，组织实施了印度殖民地的茶叶科学研究。

印度茶叶协会另外一项重要的职责是向世界各地推广印度茶叶。19世纪末，印度茶叶协会积极地向澳大利亚、美国、欧洲甚至中国西藏推广印度生产的茶叶。1887 年，麦考雷带领代表团计划进入中国西藏，试图开辟与中国西藏的贸易通路。印度茶叶协会闻讯，迅速与麦考雷取得联系，问是否可以带一些茶叶样品进入西藏，为今后印度茶叶进入中国西藏市场打开通路，麦考雷满口答应，茶叶协会理事会马上安排采购了一部分茶叶，还在加尔各答制作了一批茶砖送给代表团。印度茶叶协会还组织参加了 1888 年布鲁塞尔博览会、阿姆斯特丹博览会和格拉斯哥博览会，1893 年芝加哥博览会和 1900 年巴黎博览会，积极向国际市场推广印度生产的茶叶。1903 年英属印度政府通过《茶叶税收法案》，对出口茶叶每 100 磅征收 2 安那税金，用于推广印度茶叶。1935 年，每 100 磅茶叶的税金增加至 12 安那。1936 年，国际茶叶营销推广委员会（International Tea Market Expansion Board）在伦敦成立，致力于推广印度茶叶。

在第二次世界大战前和战争期间，印度茶叶协会发挥了积极的战时支持作用。战争期间，由于中国和日本出口茶叶大幅度减少，导致国际市场茶叶供不应求。特别是英国，茶叶需求依然保持旺盛。为此，英国政府和英属印度政府在 1942 年达成协议，通过英国食品部大量直接采购印度茶叶。印度茶叶协会积极动员茶园主开展茶叶大生产运动，保证英国的茶叶供应。印度茶叶产量从 1942 年的 4.66 亿磅，增加至 1945 年的 5.45 亿磅。印度茶叶协会另外一项重要贡献是动员阿萨姆的茶园主和茶园工人，自愿为第二次世界大战期间阿萨姆战场的英国军队和盟军提供医疗、交通运输、开辟道路、收留难民等服务。1942 年 3 月开始，印度茶叶协会从阿萨姆茶园中征用了 120 辆卡车和司机、数万名茶园工人参加曼尼普尔地区德穆—因帕尔至阿萨姆迪马布尔 134 英里最艰苦的道路修筑。阿萨姆沃卡茶园经理贝蒂负责迪马布尔难民营，从1942年3月至7月，他的收留所收留了约15万难民。

光阴荏苒，印度茶产业在风雨飘摇中进入了20世纪。印度独立后，印度政府的产业政策发生了根本性的改变，加强了对主要经济支柱茶产业的管理，逐渐采取国有化政策。1952年，印度政府成立了印度茶叶营销推广委员会，逐渐在布鲁塞尔（1953年）、伦敦（1959年）、纽约（1960年）、悉尼（1960年）设立分支机构推广印度茶叶。1953年，印度政府设立印度茶叶局，直接干预和管理英国人留下来的巨大财产，强力主导制定茶产业的发展方向和政策，印度茶叶协会的作用也逐渐减弱，转向作为政府的咨询机构，并关注茶园工人工资、住房、医疗和其他福利事业。1977年，随着印度政府对外政策的不断调整，在伦敦的印度茶叶协会（伦敦）已经完成了其历史使命，停止了所有的活动。

第五章 英国茶园的开拓者

一、英国茶叶开拓者和种植者

发现阿萨姆野生茶树的苏格兰人查尔斯·布鲁斯可以说是19世纪初阿萨姆地区第一个英国茶叶种植者。1835年受英国东印度公司的委任，他在人迹罕至、野兽出没和酷热难忍的阿萨姆热带森林和丛林中，创建阿萨姆茶叶试验站，开垦出大英帝国第一块商业化茶园。随着1839年阿萨姆公司的创立，以及一些商业嗅觉敏锐的英国私人投资者开始在阿萨姆地区大规模开垦建立茶叶种植园，数以千计敢于冒险、富有进取心的英国人从遥远的英国或加尔各答沿着布拉马普特拉河进入荒蛮的阿萨姆、大吉岭、杜阿尔斯、特莱、察查、印度西北部和南印度的崇山峻岭之中，艰难地拓垦出一块块英国茶园。这些进入阿萨姆地区的第一批英国人，是一群敢于冒险和渴望出人头地的英国私人投资者或合伙人，他们孤注一掷地购置土地，垦殖茶园，是英帝国茶园的开垦先驱。从19世纪60年代至第二次世界大战前后，一批批进入茶区的英国人和欧洲其他国家人大多数是被茶叶公司或投资者聘为种植园管理者的职业经理，为茶叶公司或投资者垦殖和管理茶园。19世纪下半叶，正是英国人投奔海外殖民地的移民高潮期。据资料介绍，500多万英国人离开英国奔赴殖民地，其中300万人到了美洲，其余迁徙其他帝国殖民地。尼尔·弗格森在《帝国》（2003年）一书中写道："英国的殖民主义史也是一部人口大规模迁徙史，是一次空前绝后的人口大迁移。有些人离开是为了追求宗教自由，有些人是为了寻求政治自由，有些人是为了追逐利润。"许多苏格兰、英格兰以及欧洲其他国家和地区的年轻人，怀揣着发财的梦想，自愿被招募到阿萨姆地区担任茶园的经理、助理或学徒。据当时资料统计，在阿萨姆地区的英国茶园主近80％是苏格兰人，几乎大多数来自苏格兰东北部阿伯丁郡北部和西部地区。无论是种植园主或者助理，他们都希望乘机抓住大英帝国海外殖民扩张的机会，改变自己的命运，使自己的财富增加。直至20世纪70年代，印度政府采取国有化的政策后，随着英国资本的撤离，英国和欧洲其他国家的茶园主、经理和管理者才基本上退出印度茶园。

从19世纪最初的茶叶种植先驱，至20世纪上半叶数以千计的投资者、企业家、管理者和助理，他们在环境恶劣、荒无人烟的印度广袤的深山丛林中，拓垦茶区、发展生产，繁育生根，前后130多年，成为一个特殊的群体，被称为"种植者"（planter）。在印度每一个茶园的英文名字都隐藏着不为人知的英国茶叶种植

1860 年大吉岭茶叶种植者

早期茶园开拓者的草屋

者的故事。一位英国茶叶种植者说，“种植者”这个名称，一方面代表着“勇敢、开拓、坚韧”，另一方面代表着“冒险、孤独、死亡”。英国和欧洲其他国家的茶叶种植者为了名誉和财富，在印度演绎了一部充满野心和荣耀的壮烈而悲惨的茶园生活传奇。曾在 19 世纪末至 20 世纪初服务于英属印度政府，担任过大吉岭副行政长官的珀西瓦尔·格利菲斯爵士称赞英国茶叶种植者：“（他们）穿越人迹罕至的丛林，应对疾病的侵入，抵抗野兽的蹂躏；从遥远的省份招募劳工，维持劳工的士气。除此之外，还要学习茶树种植和茶叶加工技术。”

19 世纪初的阿萨姆地区是一片茂密的热带森林，是老虎、野象和毒蛇成群出没，没有交通和通信工具的原始地区。英国人进入阿萨姆大多乘船沿着布拉马普特拉河前往，在支流流域转乘当地人的小船，再转乘大象或牛车，最后步行到达目的地。从加尔各答进入阿萨姆丛林目的地，通常需要 3 ～ 4 个月行程才能到达。到达目的地后，最重要的是先搭建一个简单的草屋以遮风避雨。一个早期茶叶种植者写道：“我的小屋才刚刚搭建好。几个箱子就是全部家具，一个箱子作桌子，一个作椅子，第三个箱子作餐具柜，等等。茅草屋很小，墙壁是用晒干的茅草系在竹框架上砌成的。”这样昏暗和潮湿的小屋，一旦下雨，屋顶就如同筛子般地漏水。另一个种植者写道：“在晚上，老鼠从它们躲藏的角落蜂拥而出，挤满我的房间，吃光了它们能吃的所有物品。一只老鼠爬在我的额头上把我惊醒，我瞬时抓住了它，并随手把它甩到房间的另一端。”英国人对阿萨姆丛林中的蚊子深恶痛绝：“这个地方到处都是无数的疟蚊发出的嗡嗡声，仿佛成千上万的萤火虫笼罩着我们。在这样一个下雨忙碌的夜晚，病人几乎无法驱赶

锡尔杰尔地区拉姆波尔英国种植园主庄园（1860 年）

在热带丛林中旅行

他们附近的这些蚊子。”种植者经常被蚊子叮咬而感染疟疾，遭受低热折磨，每天必须坚持吃 5 颗抗疟药奎宁，以期保住性命，一旦疟疾严重发作，就会全身发烧，许多英国人和茶园劳工因此而失去生命。一个阿萨姆茶叶种植者写道：“我想象曾经在美国发生的疟疾应该比印度更猛烈，但实际上印度的更可怕，上帝才知道！”

在丛林开垦茶园的过程中，英国种植者和劳工经常遭受毒蛇、野兽和许多不知名虫害的袭击，严重地侵蚀着他们的身心健康。一个种植者在回忆录中写道：“有一种类似蝗虫的昆虫，昼夜不停地发出可怕的噪音，我对这种昆虫充满无比的仇恨。它的声音非常难以形容，仿佛金属锯铁皮的尖锐声音。我焦虑不安地坐在那里，耳朵里不断地响起那栖息在乔木和灌木里数以百万计的昆虫，一小时一小时地发出这种令人发狂的刺耳声音。”1866 年，一位年轻的英国种植园助理约翰·卡内基在写给英国父母的信中告诉他乘船前往阿萨姆途中的遭遇，“蚊子……比这更可恶的是我们和肮脏、粗鲁的 500 名劳工及无数虱子拥挤在船上，昨晚 1 个劳工因霍乱死亡，劳工、蚊子、虱子……当这一切结束时，我不会说对不起”。他的兄弟亚历山大·卡内基在阿萨姆提斯浦尔的茶叶种植园写信回家道：“我现在丛林中，好像一个劳工的小国王，我管理着大约 450 人，包括妇女和儿童。他们大部分都稀奇古怪，状况糟糕，他们总是生病，我就成了医生……我有极好的秘方治疗脾脏和痢疾，他们中的两个都死了，他们很轻易地死在这里，所以他们不以为然……他们不仅会死，他们还令人烦恼地逃跑……”

直到 19 世纪中后期，布拉马普特拉河轮船航运和部分铁路线开通后，从加尔各答至阿萨姆的路程和时间才缩短了，只要一个月行程就能到达目的地。从加尔各答的锡亚尔达火车站乘坐东孟加拉铁路，8～9个小时后到达终点高尔伦多站，但这是一个冒险的路线，铁路破损太严重了，火车经过可怕的摇摇欲坠的木桥，生命面临危险。最佳的路线是在加尔各答乘坐轮船，经过胡格利河，环绕通过桑德邦斯，进入布拉马普特拉河，或者乘坐40小时火车直达图布里镇，顺利的话正好可以赶上布拉马普特拉河不定期的轮船。当时印度轮船公司和内河轮船公司定期开通加尔各答至最边远的上阿萨姆地区迪布鲁格尔的航班。

19世纪80年代以后，英国茶叶种植者大多数已经过上了高雅和富裕的生活。这个年代，对于生活在茶叶种植园的英国或者欧洲其他国家的种植者来说，生活实在再舒适不过。从种植茶叶中赚取了大量财富后，单身的英国人返回英国娶妻生子，并且把妻子儿女带回印度茶园生活。他们的居住条件也大为改善，建造了英格兰风格的有长长游廊的宫殿般的庄园或宅邸，雇用当地园丁管理美丽的草坪、观赏树木和花园，庄园周围绿树环绕，茵茵草地盛开灿烂的勒杜鹃花。英国茶叶种植园主无论以前的身份如何，在这里都过上了贵族式的生活，奢华而舒适，身旁仆役成群，鸡尾酒会和野餐聚会流行于种植园社区。一些种植园主拥有自己的游泳池、网球场和高尔夫球场。在印度广袤的茶叶种植园内，“Planter Raj”（种植园主统治）很形象地体现了英国人在茶叶种植园内的主人地位。从19世纪东印度公司占领阿萨姆后，奴役当地人形成了“白人至上”的规矩。当地人对白人强烈的尊卑观念与顺从，让后来的英国人保持高高在上的尊严，并乐于享受如此美好的感觉。英国茶叶种植园主或者经理通常被称为“大人”或者“老爷”

（Burra Sahib），种植园主的妻子被称为“夫人”或“太太”（Men Sahib）。“大人”这个称呼不仅仅表明他是茶园主或茶园经理，他也是家长、法官、老师、监护人。直至现代，“大人”的观念依然在茶叶种植园内根深蒂固，茶园经理依然是茶园工人的“大人”。在阿萨姆茶区，如果当地人或者茶园工人在路上遇见白人，没有人敢在白人面前举着雨伞大摇大摆地走过去，看见白人骑着马走过来的时候，他们必须毕恭毕敬地收起雨伞，彬彬有礼地站在路边，向白人行额手礼，让白人先过去。骑着马的当地人遇见白人后必须立刻下马站在一边，等到白人过去后才上马。赶着牛车的人在遇见白人之后必须将牛车停在一边，让白人先过，甚至必须卸下货物，卸解牛车，紧紧地拖着牛的尾巴，让出道路让白人“大人”的马车先通过，然后自己再一一将牛车组装起来，再

阿萨姆英国茶叶种植园主在走廊上审评茶叶（1903 年）

将洒满一地的货物重新装上车。如果道路刚好十分狭窄，仅仅可供“大人”的马车通过，他们唯一可做的是将自己的牛车掀翻到路旁，而此时如果道路两侧是陡峭的山沟或者倾斜的稻田或沟壑，其结果当然是灾难性的。白人“大人”就这样骑在马上，无动于衷地目视着所发生的一切，他“必须维护一个‘大人’的尊严”。

英国茶叶种植园主的庄园被称为“大人庄园”（英国人称Bungalow），大多数建筑在风景秀丽的台地上，通常高于地面12～14英尺。“大人庄园”象征着权力、权威和所谓的公正，通常有5～7个房间，包括主人卧室、客房、书房、餐厅、厨房等，占地5000平方英尺（1平方英尺≈0.093平方米）以上，最初采用木材和竹子支撑梁架，以泥浆混合茅草做墙面，茅草铺成屋顶，后来采用土砖、铁等材料，内部用竹席和白色帆布装饰。庄园房子前一条长长的走廊，这是“大人”逗留时间最多的地方。此外还有草坪、花园、工人房等。茶叶种植园主的庄园最少雇用5～6个仆人，有的则有十几个仆人。1884年，《一个阿萨姆茶叶种植者的生活》一书的作者乔治·巴克在书中写道：首先，每个“大人”都有一个专用的侍者，即男管家，照料他吃饭之事；一个贴身男仆，负责卧室和衣帽；一个厨师和几个帮手；2～3个挑水工；一个清洁工；两个更夫，白天和晚上各一个值班；在炎热的天气里还需要2～3个摇蒲葵扇工；每匹马一个马夫；根据花园大小配备几个园丁；专门负责养殖的养鸡工和放牛工等仆人。如果英国种植园主家有小孩，还必须雇一个“阿亚”（保姆）。当时在茶园主的庄园内，主人召集仆人都通过大声喊话传唤，如果晚上主人突然有事，便大声召唤值班的更夫，听到喊叫，更夫大声喊叫仆人，仆人再次喊叫，整个庄园的空气中回荡着紧张、焦虑的传呼声响。

雇用的仆人可以是穆斯林或印度教徒，前者必须首先在加尔各答获得担保；后者是从茶园劳工中表现较好的人中选送到庄园中工作。英国人认为，要说服穆斯林离开加尔各答到荒蛮的阿萨姆当仆人并不是一件容易的事，当时传说阿萨姆是魔鬼居住的地方。唯一能够诱惑他们的是两倍甚至三倍的工资。英国种植者必须了解印度人复杂的种姓和信仰，不同种姓或信仰的人只能做某些特定的工作，如穆斯林可承担烹饪和餐桌前侍者的服务工作，印度教徒则担负房间、客厅内清洁和其他清洁工作。印度教徒一般不会宰鸡或烹饪特定的食物给白人，除非是低种姓的人。男管家必须保证“大人”庄园内所有的日常生活正常运转，他还必须熟练地布置英式餐桌，每套西餐刀叉摆放的位置都必须准确无误，熟悉各种葡萄酒或香槟酒所使用的不同的玻璃杯。

英国种植园主会想尽一切办法让种植园的生活更加舒适。在阿萨姆炎热的天气，英国人为了喝一杯冰冷的苏打水，会在房子内地下挖一个深洞，在采茶篮子内装满稻草，将苏打水瓶放入稻草中，然后洒满水，当水分蒸发后，苏打水瓶便变得格外冰凉。“大人”为了乘凉，设计了悬挂在天花顶的蒲葵扇装置，专门雇用仆人蹲在地上，轻轻地拉动绳子，通过巨大的扇面前后摇摆产生风，驱除室内蒸笼般的热气。庄园内有专门的烧水工，每天不停地烧热水，供种植园主使用。

茶叶种植园主的日常生活非常单调、枯燥无味。乔治·巴克说：种植者日常的时间基本上是这样安排的，早晨5点起床，五点半吃早餐；然后开始工作，直到11点吃午餐；然后休息至下午2点钟，再继续工作至五点半或6点，然后回家洗澡和晚餐，最后在走廊休息、阅读。如果一天工作结束后有人陪伴的话，那将是

种植园主在大吉岭品尝下午茶，远眺喜马拉雅山脉干城章嘉峰（20 世纪初）

英国种植园主的“阿亚”

非常愉快的时刻，吸烟或聊天，直到晚上 9 点半上床休息，一天的日子就这样结束了，所有茶区的种植者的生活方式基本相同。阿萨姆炎热的气候时时刻刻挑战欧洲人的精神和肉体。晚餐结束后，当太阳降落时，空气变得沉重、潮湿、闷热，没有丝毫凉爽的微风，让精疲力竭的种植园主更难以忍受，他们只能待在平房的走廊，希望获得一丝新鲜的空气，享受一刻安静，但这是不可能的，成千上万只蚊子此时蜂拥而至袭击可怜的种植园主。

日常主要的食品是鸡肉，每天不断地重复着，鸡饼、鸡肉排、鸡碎肉、炸鸡肉卷、咖喱鸡、水煮鸡、煮鸡汤等等。只有当客人来访时，几个男主人才有机会坐在客厅交谈，享受着严重稀释的威士忌。晚上 10 点钟，丰盛的晚餐——汤、河鱼、烤牛肉、焦糖奶油、梅干端上来。许多食物只能从英国进口罐头食品，从加尔各答运送至阿萨姆，使得罐头食品价格非常昂贵。

阿萨姆种植园主家庭朋友假日野外聚会（1940 年）

阿萨姆茶区内的社交活动开始兴起，种植园主之间也会经常相互来往。最初是各英国种植园主在周末聚会，穿上他们最好的西装或礼服，一早骑着小马，穿过荆棘丛生的林中小道，汇集在位于中心位置的种植园主的庄园，聚餐、喝酒和聊天。当聚会结束各自离开时，如果是在英格兰，他们都会礼貌地相互告别说："一路平安。"但在阿萨姆地区的种植园主，人们相互告别时经常会说："吓走老虎。"说明当时茶区野兽伤人或吃人的事故经常发生。英国人也在阿萨姆茶区内逐渐建立起种植者俱乐部和基督教堂，如迪布鲁格尔的圣彼得教堂。1867 年，英国人在阿萨姆建立了焦尔哈德吉姆卡纳俱乐部，俱乐部内配置网球场、台球、酒吧等，无论是有家庭或是单身的英国人，都喜欢到俱乐部消遣，俱乐部成为种植园主和英国人周末消遣的最佳场所。种植园主的夫人们通常会负责组织一些聚会活动，一些英国家庭之间、朋友之间、后代之间的通婚联姻因而产生，在茶区的白人之间联姻非常普遍。英国人对茶叶种植园经理的职业忠诚度非常高，也许对茶叶的嗜好让英国人欲罢不能，一个茶园经理一般都会在一个茶园工作几十年，甚至一直到退休才返回英国。英国人最喜欢户外的冒险运动，喜欢马球、狩猎、射击、钓鱼。无论是在云雾缭绕的大吉岭、尼尔吉里山脉，还是在阿萨姆平原，种植者的生活态度是"努力工作，尽情享受"。

体育运动和野外打猎是英国种植园主最喜欢的运动，吉姆•科贝特上校是当时最著名的猎人和追踪者，他担任印度西北部联合省（现印度北方邦和北阿坎德邦）英国军队上校。当时在西北部库马盎和加瓦尔茶区，山林中的老虎和豹子经常出没附近的村庄和茶园，吉姆•科贝特上校就曾捕杀多只吃人的老虎和豹子。

1907年，一只凶恶的孟加拉母虎在尼泊尔吃掉200名村民后，被尼泊尔军队驱赶至印度边境的库马盎地区茶区，母虎继续吞噬多达236名村民，最后经验丰富的吉姆·科贝特上校在恰姆帕瓦特捕杀了这只臭名昭著的母虎，这只老虎也被称为“恰姆帕瓦特老虎”。1910年他再次创造纪录，猎杀了“帕纳”野豹，据称这只野豹造成400人死亡。1930年冬天，经过森林中的漫长追踪，他猎杀了另一只穷凶极恶的孟加拉虎“波瓦伽老虎”。1920—1930年，这只3.23米长的异常雄健大老虎长期游窜在印度西北部联合省的崇山峻岭中，袭击村庄和人类，据说当时已经有400多名村民被吃掉。为此，英属印度政府还专门发布悬赏令，这只老虎也是当时印度西北部联合省最受英国猎人追捧的狩猎竞赛活动“大猎物奖杯”的猎物。最终吉姆·科贝特上校猎杀了这只罪大恶极的老虎。

吉姆·科贝特上校和他猎杀的“波瓦伽老虎”（1930年）

为此吉姆·科贝特上校1944年还专门出版了《库马盎的食人兽》一书，他在书中详细地描述了自己从1900年到1930年在喜马拉雅山脉地区10多个跟踪和狩猎的精彩的惊险故事，也描述了喜马拉雅山脉地区的植物、动物和乡村生活。此后，吉姆·科贝特上校放下猎枪，放弃了狩猎，成为一位自然资源保护者。

在阿萨姆茶区，还流传着另外一位猎手、茶叶种植园经理和一位吝啬的茶叶种植园经理的故事。阿萨姆索尼特普尔地区的玛珠里卡茶叶种植园经理皮尔森是远近闻名的吝啬鬼，他的劳工背后经常骂他爱钱如命。19世纪50年代末，在布拉马普拉特河北岸，丛林覆盖下成片成片的茶园曾是各种野生动物的家园，像旁尼里、米基卡詹和玛珠里卡茶园，经常有老虎出没，进入村庄袭击家畜或茶园工人，附近村庄和茶园已经有一些男人、妇女和小孩被老虎吃掉，导致整个区域的村庄和茶园工人人心惶惶，没有人敢走出家门，更不敢去茶园干活。如果工人们万不得已要出来工作，他们会组织一大群人手持法杖、矛、弓和箭，肩并肩地一起出发。

这种危险的状况极大地影响了茶叶种植园的正常管理，公司总部和当地政府部门要求必须尽快采取措施。皮尔森的朋友建议他出奖金悬赏杀死老虎的英雄，因为这似乎是唯一的解决方案。皮尔森无奈地被迫发出悬赏，但他悬赏的奖金少得可怜，没有人愿意冒着生命危险挺身而出，事情为此又耽搁了许久。一天夜晚，皮尔森最喜欢的管家约翰突然失踪，第二天人们在附近丛林发现了血迹，推断可能是管家的。皮尔森才意识到问题的严重性，他最后很不情愿地宣布悬赏1000卢比。

道格拉斯·梅斯顿是附近博坡克里茶叶种植园的经理。他是一名赢得广泛声誉的出色猎手，曾经捕杀了一些凶猛的吃人野兽。

当梅斯顿听说这只老虎和悬赏后，决定试一试自己的运气。毕竟，1000 卢比在那时候的确是一大笔财富！梅斯顿带着他最喜爱的温切斯特旅行包，装满狩猎工具，前往玛珠里卡茶园。凭借多年的狩猎经验和专业知识，他很快追踪到老虎，一颗子弹就杀死了老虎。当杀死吃人老虎的消息传来，村民、茶园工人无不拍手称快，经理皮尔森也长吁了一口气。当梅斯顿要求他兑现悬赏奖金时，皮尔森望着毫无生气的老虎尸体却拒绝支付。他认为没有证据表明被杀死的老虎是他茶园的那只吃人老虎。梅斯顿非常生气，他在众目睽睽之下，当着皮尔森的面，立刻剖开老虎的肚子，众人发现了老虎肚子内未消化的手指、脚趾和完好无损的银戒指。每个人都认出那是皮尔森的管家约翰戴的戒指，皮尔森最后无奈地兑现了悬赏。

并不是所有的茶叶种植园主都获得了商业上的成功，也不是所有英国人都能够享受到“大人”的待遇。19 世纪中叶，处于青春叛逆期的一代大英帝国底层年轻人，对未来充满幻想而又感觉前途渺茫，当时一本种植业指导手册的作者为英国的年轻人指出了出路：“印度产茶区在两方面都引起了英国人的注意，这是令人满意的——它既是资本家的领地，又是许多在国内找不到合适工作的年轻人的工作场所……他们不够虔诚，也不愿意进入教堂工作，他们不够用功也无法进入律师界、医学界，即使他们刻苦学习，希望能够进入政府部门、银行、上市公司，却发现竞争如此激烈。他们自己缺乏资本，也无法从事冒险的商业。为了一个公平的职业开端……对于许多这样的人来说，产茶区已经解决了该干什么的问题。”

许多在殖民地暴富发财的英国人，当他们荣耀地返回英国本土享受荣华富贵时，成为年轻人的榜样，似乎在召唤着年轻人去英帝国的殖民地冒险。英国人塞穆尔 • 拜登在 1882 年出版的《印度的茶产业——财务、劳力和资本家、助理指导》一书中指出:“以印度约翰公司（东印度公司）为代表，带回英国的巨额财富和华丽奢侈的财产，已经回答了英国公众的疑问。印度有炎热的气候和瘟疫，也有老虎、披肩、珠宝、大象、宫殿、庄园、传教士、坟墓、蛇和异教徒，是奇异和独特的国家。印度是一个地大物博和容易获取财富的国家。”1884 年出版的《一个阿萨姆茶叶种植者的生活》一书作者乔治 • 巴克说：阿萨姆是印度辽阔和具有巨大商业价值的地区。但他又劝告说，“阿萨姆是恶劣和危险的深渊，最好不要去那里。” 尽管已经有许多曾经在阿萨姆工作过的英国人介绍了阿萨姆地区恶劣的生存环境，甚至在 19 世纪 80 年代，仍有阿萨姆的英国种植者提出警告，然而，每月 150 卢比的薪水（相当于 150 英镑 / 年），另外承诺在三年合同期内每年将增加 500 卢比的额外报酬，英国报纸上刊登的如此诱人的招聘广告吸引了大批底层的年轻人。在当时的伦敦，每年 150 英镑的工资是相当丰厚的报酬，如此诱人的报酬吸引大批无惧的大英帝国年轻人，特别是苏格兰年轻人，怀抱着发财致富的梦想，义无反顾地奔赴瘴气横流的阿萨姆地区担任茶叶种植园助理。“他们的旅程充满艰辛，他们的目的地环境恶劣，荒无人烟。”一位作家这样写道。

在 1869 年苏伊士运河通航之前，从英格兰远航至印度大陆，需绕行经过南非开普敦好望角，平均航行时间约 6 个月。每年 4—6 月，是印度洋的西南季风季节，如计划奔赴印度，就需要在此时扬帆起航。10 月至第二年 3 月是东北季风季节，风向逆转，正是从印度返回英国的最佳时机。新赴任的英国人可以在漫长的路途中慢慢欣赏沿途的异域风土人情，对于初次到达东方的英国人，加尔各答呈现出一派东方城市的迷人风光，这种风光兼具大英帝国都市与殖民地特色，既有英国风情，又有东方韵味。热浪扑面而来，富有东方风情的加尔各答街景让他们印象十分深刻。街道两旁用木皮、铁片、泥浆、棕榈叶搭建的棚屋和茅舍，组成连绵不断的贫民窟地区，喧闹和嘈杂的加尔各答大街上每一个人都是棕色皮肤，穿着宽松而肮脏的棉布衣服，赤足走在地面滚烫的街头，男人、妇女和儿童头上和背上顶着或背着重物，或推拉着堆满了各种货物的手推车。牛车漫不经心经过凹凸不平的街道，伴随着一路喇叭声和铃声，骨瘦如柴的印度人拉着黄包车快速地穿梭在人群之中，脖子上系着响铃的水牛漫无目的地游荡在街头，不时阻挡着人群的移动，显然这神圣的动物在街头拥有特殊“通行权”。除此之外，一股股陌生浓烈刺鼻的味道不时飘进西方人的鼻子，刺激着英国年轻人的神经。这些陌生的景象和喧嚣声音也许让英国人对东方的环境感到非常新奇。在加尔各答，年轻人可以逗留 3 ～ 4 天，参观游览 19 世纪下半叶建设的加尔各答标志性建筑物，高高耸立的圆顶邮政大楼、最好的东方酒店、政府大楼、高等法院、马坦公园、伊甸公园、缅甸佛塔、动物园和植物园等。

从高尔伦多乘坐轮船，需经过戈阿尔帕拉、古瓦哈蒂、提斯浦尔等城镇。沿途经过两岸浓密的丛林、破烂的小屋，丛林里还有野兽，河里有鳄鱼出没，偶尔会出现的当地人捕鱼的小船。在古瓦哈蒂，可以眺望远方红砖建造的高塔，塔身精雕细琢的高凸浮雕栩栩如生。古瓦哈蒂的巴扎集市对欧洲人来说也相当有趣。在提斯浦尔，用石头精心雕砌建造的广场和古老的寺庙也给英国人留下深刻的印象。当轮船到达曼格尔代港，当地人从船上卸下装着的鹅、鸡、火鸡、鸡蛋、鸽子等，各种各样的蔬菜，以及柠檬、柚子、香蕉和其他本地水果，立即在河畔市场销售。在讨价还价之中，市场上空响起的巨大嗡嗡噪音，买方和卖方之间讨价还价的争执，似乎快走向大打出手的地步，这场景在英国人眼中似乎十分可笑。轮船再往上游航行，比加尔各答的蚊子更大的成群的阿萨姆蚊子也狠狠地教训了英国人一番。

对于茶叶种植园内年轻的英国人或者其他欧洲人来说，种植园生活与种植园主的生活完全不同。在茶叶种植园领域内，等级观念依然十分严格，年轻人必须严格地服从种植园主的安排，经理助理或者助理必须绝对地服从种植园主，在种植园主的监督下工作。年轻助理一般经过 5 ～ 10 年可以升职为经理或主管，当然取决于公司是否有空缺职位或是否有资深经理退休。当一些资深经理升职为“巡视代理”，即可调离茶区回到加尔各答公司工作，他们会经常到茶区巡视，报告茶园的经营状况。最后许多资深经理可能会退休返回英国，到那时，他们也许可以每天坐在椅子上，回忆在印度茶区度过的美好时光。运气好的资深经理还可以在伦敦某个茶叶公司谋到一个董事职位。

在阿萨姆茶叶种植园圈子内一直流传着种植园经理斯图尔特·克里斯蒂教导年轻助理巴鲁瓦的故事。斯图尔特·克里斯蒂是好莱坞著名女星朱莉·克里斯蒂的叔叔，朱莉·克里斯蒂 1966 年以主演电影《亲爱的》获得奥斯卡最佳女主角奖，她也是电影《日瓦戈医生》的主角。朱莉·克里斯蒂 1940 年 4 月 14 日出生于上阿萨姆地区，她的父亲也是阿萨姆一个茶叶种植园主。一天，助理巴鲁瓦跟随着斯图尔特·克里斯蒂巡视茶园，克里斯蒂突然停下问巴鲁瓦："什么东西使得茶树生长？"巴鲁瓦愣了一会，然后支吾其词地回答："肥料，我认为。"克里斯蒂直直地看着巴鲁瓦，叫巴鲁瓦沿着一行茶树走过去，当巴鲁阿到达最后一行时，他又要巴鲁瓦转身沿着茶树的另一边走过。"现在转身，告诉我你看到了什么？"巴鲁阿转过身来，没有看到什么特别之处，除了他的猎人靴留下的足迹。克里斯蒂严肃地指着地上的脚印对年轻助理说："记住，就是这些脚印让茶树生长。"

在广阔的茶区，由于茶园的分布非常分散，年轻助理最难以忍受的是孤独和寂寞，几年才能见到一个白人妇女，年轻助理经常开玩笑地说："白人女性就像白象一样稀缺。"一些年轻的助理依赖收到家乡的信件来计算日子，一旦收不到家乡亲友的来信，他就会痛苦地将自己整天关在屋子里。一些年轻助理依靠酒精麻醉自己，每月的工资几乎全部换成酒精，当他可以离开阿萨姆时，口袋里依然空空如也，连路费都凑不齐。如果不幸感染了疟疾或者黑水热病，年轻的生命将永远留在阿萨姆的荒野。

并不是所有的英国茶叶种植者都能够从茶叶种植业中赚大钱。喜马拉雅山脚下杜阿尔斯地区卡提克种植园主，41岁的弗兰克•普莱费尔便是其中运气不佳的人。他在察查地区海拉坎迪山谷的凤凰茶叶公司担任经理20多年。由于长期在茶区工作，身体非常虚弱，他曾回英国治疗和休养，后来又返回印度。他试图为他的财富做最后一搏，便把所有积蓄投资到杜阿尔斯，买下了6000英亩的土地种植茶叶，成立了不丹杜阿尔斯茶叶公司，建立卡提克茶园。年轻的英国人弗雷泽应聘该茶园担任助理，他曾经在阿萨姆南部锡尔赫特地区的种植园工作。1895年圣诞节前，弗雷泽离开加尔各答前往杜阿尔斯，乘坐窄轨库奇比哈尔国家铁路火车到达吉塔达，再乘坐牛车从库奇比哈尔经阿里布尔到达杜阿尔斯，最后骑马和骑大象，花了一个晚上时间到达距离比哈尔约32英里的卡提克茶园所在地斋恩提村庄。

在弗雷泽到达之前，普莱费尔和妻子已经在喜马拉雅山脉下搭建好一个相当大的钟形帐篷作为临时住所；当弗雷泽到达种植园的当天，采购的茶籽已经到达，普莱费尔正忙着和劳工们一起清理茶苗繁殖园和播种茶籽。普莱费尔立即安排弗雷泽带领一些劳工去搭建一个茅顶竹舍作为种植园的食堂和办公室。在种植园附近的一片空地，弗雷泽用小帐篷为自己搭建临时住所，新的劳工宿舍也已经建在那里。弗雷泽将两个废弃的煤油罐改装成沐浴器，用茶籽箱做餐桌，除此之外，没有任何家具。

此后，弗雷泽便在茶园主普莱费尔手下管理300多名劳工。劳工大部分是来自高山和平地的尼泊尔人，还有来自恰尔肯德地区的桑塔尔人和奥朗人。劳工们用当地丰富的茅草和木材为自己建造宿舍，不同的民族分开居住。第一年劳工们的族群分类十分复杂，弗雷泽和茶园主普莱费尔花费了大量时间解决劳工族群之间醉酒打架和其他纠纷问题。这里的劳工管理与锡尔赫特非常不同，每一个劳工都服从于一个总工头。工头先从种植园拿到钱后再招募劳工。种植园发工资是给工头，而不是直接给劳工。因此一旦工头跑了，那么种植园损失就很大，当然这种情况很少发生。

在荒郊野外的种植园内生活，除了繁重的体力劳动，弗雷泽一直无法适应当地粗糙、异味、古怪的饮食，弗雷泽形容他和茶园主一家人活得像“斗鸡”。他们能够吃的唯一新鲜食物，就是当地丛林中的豌豆鸡。他们经常用猎枪射击捕获这种野山鸡，劳工们也帮助捕获。劳工们采用的诱捕豌豆鸡的技巧让弗雷泽大感新奇，劳工们先撒一些粮食在地上，然后潜伏在周围，天黑后，树上的豌豆鸡会俯冲下来啄食，劳工们则立即围拢用棍子熟练而准确地敲打捕捉。如果弗雷泽和老板想用野味招待一些来自加尔各答的客人，他们就得外出用猎枪打猎。

杜阿尔斯地区曾经是致命的黑水热病高发地区，夺走了无数茶园劳工的生命。弗雷泽工作期间，一次挖水井时，6 个劳工感染黑水热病死亡。弗雷泽也几乎死于黑水热病。据资料记载，1906 年在杜阿尔斯地区就有 27 名英国种植者和助理死于黑水热病。

弗雷泽和普莱费尔一起工作的三年中，每天勤奋工作 11 个小时。老板普莱费尔也辛勤地工作，事事亲力亲为。弗雷泽认为老板普莱费尔是一个勤奋的茶叶种植者，博览群书、见多识广。他来自一个英国精英家庭，他的父亲兰伯特·普莱费尔在英国领事馆工作。他的两个叔叔都是杰出人物，里昂·普莱费尔爵士是英国政治家和科学家，威廉·普莱费尔博士是伦敦著名的产科医生。弗兰克·普莱费尔有三个兄弟，亚瑟、哈里和艾伦，都与阿萨姆地区有一定关联，在阿萨姆地区担任殖民政府官员或居住在阿萨姆。弗雷泽认为普莱费尔太太是个文雅温柔的女士，像她丈夫一样正直和大方。她的家族也与阿萨姆茶产业有关联，她的一个妹夫贝尔福是察查地区一个种植园主。另外一个妹夫埃尔温是鲁斯纳种植园经理，长期工作在锡莱特地区的朱里山谷。弗雷泽感叹：对于孤身一人、远离文明的年轻人，在没有俱乐部、没有朋友、没有运动的荒蛮之地，很幸运能遇到这样的好老板，与老板夫妇一起在丛林中工作三年。但是由于种种原因，种植园主普莱费尔投入全部身家财产在杜阿尔斯建立的茶叶种植园，最终还是破产倒闭了，普莱费尔最终失去了所有的财富。

茶园劳工管理是英国种植园经理最头痛的事情。几乎每天早晨，在经理庄园门前，都要集合所有的劳工，工头将前天犯错的劳工带来审问，然后进行惩罚。工头首先挥舞着棍子，大声叫喊要求安静下来，让双方陈述各自的理由和原因，冲突双方都是义愤填膺，指责对方。英国人并不会随意相信一个劳工。种植园经理充当法官，坐在高处认真听双方提出证据，还有旁证人的说明，然后做出判断，对恶人进行严厉的惩罚。因此，经理的处世之道和处置能力就变得非常重要，要尽可能地使每一个人都对判决基本满意。每一批新招募来的劳工，都有一个头目，被称为“彻兰斯”，这个头目通常和劳工同时被招募到达同一个种植园。在此期间，他往往代表这批劳工的利益。不同招募批次的劳工就有不同的头目，头目之间常常因嫉妒或一些琐碎之事结仇，从而使两批劳工也结怨。此外，种姓之间、宗教之间的纠纷几乎总是导致更多的仇恨和流血。这样就需要显示出经理的调解技巧，如果调解方案对另外一方不利，则将引起这一方全体人的不满。其结果是，一旦合同期满，他们会拒绝再续签合同，这一方的全部劳工，包括家属、妇女和儿童也会离开种植园，任何说服或增加薪酬的承诺都无济于事，这样种植园损失将非常巨大。当然，在发薪日的那天，是劳工们最高兴的一天，在炎热的晚上，300～400名男人、女人和孩子，穿着他们最好的衣服排队等候在庄园前面，他们被轮流点名，拿到他们的工资，然后高高兴兴地离开。

至19世纪末，阿萨姆地区大约居住了1000多名英国人或欧洲其他地区的人。对于茶园的英国人或者欧洲其他地区的人来说，种族之间的等级似乎十分严格，而荒山野岭孤独和寂寞的种植园生活，不免发生种植园经理和当地采茶妇女之间的风流韵事或者爱情故事。许多孤独的茶叶种植园主和种植园的女人有了暧昧关系。一些当地女人有了他们的孩子，有良心的英国人会照顾和爱护女人和小孩，他们退休后仍留在印度或把他们的妻子和孩子带回英国。大多数英国种植园主离开印度时则会抛弃这些女人和小孩，这些女人仅仅是他们孤独生活中的玩物而已，他们挑选看中的漂亮女孩，将她们隐藏在远离种植园庄园的单独的房子，与她们保持多年的私通。一旦英国人离开，这些被遗弃的妇女和儿童将被他们部落的家庭和种姓排斥，女性已经没有机会获得受人尊敬的婚姻，她们已经不属于任何阶级了。20 世纪初，一些好心的英国人或者教会建立了收容所或学校收留他们，在印度有几十所这样的学校。如在大吉岭地区噶伦堡的圣安德鲁殖民之家，后改名为格雷厄姆医生之家，就是 1900 年苏格兰长老会格雷厄姆医生专门收养和教育被遗弃英印孩子的慈善机构。被遗弃的妇女永远不可能回到种植园采摘茶叶，她们被略带贬义认为是英印人，而孩子们学会说英语，忘记了他们的原始母语和部落的生活习俗，长大了外出到大城市寻找工作，一些则被送往国外。1908 年至 1938 年，仅格雷厄姆医生之家就有大约 130 多名英印儿童被送往新西兰定居，20 世纪 40—60 年代前后一共有 16 批少年被送往新西兰。

当然，在现代印度的艺术家的眼中，这种主人和仆人的暧昧关系，又是另外一种状态。1975 年，由阿卜杜勒·马吉德执导，基于作家尼罗德·乔杜里同名短篇小说改编的电影《茶美丽夫人》（*Chameli Memsaab*），讲述一个阿萨姆英国茶叶种植园主伯克利爱上了当地茶园女工“茶美丽”的曲折爱情故事，电影公映后取得了巨大的成功，1975 年该片获得印度“国家电影奖”“最佳音乐编导奖”和“阿萨姆最佳影片奖”。另外一部 2007 年印度和英国合拍的电影《暴雨将至》（*Before the Rains*），讲述了发生在20世纪30年代英属印度马拉巴尔海岸地区（现喀拉拉邦）一个已婚英国茶园主亨利与女仆、有夫之妇萨佳妮之间的婚外情故事，按照当地村庄传统和习俗，萨佳妮必须受到惩罚，萨佳妮逃走请求亨利的帮助，而亨利却自私地拒绝，导致萨佳妮自杀。尽管亨利被村民委员会控告为凶手，判定萨佳妮的哥哥可以将亨利杀死。然而，在滂沱大雨的一天，萨佳妮的哥哥却无法将亨利绳之以法。这部电影反映了20世纪30年代印度民族主义运动日益增长背景下，一个理想主义的年轻印度人的迷茫和无奈。

1857年5月至1858年11月，印度各地发生了士兵大起义，点燃了印度各地民众反英殖民的浪潮，在印度的一些英国人、妇女和儿童惨遭杀害。毫无疑问，这是印度东北部阿萨姆和察查地区等茶叶种植地区的欧洲茶叶种植园主难以忘怀的可怕噩梦。在偏远孤立的茶园，脆弱的防卫让一向趾高气扬的英国种植者深感恐惧，心有余悸。虽然英国东印度公司占领阿萨姆后，从1839年至1857年，阿萨姆茶叶种植开发期间，茶叶种植园主与周边部落之间由于土地的争夺，一直存在小规模的战斗，但都被英国东印度公司驻军镇压。当时阿萨姆驻扎着两个东印度公司阿萨姆轻步兵营，一个营驻守在迪布鲁格尔，另一个营驻守在阿萨姆地区行政总部古瓦哈蒂。阿萨姆南部的锡莱特轻步兵团驻守在乞拉朋吉，负责锡莱特和察查地区的防卫。

1857年8月，印度东部阿萨姆和孟加拉地区形势还相当平静，英国种植园主、传教士和殖民政府官员一直没有受到明显的冲击。比哈尔地区贾加迪斯赫普尔兴起的叛乱开始引起了当地英国官员和种植园主的极大恐慌，很快阿萨姆也流传当地人民密谋反英暴动的消息。在这种情况下，阿萨姆公司的唐纳德·麦凯立即报告孟加拉地区殖民政府，请求派遣英国军队进驻阿萨姆地区，但殖民政府当时没有足够兵力派出，仅派遣了由欧洲水手组成的两个营。戴维斯中尉指挥约104人组成的第一支部队驻扎迪布鲁格尔镇，随后第二支部队在布朗上尉带领下开赴锡布萨格尔镇驻防。

1858年3月，第34孟加拉本地步兵部队在吉大港起义，并开始向北部锡莱特和察查地区移动，察查地区的茶园主开始恐慌。3月18日，起义军与锡莱特轻步兵团之间发生交战。英国指挥官拜恩少校在遭遇战中死亡。最后起义军被英军完全击溃，只有零星起义士兵逃跑进入察查地区，察查地区茶园主很快自愿加入英国军队追捕起义军。

1860年，阿萨姆西南部杰因蒂亚丘陵地区又发生印度士兵起义，虽然锡莱特轻步兵团轻易地粉碎了这次起义，然而，地区动乱继续困扰着英国和其他欧洲国家的种植园主和当地殖民官员，在阿萨姆地区发生了一连串严重的土地争夺骚乱。次年在瑙贡镇附近，一个英国军官被杀害。1862年1月，杰因蒂亚地区再次发生印度士兵起义，这次锡莱特轻步兵团部队已经无法镇压起义，起义很快大范围发展。杰因蒂亚起义和几个部落地区持续的暴动，促使孟加拉地区殖民政府重新审视印度东北部地区的治安问题。1862年5月，孟加拉辖管区军队总司令圣·乔治·肖沃斯准将等军官再次提出报告，要求增加该地区的军事力量。肖沃斯准将还建议在这些地区的英国和其他欧洲国家的居住者中组建茶叶种植者志愿步枪团，孟加拉地区殖民政府委任能干的教官进行军事训练，提供武器和弹药，以确保该地区未来的稳定、和平与安全。直到1864年3月，在这种政治形势下，英属印度政府终于决定一方面创建东部边境军事要塞和指挥部，组建四个半本地步兵团和一个炮兵营；另一方面，号召在阿萨姆和察查地区发起英国种植者志愿从军运动，英国种植者自愿参加，组建地区志愿步兵和骑兵部队，许多英国和其他欧洲国家的茶叶种植园主、经理或助理积极地加入志愿军行列。

实际上，1857年8月，阿萨姆东部戈拉加特的英国茶叶种植者就成立了戈拉加特志愿步枪团，这支步兵部队由“阿萨姆连”的贝克特担任指挥官。1865年6月6日，察查地区组建了19名茶叶种植者组成的察查志愿步枪团。两天后，海拉坎迪组建了另一支茶叶种植者志愿兵部队。1865年8月，阿萨姆茶园主组建了阿萨姆志愿步枪团，迪布鲁格尔区域内60名种植园主组成了阿萨姆河谷轻骑兵团，副行政长官库默少校担任指挥官。在锡布萨格尔的40名茶园主组建锡布萨格尔轻骑兵团，夏洛克任指挥官。为管理这两支部队，殖民政府将这两支部队合并组建了上阿萨姆志愿骑兵军团。1880年锡莱特志愿步枪团也成立了。在印度其他茶区，茶园主也纷纷自愿组织了大吉岭、杜阿尔斯和特莱茶区的北孟加拉志愿步枪团、锡尔杰尔茶区的苏尔玛山谷轻骑兵团、印度西北部冈格拉山谷茶区帕拉姆普尔镇的旁遮普轻骑兵团等。殖民政府为志愿兵部队提供武器、弹药、制服、头盔和其他装备，并派遣专业军官负责演习和训练，同时安排高级军官定期视察志愿部队。志愿兵团的成立给予了茶区茶叶种植者极大的安全保障。

当然，肖沃斯准将的提议并不仅仅是出于对茶叶种植者的同情，也因为肖沃斯准将个人家族与茶产业关系密切。他的7个儿子中有4个进入了茶产业。大儿子伊甸·肖沃斯少校，1895年离开了印度军队后加入著名的奥克塔维厄斯－斯蒂尔公司，1900年

苏尔玛山谷轻骑兵团（1890年）

成为苏尔玛山谷轻骑兵部队的指挥官，1900年4月参加南非的“布尔战争”，死于南非。另一个儿子查尔斯·詹姆斯曾就职于乔哈特茶叶公司和萨洛纳茶叶公司，也曾短期担任阿萨姆河谷轻骑兵部队指挥官。在那个时代，殖民政府官员和军队军官参与茶产业也是普遍现象。汉内上校在迪布鲁格尔军营地附近建立了一家大型茶园，1861年他死后，他的种植园连同他的遗孀一起传给了查尔斯·霍尔德少校，查尔斯·霍尔德少校因在1858年绞死阿萨姆第一个本土茶叶种植者玛尼拉姆而在阿萨姆地区臭名昭著。组建阿萨姆警察部队的赫伯特·拉班少将，1860年初也建立了高龙格茶园，1866年让小儿子担任种植园经理。

粗野的茶叶种植者加入英国志愿兵军队，助长了英国种植者的蛮横和傲慢。在此之前，英国种植者与周边部落关系似乎还算融洽。阿萨姆的锡布萨格尔和勒金普尔地区，许多那加部落成员被招募在茶叶种植园工作，英国经理与他们保持了友好的关系。从19世纪60年代中期开始，这种关系发生了彻底变化，那加人被禁止进入或路过英国人的茶园，一些茶园经理无端暴力侵犯那加人的贸易。针对这些茶叶种植者的粗暴行为，阿萨姆专员亨利·霍普金森上校曾警告说，除非控制种植园主的野蛮行为，否则将导致殖民政府随时被卷入代价昂贵的边境战争。在察查地区的英国种植者也鲁莽地将茶园拓展深入至部落传统狩猎和橡胶种植地区鲁沙山，导致19世纪60年代和70年代初当地部落不断袭击英国茶叶种植园。

19世纪80年代，阿萨姆地区、察查地区、锡莱特地区茶叶种植者志愿兵军团几经改组，番号也发生变化，茶叶种植者志愿兵的作用也发生了变化，它不再局限于保障茶区内欧洲人的安全，而被认为是殖民地军队的一种补充，并在19世纪末和20世纪初多次参与镇压当地部落民族反抗英国殖民统治的战斗，甚至被派出海外参加战争。

1891年，曼尼普尔地区英帕尔首席专员詹姆斯·昆顿和其他一些官员在曼尼普尔地区被当地部落杀害后，苏尔玛山谷轻骑兵团在曼尼普尔参加了镇压。1900年该兵团被派往南非，参加了著名的南非布尔战争，1918年至1919年参加了镇压库基起义军的战斗。阿萨姆河谷轻骑兵也积极参加了几次边境的战斗，包括1911年至1912年残酷镇压阿波部落的阿波远征战斗。阿萨姆和苏尔玛山谷轻骑兵部队新装备的速射马克西姆机枪，其强大的战斗力足以粉碎当地部落的一切反抗。对于英国人来说，在印度东北部地区，英国和其他欧洲国家的茶叶种植者加入志愿兵团，组织地方防卫军队成为印度殖民地区内部安全保障体系的重要力量。

1947年8月印度宣告独立后，经过两次世界大战的打击，曾经鼎盛的大英帝国开始衰落，曾经雄厚的商业和资本地位岌岌可危。然而，英国资本依然控制着印度的经济命脉，印度的茶园、茶叶贸易或经纪公司等基本上还控制在英国资本或英国公司手中。当地的茶叶种植园依然不断地雇用许多英国人或者欧洲其他国家的人作为种植园管理人员，担任中高级职务，驻扎在阿萨姆、杜阿尔斯、特莱、大吉岭各个茶区。据《1949年阿萨姆茶区目录和手册》记载，居住在阿萨姆、察查、东巴基斯坦地区茶园的英国人、欧洲其他国家的人有2000多名。这些人定居在茶叶种植园内的大庄园，英国公司为管理人员配备了汽车、家具、司机、园丁和仆人，管理人员结婚后带着妻子和孩子一起在种植园生活，享受着高人一等的“大人”“夫人”的待遇。20世纪50年代，他们的生活依然是舒服、惬意甚至奢侈的，他们优雅地在豪华宅邸里生活着，周围花丛草地环绕，身旁仆役成群。工作之余，阿萨姆地区的森林和河流成为英国人骑马、野餐、打猎、打球和钓鱼的天堂。周末晚上，他们聚集在茶叶种植园俱乐部，喝酒、跳舞和聊天，依然保持着传统英国人的生活方式，享受着殖民者高贵体面的生活。每年的圣诞节、新年庆祝活动时，英国人举杯的祝酒词是“为了英女王”，而不是为了印度总统。

然而，1962年6月开始的中印边境冲突，打破了在阿萨姆地区英国人、欧洲其他国家的人无忧舒适的生活。根据《1961—1962年阿萨姆茶区目录和手册》记载，在印度东北部阿萨姆、大吉岭、杜阿尔斯和特莱茶区工作的欧洲人有2000多名。其中阿萨姆地区就有1000多名欧洲人，他们主要在茶叶种植园工作，也有一些在英属阿萨姆油田公司工作。由于中印边境冲突的边界地区，正邻近阿萨姆、杜阿尔斯、特莱和大吉岭等地区的茶区，特别是在布拉马普特拉河北岸的茶叶种植园，因而对这些茶区造成了极大的冲击和影响。消息引起了阿萨姆茶区英国和欧洲其他国家的管理人员极大的恐慌，形势变得极为紧张，英国政府、印度政府、阿萨姆当地政府紧急通知撤离，茶区的欧洲人匆匆携带家人慌忙撤离阿萨姆，逃往加尔各答避难，也有一部分英国人返回英国。

他们从 1962 年 11 月 18 日开始撤离，至 27 日左右停止。英国政府在印度空军和驻扎在新加坡的美国空军支持下，派出专机到达阿萨姆地区茶布瓦机场、提斯浦尔机场和古瓦哈蒂机场接走英国人和欧洲其他国家的人。英国在印度当地的机构和英国侨民协会等则组织安排护送侨民至各个机场，妇女和儿童首先撤离，然后是高级职位的男性，而一些低职位的管理人员或者年轻单身汉则被英国种植园公司要求留守在种植园内。在此期间，阿萨姆茶区的英国人走了，欧洲其他国家的人也走了，有钱的印度人逃跑了，而在阿萨姆的中国人被当做间谍逮捕关押，仅留下不以为意、茫然无措的阿萨姆本土人。

冲突结束后，种植园的英国管理人员终于松了一口气，虚惊一场后，管理人员大部分又返回阿萨姆茶叶种植园，继续过着他们原来的生活，也有一些英国人不愿意再回去，部分英国茶叶种植者逐渐离开了印度。中印边境冲突后，印度国内经济恶化，特别是 1966 年印度卢比严重贬值，导致英国公司或英国私人财产损失巨大，也使得大约 60％～70％的英国茶叶种植者离开印度。20 世纪 70 年代，印度政府开始实施国有化改革政策，规定英国资本公司或茶叶种植园最多只能保留 40％的股份，迫使英国茶叶公司撤出英国资本，茶叶种植园的英国管理人员也逐步离开印度。虽然许多第二代、第三代英国管理人员都出生于印度，他们年幼时被父母送回英国接受教育，然后再回到印度在祖辈或父辈的种植园工作，而当这些年轻人回到自己的出生地印度，已经很难适应这里的生活。1970年，阿萨姆联合自由阵线等民族复兴运动组织开始在阿萨姆地区活跃，他们反抗英国茶叶公司的剥削和压迫。不时发生的暴力和绑架事件，让留守的英国和欧洲其他国家的种植园经理们受到威胁，感到惶恐不安。

1982年最后一名在阿萨姆地区柯汉茶园工作的英国种植者克里斯·艾伦离开阿萨姆，这个种植园曾经是阿萨姆野生茶树发现者布鲁斯在1839年最早开垦建立的茶园之一。克里斯·艾伦的离开宣告了英国茶叶种植者完全退出了印度的茶叶种植业。

二、阿萨姆和西北部的中国茶工

1836年3月的一天，从澳门起航的“伊莎贝拉·罗伯森”号帆船缓缓停靠在加尔各答码头，几个月的漫长的旅程抵达终点。胡格利河水拍打着轻轻摇晃的船身，从船上步履踉跄地走下3名背着布包的中国男人，眼光迷茫地注视着嘈杂纷乱的码头上匆匆的人群，迈着沉重的步伐，缓慢地踏上了加尔各答的土地。这3名中国男子就是戈登秘书从中国招聘的第一批赴阿萨姆的中国茶工。他们收拾好简单的行李，告别家中忍饥挨饿的妻儿老小，从澳门登上了开往加尔各答的帆船，开启命运多舛的异国生涯。他们不知将会面临怎样背井离乡、前途未卜的命运；他们更不知道，他们的手艺和技术将为英国东印度公司打开绿色黄金的大门。

1836年至1839年，东印度公司茶叶委员会4次偷偷摸摸地从中国招募茶叶种植和制茶工人，合计42人。自英国东印度公司决定在印度种植茶叶开始，中国人就被首选作为引进技术工人参与英帝国茶园的开发。英属印度总督威廉·班提克在茶叶委员会成立之时，就明确指出必须从中国引进“有熟练技术”“真正的”茶工。1829年，当他考察英国东印度公司的海峡殖民地新加坡和马六甲海峡时，中国人的勤劳和智慧给他留下了深刻的印象。1834年，他在成立茶叶委员会的会议上就直接指出：中国人“精力充沛、勤奋、有头脑、善于算计利益，堪比欧洲任何民族……我的想法是挑选招聘机构，他们应该去新加坡和槟城，与那里的当局和中介机构合作，在承诺优厚待遇的条件下，采取有效措施获得真正的茶树和招聘真正的种植者，雇用他们考察选择合适的气候和地区，实现茶叶种植……”英国格拉斯哥东印度协会约翰·克劳福德在1829年《自由贸易和印度殖民地现状和未来前景》一文中也指出：中国人的性格“特别适合冗长乏味、烦琐的茶叶制作”。约翰·克劳福德感叹道：“尽管印度的气候条件相似，茶树也生长得很茂盛，但我们印度属地从未产出过一磅茶叶……与中国人的高超技能形成鲜明对比是印度人在几乎所有制造业上都非常笨拙。”约翰·克劳弗德是一位经验丰富的殖民地政策专家，他的观点在英国和印度都很流行。英国殖民当局视阿萨姆本土部落是未开化的、天生懒惰和鸦片成瘾的“蛮夷人”，孟加拉地区医疗服务机构的约翰·科什博士在1836年8月的《新加坡纪事报》上撰文，蔑视阿萨姆人是：“一群低生育、慢慢被扼死的野蛮人，可允许他们毫无益处地待在原始丛林里。”而高度赞赏中国人：“勤奋、有进取心的中国商人翻越缅甸高山进入阿萨姆地区，这些商人翻越这些山脉的短途陆路，用骡子运送他们的货物。”阿萨姆和中国西南部云南之间的山区一线似乎被英国人划定为野蛮和文明的分界线。阿萨姆殖民地区行政长官戴维·斯科特认为：阿萨姆为野蛮人的边缘地带，为了让英国人实现茶叶生产的商业目标，该地区部落要么必须改变，要么必须移除。在19世纪30年代英国殖民疯狂扩张的背景下，英国人认为：作为具有茶树种植和茶叶加工专业知识的中国人不仅是必要的，而且还被期望是勤奋、熟练和顺从的劳动力。然而，最初茶叶委员会并没有按照东印度公司总督的意见从英国海峡殖民地新加坡和槟城招聘中国茶工，而是安排秘书戈登潜入中国内地直接招募中国茶工。从1835年至1839年，茶叶委员会直接负责实施中国茶工的招募计划。

潜入中国盗取中国茶叶生产技术资料和直接招募中国茶工实际上已有先例。1827年至1833年，为了获得中国茶叶生产资料、制茶工具及有技能的中国茶工，荷兰贸易公司就曾派遣一名员工六次潜入中国。东印度公司茶叶委员会和戈登非常清楚外国人进入中国内地盗窃茶种、茶叶生产技术和招募茶工是非法和危险的。1834年3月15日，茶叶委员会给英属印度政府秘书麦克斯温的信中就提及，“难以获得有关中国茶叶生产资料，意识到秘书戈登非法进入中国的风险”。1834年出任英国第一任驻华商务总监的威廉·约翰·律劳卑曾警告：“外国人不允许进入中国内地，在澳门和广州之间旅行需要取得许可证。”戈登1836年撰写的关于英中关系的文章《向大不列颠人民发表演讲：关于我们与中华帝国商业关系的说明》中提到了罗伯特·莫里森翻译的“中国刑法”，戈登指出：“如果有任何（中国公民）被怀疑向外国人提供信息、法律建议或类似援助，当地政府会立即以卖国罪判处其死刑。”这些都表明戈登实际上非常清楚他非法进入中国内地所面临的危险。

1834年3月，戈登从加尔各答乘坐“女巫”号轮船出发前往中国。两年后的1836年3月，由戈登从中国招聘的第一批3名中国茶工独自乘坐“伊莎贝拉•罗伯森”号船到达加尔各答。1836年3月，瓦里奇博士从萨地亚考察野生茶树回程途中，经过阿萨姆焦尔哈德镇时，在一封信件中说：3名中国茶工已经到达加尔各答，他已安排一位在加尔各答的中国木匠作为翻译陪同一起前往萨地亚茶叶试验场。10月1日，3名中国茶工到达阿萨姆的萨地亚茶叶试验场。这最早背井离乡的3名茶工还随身携带了7盆中国茶苗，主管布鲁斯当时报告说，4盆茶苗在路途中已经死亡，另外3盆茶苗“看起来非常健康”。

3名中国茶工的到来，如同雪中送炭，令布鲁斯如获至宝，他正为不懂茶树种植和茶叶加工技术而发愁，他之前曾经不断地向茶叶委员会抱怨，他最缺乏技术工人。他也埋怨当地姆塔克部落和景颇部落居民的松散、懒惰和冷漠：“只要家里剩下一点大米和鸦片，他们就不工作。”他们只服从部落首领，而不愿意为英国人工作。布鲁斯只能用大米和鸦片来诱惑和交换，让当地部落居民从事砍伐森林、清理丛林、开垦茶园和建筑茅草屋等临时劳动。布鲁斯还雇用当地人作为临时劳工从丛林中挖掘野生茶树和采摘野生茶树鲜叶等非技术性劳动。到达萨地亚茶叶试验场的3名中国茶工，被戈登以“茶种植工”（cultivator）的名义招募，其中两人不仅懂得如何种植茶叶，还擅长武夷茶制作技术，他们毫无保留地将中国茶苗培育技术、种植技术和武夷茶加工技术传授给了布鲁斯，从而奠定了英国红茶制作技术的基础，也使得布鲁斯成为第一个直接掌握茶树种植和茶叶加工技术的英国人。

1836 年，第一批 5 箱由中国制茶工在阿萨姆制作的红茶被送到加尔各答。布鲁斯特别强调这批茶叶是“我们的中国制茶师”(our China manufacturers）制作的茶叶。布鲁斯在 1838 年出版的《布鲁斯，茶叶种植主管，在上阿萨姆萨地亚试制红茶的报告，中国人到达这里的目的，中国茶树在阿萨姆的种植和生长观察》小册子中，详细地描述了中国茶工指导茶树种植和茶叶加工的过程，小册子中还记录了布鲁斯与中国制茶工一大段内容广泛的技术交流对话，在这段对话中，中国茶工告诉布鲁斯：他们来自一个叫“Kong-See”的山区，从广州乘水路至“Kong-See”的路途需要 40 天时间，从著名的茶区武夷山至“Kong-See”仅需要两天时间。根据这些信息以及“Kong-See”的发音判断，与当时的江西“广信府”很相似，可以猜测这 3 名最早到达阿萨姆地区的中国茶工很可能来自与武夷山地区交界的江西省广信府，而不是来自武夷山茶区。

戈登是如何偷偷摸摸地从中国招募到中国制茶工的？又是如何让茶工偷偷越境至印度的？戈登公开发表的文章没有透露细节，而他在中国探险期间与茶叶委员会瓦里奇博士的通信中，透露了他招募中国茶工的部分信息。戈登也注意到了必须招募技术熟练的中国茶工，当戈登从安溪茶区探险返回广州伶仃岛后，1834 年 11 月 23 日他写信告诉瓦里奇博士：“劣等的安溪茶是由于不熟练的栽培和茶叶制作技术。因此，我没有向安溪的‘头夷’（Taou-ee）村农民提出让他们与我一起到孟加拉地区去当种植者。我坚持必须招募武夷山茶区的茶工，已通过一个本地中介代理机构的两个密探，从武夷山招募‘保证有能力的主管’（superintendents），并期望招募的制茶工在1835年1月到达广州。如果那时万一我已返回加尔各答，将由居住在广州和澳门的私人朋友帮助完成这个安排。”在信中，本地中介和中国茶工的身份被戈登故意隐瞒，戈登非常清楚这样做是为了避免他们面临被清朝政府惩罚的风险，也说明当时外国人招募中国劳工去海外的危险程度。1835年9月18日，茶叶委员会在致政府秘书麦克诺顿的信件中也报告了戈登聘请了两名密探帮助他完成“从武夷山招募有能力的主管”，他“居住在广州和澳门的私人朋友”将帮助完成所有的安排。

那么，戈登“居住在广州和澳门的私人朋友”何许人也？1834年7月，戈登抵达广州后，转交了一封茶叶委员会给英商渣甸洋行詹姆斯·马地臣的信，信中，茶叶委员会明确指出：“戈登先生的主要职责，将有选择性地招募，而不在于人数多少。要求（茶叶）种植者身体健康，男人必须具有能生产好茶的所有技能……此外，建议郭实腊牧师招募茶工人数不超过50名。”茶叶委员会授权詹姆斯·马地臣招募和签约中国茶工的工资是每月300至600卢比。茶叶委员会在1836年8月6日致政府秘书麦克诺顿的信中报告，提供中国茶工的合同工资为每月300～600卢比不等。当时阿萨姆茶叶试验场主管布鲁斯的工资也才每月400卢比，说明茶叶委员会对熟练中国茶工的极度渴求，为了阿萨姆茶叶种植成功不惜任何代价。从以上信息不难得出看出，戈登实际上是通过在广州的英国鸦片公司渣甸洋行威廉·渣甸、詹姆斯·马地臣和德籍新教传教士郭实腊牧师的帮助招聘中国茶工。戈登与詹姆斯·马地臣是十多年的熟人，戈登曾是加尔各答鸦片贸易公司——麦金托什公司的合伙人，詹姆斯·马地臣的叔叔则是麦金托什公司的创始人。1815年，詹姆斯·马地臣到印度加尔各答为他叔叔工作。因此，戈登与詹姆斯·马地臣应该早已在鸦片贸易中熟悉并紧密合作过。1818年，詹姆斯·马地臣独自前往中国广州拓展鸦片贸易市场。1832年7月，詹姆斯·马地臣和威廉·渣甸在广州创立渣甸洋行。此后，加尔各答麦金托什公司与广州渣甸洋行和渣甸洋行在加尔各答的合伙公司莱尔－马地臣公司始终保持着密切的个人和鸦片商业联系。

渣甸洋行（后改名"怡和洋行"）不仅是臭名昭著的鸦片公司和自由贸易鼓吹者，而且渣甸洋行等英国商业组织在大英帝国的侵略和殖民中扮演着积极的"帮凶"角色，极力主张对清朝政府采取军事行动，鼓吹入侵中国，为英国开拓中国新市场。渣甸洋行成立之前的十多年，苏格兰人詹姆斯·马地臣和威廉·渣甸已经渗入中国沿海地区多年，为在中国沿海地区拓展商业和贸易活动收集中国政治和军事情报、物产资源和劳工信息，对中国沿海地区相当熟悉，渣甸洋行与西方商业组织或个人的紧密关系，为大英帝国在快速扩张时期引进中国劳工和移民起到十分重要的纽带作用。更早之前，渣甸洋行已经组织贩卖中国劳工至英国海峡殖民地新加坡和马来半岛，也积累了相当丰富的招募劳工的经验。此次戈登的到来，让渣甸洋行获悉了东印度公司在印度开发茶叶种植业的计划。渣甸洋行不仅帮助安排戈登偷偷潜入中国安溪和武夷山茶区考察，并受东印度公司茶叶委员会委托，利用其在中国沿海地区的鸦片分销网络物色、挑选和招募有技术的中国茶工，为英国东印度公司在阿萨姆建立茶叶种植业起到了至关重要的作用。德籍新教传教士郭实腊牧师精通中文，深谙中国官场和地方风情，1829 年就被渣甸洋行等英国鸦片公司聘用为中文翻译，经常跟随鸦片快船进入中国沿海地区进行宗教传播、经济和军事侦察。他极力鼓吹对中国发动武装侵略，他是开放中国沿海自由贸易的支持者，对清朝政府闭关自守政策感到沮丧。1834 年，他在《中国沿海三次航行日记：1831 年，1832 年，1833 年》一书中认为："考虑到人口如此之多，（清朝）政府最好制定一个明智的政策，允许移民国外，并与外国开展贸易，以便为日益增长的人口提供充足的就业和生计。"1834 年 11 月和 1835 年 4 月，他两次带领戈登深入福建安溪和武夷山茶区探险，也积极地协助戈登招聘中国茶工。1835 年 10 月 6 日，广州英文报刊《广州纪事报》（*Canton Register*）报道了英国人在阿萨姆发现野生茶树的消息。实际上，詹姆斯·马地臣从 1834 年东印度公司茶叶委员会第一次联系他时就知晓了这一重大发现。渣甸洋行招募熟练的中国茶工是西方公司贩卖中国劳工中，第一次以帝国茶产业发展为目的的招募，不仅仅是招募纯粹的劳工，其核心是寻找具有特殊茶叶技术和专业知识的人才以及茶种资源的间谍阴谋活动。很显然，东印度公司茶叶委员会在茶产业发展及茶园建立中表现出了对中国茶叶科学知识和专业技术的极度重视。

1836 年 3 月，由戈登委托渣甸洋行从中国招聘了第一批 3 名中国制茶工，茶叶委员会发现这 3 名茶工使用的方言明显不同于在同一省沿海地区人们使用的语言，给英国人交流带来很大的麻烦。1836 年 4 月 11 日，政府秘书麦克诺顿给茶叶委员会的信中，提及从中国招募茶工并没有包括方言的翻译。因此，在不增加成本的情况下，很难找到具备必要技能的翻译人员。而茶叶委员会在

1836年4月14日回复麦克诺顿的信则强调:“在与江西(Kyangse)接壤的福建(Fahkeen)省的部分地区,当地人所说的方言与同省沿海地区所说的方言有很大的区别。”实际上,这个问题是由茶叶委员会节约费用的规定引起的,茶叶委员会要求尽可能减少招募中国茶工的人数,而且要求茶工具备多种技能,要求茶工能承担多个工作角色。东印度公司显然没有预料中国的方言问题。原本茶叶委员会希望聘请在加尔各答的华裔医生鲁华担任翻译,但东印度公司因其工资太高拒绝了。因此,茶叶委员会必须寻找一名收费低廉的翻译。最后,瓦里奇博士从加尔各答的中国人居住区找到一个懂英文的中国木匠替代。另外一份资料则记载,茶叶委员会从当地警察部门找到一名职员宗拉昂(Laon Chung)作为翻译,伴随3名中国茶工前往阿萨姆。

由于戈登招募的3名茶工仅仅懂得红茶的制作技术,不懂得制作绿茶,1836年8月6日,茶叶委员会再次致信麦克诺顿,瓦里奇博士再次强调,茶叶委员会不仅需要招募更多的中国茶工,而且需要招募熟悉国外市场需求、掌握绿茶制作技术的茶工和翻译。

1838年2月1日,戈登委托渣甸洋行招募的第二批5名中国茶工乘坐“福提萨拉姆”号船,在烟波浩瀚的大海航行数月后抵达加尔各答,包括2名绿茶制作工、2名茶箱制作工和1名茶罐制作工。

1839年6月10日布鲁斯在阿萨姆地区斋普尔茶园向茶叶委员会提交《阿萨姆地区茶园拓展、生产和茶叶制作》报告,布鲁斯说:阿萨姆的茶叶试验场现共有8名中国茶工,翻译1名,其中红茶制作工1名,红茶学徒1名,绿茶制作工2名,茶箱制作工3名，铅罐制作工1名，这个报告中中国茶工的人数正好符合戈登从中国招募的两批茶工的人数。但没有料到，1836年5月16日戈登以“部分众所周知原因和私人的原因”突然向茶叶委员会递交了辞呈，公开的理由是他的主要任务已经完成，并认为瓦里奇博士完全可以胜任他的职位。实际上，戈登潜入中国探险期间，瓦里奇博士已经代理了茶叶委员会秘书的职责。1836年底，戈登从阿萨姆回到加尔各答，此后中国茶工的招募转由瓦里奇博士全权负责。

1839年2月15日，瓦里奇博士写信给广州的渣甸洋行，请求再帮助招募一批中国茶工，“在您几次宝贵和热情的帮助下，乔治·戈登先生持续地从中国引进制茶工，茶叶委员会已经受益良多。他们真切地希望，在目前的情况下，你会同样给予热诚的合作，特别是这是一件关系到国家利益并有着重大意义的事情。”瓦里奇博士信中也表达了对渣甸洋行“良好的判断力和执行力”的充分信任，列出了详细的招募“60名技工的预算计划”。其中特别紧急需要12名种植工、8名茶箱制作工和油漆工、8名制纸工、1名可尊敬和有影响力的翻译。瓦里奇博士特别指示渣甸洋行在签订合同时要明确解释，除了预支付工资之外，不再支付任何费用，之前的合同中忽视了这一条款，导致茶叶委员会额外支付费用。由于瓦里奇博士将招募工作提至涉及国家重大利益的高度，广州的渣甸洋行接到信后不敢怠慢，立即安排招募。

1839年8月15日，渣甸洋行为瓦里奇博士招募了第一批12名中国茶工。据资料记载，渣甸洋行的档案馆依然保留当时为瓦里奇博士招募的第一批12名中国茶工的合同副本，所有合同签名都是詹姆斯·马地臣个人，采用相同的合同格式，签订日期均为1839年8月15日。这12名中国茶工英文名字很可能按照中文的粤语发音拼写：Ko-Lu-Leng、Low-Su-Fok、Low-Yum-Chin、Tang-Shim-Kwai、Tang-Hoau-Se、Ling-Cam-Seng、Ting Ateem、Low A. Jin、Low Mok Yes、Ting Jin Leng，以上10名中国人被聘为茶种植工（tea cultivator）。Low-a-Sam被聘为制茶工（tea manufacturer），A.Sing被聘为茶包装工（tea packer）。根据以往合同存在的问题以及瓦里奇博士的要求，制定了岗位特别条款，如“制茶工”“茶种植工”和“茶包装工”，条款中特别要求中国人承诺必须拥有制茶技术或栽培技术。如Low-a-Sam的合同文本：

“Low-a-Sam，制茶工，在此完全理解他为詹姆斯·马地臣从事制作茶叶，他将在阿萨姆工作五年行使他的手艺，到期后将被允许返回。他每月工资是15元（dollar），包括他的膳宿。马地臣先生每月将支付给Lim-Fok，Low-a-Sam的亲戚3元。他自己将收到剩下的12元。他将收到三个月的工资共45元作为定金。”这份合同是一份简短的文件，用中英文两种文字写成。合同规定了岗位、报酬，还规定5年期满后可以返回，以及违反合同的处罚。这实际上是一份苛刻的“契约劳工”合同，从中可以看出茶叶委员会和詹姆斯·马地臣对中国茶工根本不信任。

不久之后，渣甸洋行再次为瓦里奇博士招聘第二批14名茶种植工、8名油漆工和茶箱制作工。但在阿萨姆茶叶试验场，中国茶工的方言依然困扰着英国人，瓦里奇博士迫切需要一名中国茶工的负责人兼翻译，却一直没有招募到。詹姆斯·马地臣解释说：“广东人使用不同的方言，也不具备权威来管理其他省的同胞。”这说明詹姆斯·马地臣比在加尔各答的茶叶委员会更了解中国社会和沿海地区。另从詹姆斯·马地臣的解释推断，渣甸洋行为戈登招聘第二批中国茶工，很可能是从广东地区招募的。阿萨姆茶叶试验场主管布鲁斯在1839年6月的《阿萨姆地区茶园拓展、生产和茶叶制作的报告》中介绍了“非常有意思的绿茶制作工艺”，其记载的中国茶工的制茶工艺流程，与中国传统的广东大叶青茶的制作方法非常相似。因此，或许詹姆斯·马地臣招募的绿茶制作工很可能是从广东地区招募的。广东大叶青起源于明代隆庆年间，主产于广东珠江三角洲及肇庆、湛江等地。

1839年，正是中英战争一触即发的前一年，渣甸洋行已经预感到战争的硝烟临近，从而阻碍了渣甸洋行进一步冒险从中国沿海地区招募茶工。1839年9月25日，詹姆斯·马地臣在香港写信向瓦里奇博士解释，由于战争即将爆发，“在这麻烦的时期……中国政府最近特别关注移民问题，他们颁布了许多严厉的公告惩罚那些可能帮助或教唆他们移民的人”。事实上，威廉·渣甸和詹姆斯·马地臣还是鸦片战争的积极鼓动者，威廉·渣甸对他爱丁堡大学的校友——当时英国外交大臣亨利·帕默斯顿勋爵的游说和鼓动，挑起了中英第一次鸦片战争。鸦片战争的爆发，使中英两国关系迅速恶化，迫使东印度公司茶叶委员会和瓦里奇博士继续从中国招募茶工的计划暂时中止。

1839年底至1840年，广州渣甸洋行还应英属锡兰（今斯里兰卡）总督詹姆斯·麦肯齐的要求，偷偷地帮助招募熟练的契约中国茶工。1837年3月，詹姆斯·麦肯齐被任命为锡兰总督。1839年，他获悉第一批阿萨姆茶在伦敦销售成功的消息，对大英帝国在阿萨姆进行茶树种植实验很感兴趣，也试图在锡兰推广茶树种植，改善锡兰的产业经济。他的家族与詹姆斯·马地臣个人和家族关系密切，他也获知詹姆斯·马地臣已经成功地帮助东印度公司招聘到熟练的中国茶工。1839年7月19日他给詹姆斯·马地臣的一封信中，向詹姆斯·马地臣索要茶树："如果有机会，您能给我寄些茶树来，我将万分感激……"与东印度公司茶叶委员会一样，詹姆斯·麦肯齐希望依靠詹姆斯·马地臣在广州关系，获得必要的支持。1840年2月7日，他请求詹姆斯·马地臣帮助"招募中国普通工人，由工人来管理一个即将建立的茶园"。詹姆斯·麦肯齐总督有一个宏伟的茶叶种植发展计划，最初要求"良好的劳工人数达到50～100名"。除了中国茶工，还要求提供"大量的茶籽……用松软沙子包埋在箱子里"，并要求中国茶工必须是"单身男人、壮年、身体结实"。然而，詹姆斯·麦肯齐引进中国茶叶的计划最终未能实现。1841年，他被英国殖民地办公室任命为爱奥尼亚群岛的高级专员，离开锡兰。詹姆斯·麦肯齐很遗憾地告诉詹姆斯·马地臣，他将于1841年4月返回欧洲，希望詹姆斯·马地臣给他的儿子一些建议，并表达了无法在锡兰实施茶树种植计划的遗憾。詹姆斯·马地臣收到这个消息后，马上推迟运送中国茶工至锡兰的计划。1841年1月9日，詹姆斯·马地臣在澳门给詹姆斯·麦肯齐的复信中说："我一直在犹豫是否把中国茶工通过'英国'号船送到你们这里来，让他们在这里准备好。但是，当我看到你给你儿子的信后，我们两人得出结论——最好现在就推迟。"在信中，詹姆斯·马地臣还附上了与中国茶工签订的合同副本。这也是詹姆斯·马地臣最后一次亲自参与招聘中国茶工。

1840年3月，英国东印度公司将阿萨姆茶叶试验场三分之二的资产转让给了新创立的阿萨姆公司。1840年3月7日，在东印度公司任职的华裔医生鲁华连同茶叶委员会先后招募的剩下的18名中国茶工也一起被转让给阿萨姆公司。阿萨姆公司聘任鲁华医生为中国茶工总管。从1835年至1839年，茶叶委员会前后4批招募了42名中国茶工，其中戈登前期负责招募了8名，瓦里奇博士后期负责招募了34名。然而，东印度公司将阿萨姆的试验场转让给阿萨姆公司时，阿萨姆茶叶试验场仅剩下18名中国茶工。那么，其他的中国茶工是全部跟随去了东印度公司保留的4个茶园？还是抵抗不住阿萨姆地区肆虐的瘟疫，不幸长眠于陌生的异国他乡？1838年的一份资料记载：1836年，最早一批3名前往阿萨姆的中国茶工中就有2名已经因病去世。

查阅当时的相关史料，其中记载中国茶工的信息是支离破碎的。唯利是图的东印度公司视中国茶工是拥有特殊技能的契约劳工。东印度公司的目的是攫取中国茶工的技术。在后来阿萨姆公司招募中国茶工的事件中，英帝国主义资本家极端种族主义的暴力、偏见、歧视与迫害的狰狞面孔更是暴露无遗。

新创立的阿萨姆公司雄心勃勃，阿萨姆地区茶叶种植开始进入大开发阶段。布鲁斯抱怨，现在阿萨姆的茶园依然严重缺乏劳工，使得他捉襟见肘，无法大规模拓展茶园和扩大生产量。为了满足对熟练茶叶劳工的需求，阿萨姆公司董事会决定再次引进中国茶工，但当时正值第一次鸦片战争爆发期间，要从中国直接招聘茶叶劳工已不可能。按照当初英属印度总督威廉·班提克的意见，阿萨姆公司决定转向从英国海峡殖民地新加坡和马来西亚槟城招募中国茶工。

1839年6月，英国人马斯特斯被任命为阿萨姆公司南部种植园的主管。他分别写信给新加坡的肖－怀特黑德公司的鲍斯特德、巴达维亚（今印度尼西亚雅加达）沃森公司的麦科林和马来西亚槟城的巴瑟尔·查伯，请求帮助从新加坡、印尼三堡垄港市（印度尼西亚爪哇岛中北岸港市）和马来西亚“招募尽可能多的有能力的中国劳工”。新加坡公司很快回复，他们将很快运送一批“有经验的会制茶的劳工”到交趾支那（今越南南部）。与此同时，他们还发送了制茶用的100只铁锅及一些焊接工具，并送一名可以制作茶箱的男子前往。巴达维亚的公司则回复：爪哇没有中国制茶工，所有的茶叶都是爪哇人制作的。另一家公司说，他们只能将劳工运送至中国的海岸线附近。阿萨姆公司加尔各答董事会同意，并指示“需要100至200名劳工”。阿萨姆公司也写信给广州的英国登特公司，请求帮助招募中国茶工。登特公司即后来的宝顺洋行（也称颠地洋行），与渣甸洋行、拉塞尔公司（旗昌洋行）被认为是19世纪初在广州最主要和最活跃的走私和经营鸦片的三家英美贸易公司。

1839年11月，阿萨姆公司从英国海峡殖民地招募的第一批50名中国劳工，乘坐“丹那沙林”号双桅帆船从槟城抵达加尔各答，实际到达人数47人，有3人未能登船。这批劳工由印度尼西亚的英国斯图尔特公司从槟城招募。随后，斯图尔特公司从槟城招募第二批64名中国劳工乘坐“帕拉格普尔拉克里希纳”号帆船，于1840年1月到达加尔各答。阿萨姆公司立即派遣助理默里和1名翻译负责将这两批中国劳工送往阿萨姆。这两批到达加尔各答的111名中国劳工，上路不久就惹上麻烦。加尔各答警方向阿萨姆公司董事会报告，一些中国人在途经孟加拉地区北部的博格拉镇附近一个村庄时，与当地村民发生冲突，当地几个村民受伤。在事件发生后，默里置之不理，继续带领这批中国劳工继续前进。

1840年2月13日他在戈瓦尔巴拉镇向公司报告说：“我和这批105名中国劳工正从驿站前往阿萨姆的途中，2月26日最终抵达古瓦哈蒂。”而斯科特博士则向阿萨姆公司董事会报告，事件发生后，他已经带回17名中国劳工和1名翻译返回博格拉镇，9名中国劳工将因涉嫌袭击警察被当地法院审判。董事会意识到问题的严重性，认为有必要请求有影响力的人在博格拉镇帮忙妥善解决这个棘手的问题。1840年5月6日，公司董事会秘书在给种植园总部纳兹拉的马斯特斯主管的一封信中透露，博格拉镇警方对默里的指控已被撤销，当地警察以虚假指控被罚款10卢比。纠纷总算得到圆满的解决。

为了招募更多中国茶工，阿萨姆公司又进一步联系了在泰国的英国公司，希望寻找有技术的中国人。1840年11月14日，泰国的亨特回信答复：他将尽最大的可能帮助寻找“茶叶工匠”，如果招募到，他将从泰国穿越海峡送劳工至缅甸南部的墨吉群岛。一接到这封信，公司秘书紧急安排人在墨吉群岛负责接收转运这批劳工至加尔各答。

阿萨姆公司也要求中国茶工总管华裔医生鲁华想方设法为阿萨姆公司招募中国茶工。鲁华的第一个建议是从加尔各答中国人居住区招募一些中国木匠和一些中国年轻人作为制茶工的学徒。阿萨姆公司采纳了鲁华的意见。1839年10月，在加尔各答的中国人居住区，阿萨姆公司招募了9名制茶工和15名普通劳工，只要签署了在阿萨姆工作3年的合同，每个制茶工立即预付100卢比工资，其余普通劳工预付60卢比或者3个月工资。有趣的是，这些在加尔各答被招募的中国人实际上都是4名中国富商的保安员。阿萨姆公司还承诺，只要他们每个人安全抵达阿萨姆的种植园，富商将收到每个人头 2 卢比的奖金，如果这些人通过测试证明自己懂得制茶，富商将再额外收到每个人头 3 卢比的奖金。然而，不幸的是，当这 24 名中国劳工前往阿萨姆途经一轮渡码头中转时，突然全部离奇地失踪。后来阿萨姆公司接到贾马尔普尔（今孟加拉国贾木纳河畔）轮渡码头地方官员报告称：“发现漂浮着 2 名中国人尸体……已经花钱援救……”

鲁华还推荐了一个居住在上阿萨姆地区的中国商人依坎，由阿萨姆公司委派他前往新加坡、马六甲等地招募中国的“自愿劳工”，阿萨姆公司采纳了鲁华的这个建议。1840 年 2 月，由依坎负责在马来西亚招募的 247 名中国劳工乘坐“亚洲菲利克斯”号抵达加尔各答。依坎报告称，这批中国劳工是经过仔细挑选的，在劳力市场上以普通劳工月薪 16 卢比、手艺人月薪 45 卢比、学徒月薪 20 卢比招募，这是当时被招募至印度人数最多的一批中国劳工。这 247 名中国劳工由肖 - 怀特黑德公司负责从新加坡送至加尔各答，总共花费了 2.2 万卢比，包括每人 30 卢比的船票和食品等费用。根据公司先前接收经验，阿萨姆公司将这批中国劳工安排在加尔各答胡格利河对面的豪拉区，等待船只运送至阿萨姆。阿萨姆公司安排助理达菲尔德负责，他因病从阿萨姆返回加尔各答休养“换换空气”，正好需要重新返回阿萨姆。另外一名刚刚被聘为第三助理的波勒斯也被派遣负责运送。

这批从海峡殖民地招募的中国劳工在加尔各答逗留期间就发生了内部纠纷。2 月 15 日的公司董事会会议中报告了“5 人严重受伤”。一波不平一波又起，中国劳工又举报商人依坎诈骗中国劳工每人 3 元的事件。阿萨姆公司为了安慰劳工，一方面表示地方法官将尽快调查举报事件，另一方面也要求劳工们必须尽快起程前往阿萨姆。几经交涉，地方法官来到豪拉区进行调查调解，1名中国劳工代表携带请愿书和1名翻译，依坎和他的一位朋友出现在法庭上，最后法官判定，依坎归还克扣的每人3元工资，从公司支付给他的佣金中扣除；而中国劳工必须马上出发前往阿萨姆。

由于耽误了许多时间，原定安排负责运送的达菲尔德因工作紧急已提前返回阿萨姆了。不幸的是，戈瓦尔巴拉地区代理戴维森少校报告说，3月7日达菲尔德助理在返回阿萨姆的路途中感染霍乱去世。阿萨姆公司只好派遣米尔恩负责运送这批中国劳工，达菲尔德太太也随同奔赴阿萨姆处理她丈夫的后事。

这批中国劳工终于乘船从加尔各答出发前往阿萨姆，运送船经过孟加拉地区西北部的巴布纳镇途中休息时，中国劳工在当地集市上与当地居民又发生了争执，引起双方大规模的冲突。米尔恩3月24日报告，2名当地人被杀死，2名严重受伤，可能没救了。有57名中国劳工被当地治安官关进监狱。公司接到报告后，大发雷霆，一边责备米尔恩没有尽到安全护送责任，一边赶紧派遣法律代表前往巴布纳镇调查调解。事件的发展远超出公司的想象，事件发生后，米尔恩不顾被扣押中国劳工的死活，只想带领其余的中国劳工继续赶路，但其余中国劳工因为同胞被抓而拒绝前往目的地，要求除非全部释放被拘留的中国劳工，否则拒绝继续前往目的地，双方一直在巴布纳镇僵持。当地法官也一直在拖延审判时间，直至6月17日，经过审判，被关押的中国劳工因正当防卫而全部被无罪释放。这样的结果似乎解决了纠纷，英国人认为可以继续赶路前往阿萨姆了。而此时，一路受尽苦难的中国劳工拒绝继续前往阿萨姆目的地，要求阿萨姆公司提前支付部分工资和其他物品。阿萨姆公司闻悉恼羞成怒，断然拒绝提前支付工资，双方一时无法达成一致意见。米尔恩软硬兼施，试图说服中国劳工，甚至威胁停止供应饮食和支付工资，但没有起到作用。最终，米尔恩根据公司的指示下了最后的通牒："如果中国人没有按照预定的时间到达目的地，每个人都将因没有履行与公司签订的合同而被开除。"然而，最后通牒也没有任何效果，双方争执再次陷入僵局。三个月后，阿萨姆公司决定，愿意跟随米尔恩前往阿萨姆的 4 名中国劳工继续出发，其余的中国劳工被阿萨姆公司全部就地解聘，抛弃在巴布纳镇。

阿萨姆公司担心今后再发生类似的恶性事件，于是给沿途的各个接待站点发出通告，为劳工提供饮食和住所时一定不要靠近当地的"巴扎"（市场）。同时，请求沿途当地的治安官提供帮助，派遣更多的警察帮助监管。

中国劳工被无情地抛弃在巴布纳镇，阿萨姆公司断绝了资助，他们无依无靠，不得不依靠当地教会的施舍，一路乞讨，最终返回加尔各答。当时加尔各答的英文报纸不但不公正地报道中国劳工所受苦难，反而借题发挥，竭尽全力异化、贬低中国劳工。一家报纸报道说："……他们来到加尔各答市政大楼聚集，……最后他们全部被抓捕，关押到毛里求斯海岛。"阿萨姆公司认为：发生如此严重事件，是依坎没有精心挑选中国劳工以及中国人难以管理所致。阿萨姆公司伦敦董事会 1841 年 5 月 7 日的董事会报告中记载这起事件："他们（加尔各答董事会）用很大的代价和高额的工资招聘这些计划送到阿萨姆的数百名中国工人……事实上，在送他们的旅途中，我们几乎不可能管理他们。他们做出这样的事情，很有可能是为了达到取消合同的目的……除了那些最有经验的制茶工和最安静的人之外，其余全部被解雇了。”

英国人曾经认为，茶树种植和茶叶制作在中国已经有几千年的历史，中国人应该都懂得茶叶的种植和茶叶加工技术。在这种思维下，“这些头上留着辫子的人都被认为应该具有茶树种植、管理和茶叶加工的技能。他们就这样没有经过足够的筛选就被派遣出去。”英国植物学家威廉·格里菲斯曾经非常赞成印度总督提出直接引进中国茶工的意见。但事后他怀疑这批中国茶工的真实身份，他认为：“我发现这些所谓的中国人，可以在（缅甸的）孟拱、八莫和阿瓦见到这些人，他们每年组成大篷车商队与缅甸从事贸易，（但）这批人中没有一个是真正的中国人。”根据当时英国东印度公司的文献、报告等档案，英国人对中国劳工谴责和抱怨的一面之词，很难真正揭示被招募的几百名中国劳工所面临的严酷现实。从海峡殖民地经过漫长的两个多月艰苦的海上航行，到达加尔各答后，还需要三个月路程进入上阿萨姆陌生的环境，冷漠的英国人、恶劣的气候、残酷的疾病、变味的食物，特别是阿萨姆公司及其中介机构首先明显违反雇佣合同，没有履行其雇主的责任，才可能引起中国劳工的不满和反抗。

1839 年，正当阿萨姆公司董事会被两次失败的招募搞得六神无主时，鲁华又提出从阿萨姆地区陆路招募中国茶工的计划，即从阿萨姆穿越缅甸群山进入中国云南招募中国茶工。这主意受阿萨姆地方行政长官弗朗西斯·詹金斯上尉在 1835 年向茶叶委员会提出的建议的启发。弗朗西斯·詹金斯上尉作为东印度公司阿萨姆地区行政长官，驻扎在阿萨姆多年，1835 年 1 月 6 日，他曾向东印度公司茶叶委员会提出建议，提议东印度公司采取积极措施，促进缅甸和阿萨姆之间的贸易联系，开辟阿萨姆至中国云南的陆地商贸通路，通过缅甸进入云南。他希望能激活已有的阿萨姆与中国云南的贸易通道，希望吸引中国茶叶种植者来开垦萨地亚的野生荒地。通过陆路而不是直接从中国招募中国茶工的方案更节约成本，这个建议得到了茶叶委员会的批准，但该方案当时没有得到实施。这条传说的陆地商道大约800英里长，但莽莽高山林海，英国人也不知如何穿越这条古老的商道。鲁华认为这也许是一条招募中国云南茶工的极好的通路，他向阿萨姆公司董事会报告说："……据悉，那里茶工无处不在，可以获得无数的劳工。"阿萨姆公司董事会仿佛又看到了希望，立即批准了这一计划。

鲁华雇了一个会说汉语、缅甸语和一点葡萄牙语的中国人阿耶克（Ayek）担任招募代表，每月工资40卢比。阿耶克携带鲁华写的一封信，信中声称：阿萨姆地区土地肥沃、工资高、价廉物美，邀请同胞来阿萨姆谋生。阿耶克前往云南将步行经过曼尼普尔地区，转经缅甸伊洛瓦底江的八莫，再进入云南省招募云南茶工。阿萨姆公司承诺，如果阿耶克能够招募到云南茶工，将给阿耶克每个劳工5卢比的奖励。阿萨姆公司还通知在曼尼普尔地区的英属印度政府代表戈登上尉，请求给予帮助。戈登告诉公司，如果要进入八莫，没有缅甸人的保护无法通过，他将安排边境当局联系落实。

阿耶克和2名同伴携带鲁华的亲笔信、官方通行证和总价值1162卢比的一大包货物，包括丝绸、棉布、珍珠、饰物和刀具等商品出发了。实际上，阿耶克此行担负两项任务，一是招募中国云南茶工，二是希望开拓阿萨姆与云南之间的贸易通道。

1840年3月25日，阿耶克一行经过了阿萨姆重镇古瓦哈蒂，到达阿萨姆南部锡莱特。然后，阿耶克一行莫名其妙地失踪了。直到6月，锡莱特地区治安官普洛登报告说，没有发现阿耶克一行，也许他们根本没有进入曼尼普尔，也许潜逃至加尔各答。公司董事会接到消息，大失所望，赶紧要求南部种植园主管马斯特斯将阿耶克的合同、货物开支清单送至公司，公司将追讨和起诉阿耶克和他的担保人。加尔各答董事会1840—1841年年度报告中记载了这次云南招募的事件，董事会把所有责任推到中国人阿耶克身上。“由于中国人（阿耶克）的懦弱和诈骗，委托其进行的云南使命已经完全失败。他也许是遇到了比他预想的更大困难，或者他从未打算遵守他的承诺，甚至到达曼尼普尔之前他就潜逃了，至今还没有发现他的任何线索。他的一个中国同伴，穿越一座山后，返回古瓦哈蒂时就死在那里。到达曼尼普尔的贸易货物已经收回并通过拍卖出售，公司的这笔交易损失不会超过1653卢比。”

据有关资料记载，1840年3月，阿萨姆公司再次通过其他渠道招募了40名中国茶工，其中18名制茶工、4名木匠、18名学徒工。从1839年至1840年，阿萨姆公司为招募中国茶工想尽了一切办法，前后多批次招募了几百名中国劳工，实际成功的却不多。1840年底，阿萨姆公司彻底断绝了招募中国劳工的念头。

虽然几经挫折，终究有一批中国劳工留在阿萨姆公司的种植园。据阿萨姆公司加尔各答1841年8月11日股东大会报告：1840年5月至1841年4月，阿萨姆公司在阿萨姆地区聘用的中国人共有70名，其中专职制茶师34人，其余从事不同的工种。中国茶工分散在6个茶园工作：在瑙侯利种植园，绿茶工9名，包装工 1 名；提普姆种植园，绿茶工 7 名，包装工 1 名；廷格日种植园，红茶工 5 名，包装工 1 名，劳工 1 名；卡汉种植园，红茶工 8 名，造纸工 3 名，包装工 1 名，铅罐工 4 名和翻译 1 名；位于廷格日河与伯希迪亨河交汇处的廷格日姆种植园，菜农 1 名，

The number of Chinese Tea-makers, or those employed in making Tea now in the employ of the Assam Company amount to 34, and of the first class Assamese Taklars or Tea-makers 9, who are fully instructed in the process ; and of second class Taklars there are 12 ; and third class Taklars 23, who are partially initiated in the art, and in another season will become fully competent to be first class Tea-makers, and 141 Apprentices. The total number of Chinese remaining in the Assam Company's employ are as follows :—

Green Tea-makers at Nuholeah, ...	9
Packer, ...	1
Ditto at Tipum, ...	7
Packer, ...	1
At Tingri, black Tea-makers, ...	5
Packer, ...	1
Labour, ...	1
At Kahung, black-Tea makers, ...	8
Packer, ...	1
At Tingri Mookh, Chinese Painters, ...	
At Kahung, Paper-makers, ...	3
Lead Canister-makers, ...	4
Interpreter, ...	1
At Tingri Mook, Gardener, ...	1
Carpenters, ...	4
At Jaipore, Blacksmith, ...	1
Coolies, ...	17
Total number of Chinese, ...	70

阿萨姆公司 1841 年 8 月 11 日股东大会报告中记载的中国茶工工种和人数

木匠 4 名和油漆工 5 名；位于伯希迪亨河畔的斋普尔种植园，铁匠 1 名，劳工 17 名，鲁华也在该种植园工作和居住。与普通的劳工比较，拥有一定技术技能的中国制茶师、木匠、铁匠、油漆工的工资水平还是比较高的。中国制茶师每月的报酬为 26 ～ 30 卢比，如在提普姆种植园，9 名中国制茶师每月的报酬是 236 卢比，每人平均约为 26.2 卢比，中国翻译约 50 卢比，中国木匠 24 卢比，中国油漆工 22 卢比，中国铁匠约 25 卢比，学徒工 20 卢比，普通劳工签订 3 年合同的月工资 16 卢比，而普通的当地劳工的月工资仅 3.8 ～ 4.0 卢比。

另外，阿萨姆公司的史料记载，1841 年，布鲁斯从东印度公司保留的茶叶试验场又接收了 3 名中国造纸工、4 名中国铅板制作工。当时他还抱怨说，他还无法安排这些中国人制作茶箱，他要收到从加尔各答发运过来的铅块、锡、油漆和刷子等材料后，才能开始制作茶箱。

东印度公司在开发茶产业的初期，对中国茶树种植、茶叶加工技术充满了无限的崇敬和期许，茶叶委员会为获得中国的种植茶树和制茶技术，不惜任何代价招募中国茶工，神秘的中国茶叶生产技术被视为大英帝国开发茶产业成功的关键。1839 年以前，英国议会、英国东印度公司、英属地方殖民政府的早期文档中，英国人对不可缺少的熟练中国茶工在称呼上尚为尊重，一般称呼为“茶叶种植者”（tea planter，tea grower）、“制茶工”（tea maker）、“茶匠”（tea artisan）等，这明显不同于英国人将殖民地的劳工贬称“苦力”。连一向吝啬的东印度公司也为中国茶工开出了较为丰厚的薪酬。然而，狡诈的英国人非常清楚，这种对中国技术的崇敬是短暂的，对中国茶工的需求也是“临时性的措施”，一旦掌握了中国的栽培和制茶技术，英国人便显露出殖民者和种族主义的丑陋嘴脸，开始鄙视、欺骗和刁难中国茶工。阿萨姆几次招募中国茶工失败的经历，标志着中国茶工的价值开始下滑。1836 年至 1839 年，两批中国人已经在阿萨姆公司的种植园工作了几年，茶园的栽培、制作技术尚控制在中国制茶工手中，而被聘用并送往阿萨姆的英国和欧洲其他国家的管理者对技术一窍不通，管理也不尽如人意。英国管理者甚至采取主动停工的欺骗办法企图控制中国制茶工。布鲁斯负责北部种植园，他是最早与中国的制茶工合作的英国人，表面上似乎与中国制茶工的关系更好一些，1839 年 6 月，他给茶叶委员会的报告中曾说：“我们很高兴地看到中国人迅速地掌握了阿萨姆语言，他们到达一年后，在日常工作中能够流利地表达，这样也不需要翻译了。我们这里的中国人说阿萨姆语言比英语翻译说得更好。”但他骨子里依然是种族主义的偏见，他说：“他们是暴力的、顽固的、暴躁的人，尤其是当他们知道我们掌握着控制他们的权力时，如果许多人跟着少数几个人起哄，有必要请警方让他们保持冷静。”一些资料显示，后期布鲁斯对中国茶工也开始不满。当时他还在负责政府的茶叶试验场，阿萨姆公司董事要求他帮助带领这批中国制茶工前往斋浦尔种植园。1840 年 1 月 16 日他写信给阿萨姆公司说，“我没有那么多时间……当地人学习快，孟加拉地区的锡盒制造商可以教如何制作茶箱里的铅衬，以前只有中国人知道如何制作。”对于阿萨姆公司不断地招募中国人，布鲁斯提出了反对意见，他认为招募的中国人太多了，建议董事会尽快抛弃中国茶工，他认为当地部落居民工资低廉，而且很快地学习和掌握了茶叶的制作技术。英国人的目的是通过招募技术娴熟的中国茶工，帮助英国人繁殖、栽培和驯化野生阿萨姆茶树来实现其茶产业的发展目标。

南部种植部门主管马斯特斯对中国劳工更加傲慢和有偏见。马斯特斯在 1841 年末寄给阿萨姆公司总部的一封信中写道："所有的一切都是在没有中国人帮助的情况下完成的。在这个种植园里，只有一个人曾经见过一个从事制造的中国人。"1842 年 2 月 12 日马斯特斯在向董事们汇报的信中抱怨："你会发现这些制茶工（中国人）是非常'绅士的'，即使他们每个月获得的收入仅 3 英镑（约 30 卢比）。除了制茶外，他们不做任何其他的工作。当被要求做其他事情时，他们会感觉被欺骗和损害了，他们甚至威胁不干了。我们需要让他们处于我们的控制之下，如果他们继续威胁，我们可以每两个或三个月找一个机会停工，以消磨他们的意志。当他们没有了收入，他们会知道他们必须依赖阿萨姆公司才能生存。"阿萨姆公司 1841 年的年度报告乐观地指出："（当地）阿萨姆人开始工作，对茶叶生产的重要技术，他们似乎特别适应这样的工作，并可能最终提供所有必需的劳动力。"1842 年 8 月 9 日，阿萨姆公司东部主管帕克在写给公司秘书的报告中说：开除了 7 名拒绝被安排到其他种植园的中国制茶工，现只留下 2 人。没有中国人，种植园照样可以继续运转。1843 年，英属印度政府要求阿萨姆公司接收 3 名中国制茶工，东部种植园主管帕克拒绝执行董事会的指示。他的理由是董事会既要他降低成本，又要他接收这些高薪水的中国制茶工，阿萨姆人的工资仅 3.8 ～ 4 卢比。到 1842 年，阿萨姆公司已不再需要中国茶工的专业技能，中国茶工已被更廉价的本地劳动力取代。阿萨姆公司将其中许多中国茶工随意安排，从事他们无法胜任的工作。

鲁华也许是英国人最尊敬的中国人。据哈罗•德曼资料记载

（1918年）：1834年1月24日，东印度公司受英属印度总督的命令成立了一个专门的茶叶委员会。第一届的茶叶委员会由詹姆斯·帕特、乔治·戈登和鲁华组成，说明鲁华很早参与了东印度公司在印度发展茶叶种植的规划和决策。据说鲁华是一位长期生活和居住在加尔各答的中国医生，与东印度公司高层有密切的交往。1836年4月，茶叶委员会曾建议聘请鲁华担任翻译，和3名中国茶工一起进入阿萨姆茶叶试验场参与茶叶试验。但当时政府认为聘请鲁华每月400卢比的工资费用太高，因此，仅花费60卢比请了一位懂英语的中国木匠。此后不久，政府最终以每月400卢比的工资聘请了鲁华担任中国茶工总管兼翻译，这也许是英国东印度公司在印度茶叶大开发中职务级别最高的中国人。1839年，东印度公司将阿萨姆试验场茶园转让给阿萨姆公司，1840年3月7日鲁华也到阿萨姆公司担任管理人员。1840年6月鲁华到达廷格拉茶叶种植园，不久政府又要求鲁华回来为殖民政府服务，准备任命他为专员助理，但他的工资仍由阿萨姆公司支付。阿萨姆公司表示很支持他返回为政府服务，但又不愿意支付他的工资。正在此时，阿萨姆地区茶叶种植园暴发霍乱，阿萨姆公司派遣了鲁华和4个欧洲人组成一个小组帮助防治霍乱，鲁华居住在斋普尔茶叶种植园，不幸突然感染霍乱，于1840年8月15日去世。阿萨姆公司在1841年股东大会上对鲁华给予了极高的评价："他的贡献是在所有的中国工人和工匠中最有价值的，他拥有极高的造诣和名望，政府以及我们公司对鲁华医生的去世感到非常惋惜和遗憾，而且他刚刚被任命为他同胞中拥有权威的领导人。"

野心勃勃的阿萨姆殖民政府也曾利用中国茶工，试图开辟阿萨姆经缅甸进入中国云南的商道，企图打开中国西南大门。据文献记载：1848 年底，当英国东印度公司决定终止上阿萨姆茶叶试验场运营后，中国茶工杨卢平（Lum Ping Young）被阿萨姆地方行政长官派遣开拓阿萨姆经上缅甸地区孟关（迈昆）（Moong Kong）进入中国的贸易通道。英国人获悉，许多中国商人常年进入上缅甸地区经商，那里有一个繁荣的贸易市场。据说杨卢平是一位东印度公司茶叶试验场的中国茶工，他给在勒金布尔镇首席助理维奇上尉的信中说，由于不确定中国政府是否在边境哨所派驻警卫，为了保证任务的完成，他将直接穿越边境前往中国，他计划寻求他在广东省经商的兄弟帮助与孟关的商人接触，然后护送一个商队前往阿萨姆。杨卢平信心满满地表示，说服和鼓励商人跨过边境进入阿萨姆从事贸易应该不会太困难。阿萨姆行政长官詹金斯上尉对此深表怀疑，因为中国人常去的上缅甸贸易市场与边界之间的中间地带，以及帕特凯山脉边境当时经常受到景颇部落骚乱的严重干扰。阿萨姆地方当局无法保证杨卢平的路途安全，缅甸政府也无法阻止这些无法无天的景颇部落掠夺商队。当然，阿萨姆行政长官詹金斯上尉没有对这一提议发表评论，只是直接把它提交给了殖民政府。当孟加拉地区殖民政府副总督收到这份建议后，大加赞赏："如果通过他的引导，中国商人能够从缅甸进入阿萨姆，那么这种交往将会给阿萨姆带来很大的好处。"他认为：如果杨卢平能够成功，将开通一条通往中国的可替代贸易路线。因此，他要求阿萨姆行政长官研究这项计划的可行性，并提出实施方案。阿萨姆一些地方官员则非常赞赏这个建议。东印度公司董事会主席批准了该项目，并于 1849 年 5 月指示阿萨姆行政长官委派杨卢平前往缅甸北部，以开辟"中国—阿萨姆"的商道。杨卢平卸任了在东印度公司茶叶种植园的工作，开始为他的旅行做准备。但是，此时在景颇部落领地发生了严重的叛乱，阻碍了杨卢平越过边境，东印度公司企图开辟阿萨姆至中国云南的商道再次以失败告终。

另有文献记载了一个叫阿蒙（A-mong）的中国茶工。据说阿蒙曾经帮助布鲁斯在茶布瓦茶叶种植园指导茶叶制作，后来他离开了东印度公司的茶叶试验场。他以900卢比的价格从东印度公司手中买下了1837年东印度公司建立的茶布瓦茶叶种植园，这是中国人在阿萨姆拥有的第一个茶叶种植园。他财力有限，购买了这个小茶园后他亲自经营。然而，不幸的是，一次他将制作好的茶叶用乡村小船运往加尔各答，途中，当地强盗将船上的茶叶盗窃一空，让他血本无归。迫于无奈，他将这个茶园以475卢比亏本的价格转让给了原英国东印度公司雇员詹姆斯·沃伦。詹姆斯·沃伦也因此成为最早在阿萨姆投资茶园的英国人之一，他的家族一直经营茶叶直至20世纪60年代。

19世纪60年代，是阿萨姆“茶叶狂热”时期，对阿萨姆的英国茶园而言，中国茶工已经失去了价值。一旦英国人掌握了茶树种植和茶叶加工技术，采用大规模工业化的种植园经营模式，英国人最需要的是大量廉价、温顺的劳动力，在英国种植园主的监督管理下，进行大规模和繁重的体力劳动。诸多史料表明，至19世纪60年代，几乎没有中国茶工留在阿萨姆公司。

在遥远的印度西北部喜马拉雅西部山脉山麓下的旁遮普省（今属北阿肯德邦），1836年戈登从中国带回的茶籽，由瓦里奇博士在加尔各答植物园成功地培育出中国茶苗，其中2万株送往喜马拉雅山脉西部山麓下的库马盎和台拉登茶叶试验场种植。最初的茶叶种植试验由萨哈兰普尔植物园园长福尔克纳博士负责。随后，接任萨哈兰普尔植物园园长的威廉·詹姆森博士主管茶叶试验场试验及拓展工作。中国茶工也分几批被招募到偏僻遥远的西北部的茶叶试验场。

1842 年，萨哈兰普尔植物园园长福尔克纳博士请求东印度公司考虑和支持招聘中国最好的红茶和绿茶制茶师来库马盎和台拉登茶叶试验场指导制茶。他的要求得到了东印度公司的支持，东印度公司愿意提供帮助，但答复是必须从阿萨姆茶叶试验场中抽调中国制茶工，而阿萨姆地区行政长官和试验场主管却不愿意放人。最后还是加尔各答植物园园长瓦里奇博士从中协调，从阿萨姆抽调了几名制茶工，又从加尔各答招募了一些中国人。1842 年 4 月，一共 9 名中国制茶工聚集在加尔各答候命。1842 年 9 月，在英国人密尔姆的带领下，9 名中国制茶工和一批制茶设备抵达了库马盎和台拉登茶叶试验场。

当时担任冈格拉殖民政府官员的爱德华·帕斯克少校在 1868 年的一份资料中记载："1842 年，9 名中国制茶工到达库马盎种植园，1843 年茶叶种植园制作了第一批茶叶，中国人一致认为库马盎茶树与中国种植的茶树完全相同。该批由库马盎茶园生产的茶叶样品经过伦敦经纪公司的审评后认为，其香气和滋味都很好，味道强烈，甚至比从中国进口的部分茶叶的质量更好。这样的评价给东印度公司极大的鼓舞，从而决定进一步在西北地区拓展茶叶种植面积。"

莎拉·罗斯《茶叶大盗》一书描述："喜马拉雅山植物园园长詹姆森记载：'我自己清清楚楚记得，这些中国佬……是在 1843 年 6 月来到这里的。'另外一个英国殖民地公职人员写道：'来了 10 个中国制茶师……'这 10 名职业制茶师是东印度公司最初的一批合同工，当罗伯特·福琼来华之时，其中2人已过世，其他人都来自广州。在詹姆斯博士看来，这些人不讨人喜欢，‘他们的水平太差，加工出来的红茶质量甚至无法达到欧洲进口产品的普通水准’。”

詹姆森博士似乎是个脾气暴躁的英国人，对中国制茶工怀有偏见。他当时决定拆散这些中国制茶工，将制茶工分散分配至各个茶叶种植园。面对刁难，中国制茶工们组织起来抗议，一致拒绝被拆散。中国制茶工还提出加薪要求，这让詹姆森博士非常恼火。中国制茶工在写给詹姆森的信中说道：

“（1）我们被勒令待在阿尔莫拉（今属北阿肯德邦），拿着32～33安那的月薪，我们一直服从这一安排。对于强迫我们去别的种植园工作的命令，我们的答复是，如果能在现有的薪酬基础上每月增加7卢比的话，我们现在就动身去该去的地方。（2）我们已经为当地政府工作了7年，却始终加薪无望。因而，我们拒绝被调拨往台拉登或者帕伊尔……（3）如果当地政府一方面并未答应我们的加薪要求，一方面又要把我们调往新的工作岗位，那我们恳请辞去现有职位……（4）假使当地政府批准我们每月加薪7卢比，我们可以签订一份为期3年的工作协议，我们10人将按照协议行事：3人服务于台拉登，3人服务于帕伊尔，4人服务于哈瓦勒堡。在协议期限内，我们将坚守在上述工作岗位不动摇……”

从这封信推断，中国制茶工已经在茶叶种植园工作了7年，写这封信的时间应该是1850年或1851年左右。中国制茶工拿着非常低的工资，每月工资仅2卢比。当地英政府官员爱德华·帕斯克少校的报告这样写道：“根据我长期居住此地的观察，我从来没有听到过任何劳动力短缺的抱怨。按照规定，苦力可以按月领取 4.04 卢比的工资；年轻女孩和妇女在采茶季节每月获得 2～3 卢比的收入。”据帕斯克上校的资料，1854 年该地区生产的茶叶被送到英国伦敦后，在伦敦拍卖行的卖价可以达到每磅 1 卢比，可见当时中国制茶工报酬非常低。

詹姆森博士最终妥协了，因为他要依靠这些中国的制茶工，他同意制茶工提出的要求对原合同进行修改，制茶工可以成对地调往新岗位，薪资也给予上调，而作为交换，制茶工的合同在原合同期之外续签 3 年。詹姆森的妥协遭到东印度公司高层的训斥，认为他管理不善。最终，这 10 名中国制茶工被强迫分散到东印度公司在西北部的各个茶园，他们后来的命运如何，我们不得而知。随后，受东印度公司派遣的罗伯特·福琼从中国招募的 8 名中国制茶工于 1851 年 4 月 19 日到达了萨哈兰普尔植物园，一起到达的还有 1.3 万株茶苗及一些制茶工具，一同由茶叶试验场主管詹姆森博士支配。

罗伯特·福琼 1851 年 9 月 6 日在加尔各答写给西北省政府秘书约翰·桑顿《关于西北省茶叶种植园的报告》中记载：“从著名的徽州地区来的 6 名一流的制茶工、两名铅工（茶箱制作工）和一大批制茶工具已经安全地带到和安置在政府的茶叶种植园……”福琼说：“这些中国制茶工是上海的英国洋行帮助物色招聘的有经验的专业制茶工。其中 6 名制茶工都是同乡，我首次来华时，曾在他们的家乡采集过茶籽。因此他们很可能是来自安徽徽州的制茶工。他们每一个人都愿意前往印度，并且签订了一份前往印度服务 3 年的合同。”合同中约定支付给制茶工的报酬是每月 33 卢比。每个制茶工都可预先领到 2 个月的薪水。

另据莎拉·罗斯《茶叶大盗》一书描述，合同的内容如下："本人（个人姓名）系一名中国制茶工人，特此承诺前往喜马拉雅山茶叶种植园官办茶场从事茶叶加工工作，自（日期）之日起月薪为15美元或32～33卢比，本人将按照约定为茶场服务3年。本人进一步承诺：本人在担任制茶师或者其他任何可以做出贡献的岗位期间将尽职尽责，工作勤勉，如有任何违法行为，本人应按约定，向本人雇主缴纳100美元的罚金。本人确认已（从福琼先生处）收到英国政府预支的总数为30美元的两个月薪水……"

福琼1851年3月15日将8名中国制茶工带到加尔各答，为了炫耀他招募的是货真价实的制茶师，福琼要求制茶工在加尔各答植物园为休·福尔克纳博士及其他英国人展示茶叶制作工艺，中国制茶工找到一些类似茶叶的树叶做原料，为英国人演示了茶叶制作过程，仿造出茶叶样品。4月19日，福琼将中国制茶工带到了萨哈兰普尔植物园，交给了主管詹姆森博士。福琼在他的书中写道："我从中国带来的工人都安置在一个茶叶种植园里，给他们分配了很好的房子和花园……在我离开包里（今印度北阿坎德邦加瓦尔县）的那天早晨，这些离乡背井的人们都早早就起床了，穿着他们的节日礼服来跟我道别。他们交给我一大堆写给他们中国亲属的信件，请我帮他们把信件发出去。他们也送给我一些小礼物，希望我接受……"福琼在书中的叙述似乎洋洋得意地描述了中国制茶工对自己的感激之情。然而实际上，1851年9月6日，他在加尔各答递交给西北省政府秘书约翰·桑顿的《关于西北省茶叶种植园的报告》中对东印度公司茶叶委员会前期招募的中国茶工表现出不屑一顾的态度："这些年从加尔各答或阿萨姆招募的中国制茶工，在我看来，远非一流工人；事实上，我很怀疑他们中是否有人在中国学过这一行。他们应该被逐步抛弃，应该有更好的人取代他们的位置，非常遗憾他们教给了当地人非常劣质的茶叶制作方法。”他同时也不忘自吹自擂一番：“我带来的都是一流的绿茶制茶师，他们还可以制作红茶，但是他们还没有像制作绿茶一样制作如此大批量的红茶。他们不像广州人那样吝啬，也没有偏见，很愿意将技术传授给当地人。我相信，后者不久就会成为优秀的制茶工。……必须牢牢记住，从中国高薪聘请制茶工仅仅是短暂之计。最终，喜马拉雅山的茶叶必须由当地人制作，每个当地农民必须学会制茶和种茶。然后，他就会像中国人那样，在自己的地盘上经营。”

福琼在报告中不仅建议殖民政府鼓励和支持当地人经营茶叶种植业，而且还建议政府推广当地人消费茶叶。他建议说：“我们只需越过印度边界看看中国。在这里，严格地说，我们发现茶是生活的必需品之一。中国人从不喝冷水，因为他们认为冷水不健康。茶是中国人从早到晚最喜欢的饮料，不是我们所谓用奶和糖混合而成的‘茶’，而是用纯水冲泡的药草的精华。如果没有茶树，很难想象中华帝国还会存在。而且我确信这种饮料的广泛使用大大增强了人类身体的健康，并让人更舒适。……印度人的许多习惯与中国人不同。这两个国家的穷人很少吃动物性食物，大米和其他谷物和蔬菜是他们的主食。印度人很快就会养成在其姊妹国家普遍存在的习惯，这是完全有可能的。但是，为了使当地人能够喝茶，就必须以便宜的价格生产，他们喝不起每磅 4 ～ 6 先令的茶叶。必须以 4 便士或 6 便士的价格提供给他们，这很容易做到，但只有在他们自己的山上生产茶叶才能做到。如果这一目标实现了，那么印度人民将会得到一种特殊的恩惠，而这种恩惠是开明和自由的政府可以引以为傲地给予它的臣民的。”

喜马拉雅山脉山麓茶叶试验场在1842年和1851年前后两批招募累计17名或18名中国制茶工。1851年福琼招募的这批8名中国制茶工从此留在了遥远荒凉的印度西北部的茶园，为了生计，他们被英国人雇佣，漂洋过海，来到陌生的印度西北部茶园。这也是19世纪英国人从中国直接招募到印度的最后一批制茶工。

19世纪的阿萨姆地区，战火连绵，社会动荡混乱，百姓颠沛流离。一些零星文献记载，中国茶工中的部分幸存者后来离开茶园，试图用自己辛勤的劳动改变自己的命运，一部分人集聚在阿萨姆地区一些小城镇中做一些小买卖。据资料记载，20世纪初，在阿萨姆地区原首府西隆、提斯浦尔和丁苏吉亚县逐渐聚居了一部分中国人，他们很可能是中国茶工及其后代。在异国他乡，中国茶工已经开枝散叶，繁衍生息。如同19世纪成千上万在东南亚地区橡胶种植园做苦力的中国人一样，他们背景殊异，却被抛掷到印度大陆特定的历史时空，孑然一身、形单影只地在茶叶种植园度过青壮年时期，也许，一些人忍受不了英国种植园主的压迫而最终离去；一些茶工经不起热带疾病的折磨，已经埋骨在阿萨姆广袤无垠的森林；一些人最终返回中国；一些人忍受不了热带恶劣的环境，而流离失所，不知去向；一些茶工年迈无助、流落四方，最后不知所终，一张破草席就是他们最后的归宿，最终在历史的长河中被沙土掩埋。这一段历史是空白的，我们知之甚少！没有更多的资料记录这些早期中国茶工的踪迹。不可否认，中国茶工对英国茶产业的发展起到了非常关键的作用，他们无意中被迫参与演绎了一段英国茶园早期发展的历史，经历了坎坷和动荡的命运，中国茶工的智慧和技术给英国茶园带来了“芳香的事业”，用苦难和生命创造了英国茶园的繁荣，为英国资本家、商人、种植园主创造了巨额的财富，但这“芳香的事业”却给中国茶工带来了屈辱、灾难和死亡，而更可悲的是，在英国茶园发展的历史中他们留下的痕迹被冲刷得难以辨认。

三、被奴役的阿萨姆茶园劳工

19 世纪 30 年代末开始，英国人为了在阿萨姆地区开发茶产业，逐年引进了数以百万的外来劳工，将丛林密布的阿萨姆地区垦殖成一个个大规模茶叶种植园。经济模式的改变和外来劳工的急剧增长，彻底地改变了阿萨姆地区的政治、经济、社会、族群及宗教格局，为后来阿萨姆地区 100 多年政治、社会动荡留下了巨大的隐患。如今在广袤无边的阿萨姆邦西北地区戈格勒杰赫尔、达让、乌德尔古里县，中部地区索尼特普尔、瑙贡、戈拉卡德、焦尔哈德县，东北部地区锡布萨格尔、北勒金布尔、迪布鲁格尔、丁苏吉亚县，南部地区锡尔杰尔、海拉甘迪、格里姆根杰县等地区，依然生活着 150 多万茶园工人，茶园工人及其家庭总人口约为 550 万～ 600 万人，约占阿萨姆地区总人口的 20 %。此外，阿萨姆地区景颇、博多、莫兰和卡查里部落等其他部落部分居民也成为茶园工人。茶园工人的先辈几乎都是从 1830 年到 1920 年期间，被英国东印度公司、英属殖民政府和英国茶叶种植园主从印度东部恰尔肯德邦焦达讷格布尔高原，以及相邻的奥里萨邦、西孟加拉邦、比哈尔邦和切蒂斯格尔邦部分地区以契约劳工的模式雇用到阿萨姆地区茶叶种植园的劳工。其中来自恰尔肯德焦达讷格布尔高原、赫扎里巴克高原地区的桑塔尔部落居民占茶园劳工的大多数。桑塔尔部落的男性肤色黝黑、中等身材，黑发卷曲、嘴唇较厚、长额和宽鼻的特征，被认为是大洋洲土著原始人种的后代。他们的后代依然是阿萨姆茶产业的骨干劳力，艰难地生活在阿萨姆各个地区的茶叶种植园中，已经持续了 180 多年。在阿萨姆地区，茶园劳工被称为“茶部落”（tea tribe），但他们更愿意自称为“adivasis”，即“原住民”。他们如同 19 世纪在美洲、亚洲的英国殖民地的橡胶种植园、咖啡种植园和甘蔗种植园的奴隶一样，被英国人称为“苦力”（coolies）。在种植园主的威逼下从事开垦、清理丛林、播种、施肥、采茶、加工等繁重的体力劳动。大英帝国茶园发展是建立在对劳工的暴力、强制劳动和残酷剥削基础上。印度茶园劳工的历史是近代契约劳工被奴役、剥削的苦难历史，他们是苦难深重的被残酷剥削的最贫困族群。

1835 年，东印度公司决定在上阿萨姆地区建立茶叶试验场。1836 年 1 月，布鲁斯被任命为茶叶试验场主管。为了尽快地建立茶叶试验场，开垦茶园进行茶叶种植试验，布鲁斯想方设法招募当地阿洪人，但在当地根本无法招募到大量的劳工。阿洪人经历了 18 世纪 60 年代开始至 19 世纪初长达几十年的摩亚马里亚叛乱，人民流离失所。1817 年至 1822 年，缅甸人三次入侵占领该地区，大约三分之一阿洪男人和男孩被屠杀，大批妇女也被俘虏带去缅甸。整个阿萨姆地区经历缅甸人入侵的血雨腥风后，人口减少了约三分之二。1822—1824 年，悲惨的阿萨姆地区再次遭受第一次英缅战争的蹂躏，几十年的内战和外来入侵，殃及整个阿萨姆地区，阿萨姆地区变成兵荒马乱、饿殍遍野、经济萧条、人迹罕见的荒野之地。布鲁斯招募当地部落劳工，却遭到当地各部落的抵制。

1837 年 2 月 10 日，布鲁斯在一封写给阿萨姆行政长官詹金斯上尉的信中，提到了当地人最初对东印度公司的茶叶试验场招募劳工表现出相当地“抵制”。他哀叹道，景颇人“以他们喜欢的方式和时间劳作”。高地或山区部落更习惯于传统的打猎、采集山货的生活，不愿意进入茶园劳作。景颇部落也对东印度公司侵占森林和土地明显地表示抵抗，“他们不愿意砍伐和清除丛林”。布鲁斯采取赠送枪支和鸦片的方法引诱一些景颇部落的首领，然而部分景颇首领仍然不为所动。英国人声称当地部落是非常“懒惰”的民族，布鲁斯说：“除非我们引进外地劳动力，促使景颇部落人更加勤奋，否则就无法雇用景颇人，这些人只要有足够的

焦达讷格布尔高原孟达人（1903 年）

鸦片和大米就不会工作。只要在萨地亚的苦力们每个月能赚 4 卢比，他们就不会去景颇部落地区。”劳工短缺的状况引起了阿萨姆行政长官詹金斯上尉的注意，他最早提出了从阿萨姆之外的地区招募劳工的提议。他在 1837 年 2 月 20 日与茶叶委员会瓦里奇博士的通信中提出了这个建议：“对于这个问题（缺乏劳动力），找到解决办法并不难。茶产业需要更多劳工，我希望鼓励焦达讷格布尔或其他地方更勤劳的种族移民来发挥作用，但就目前茶产业状态而言，似乎无须立即采取特别的措施。”詹金斯上尉已经预见了输入劳动力的必要性，并特别提到从焦达讷格布尔或其他地方迁移更勤劳的种族。但他坚持认为，目前在阿萨姆刚刚开始的茶叶种植实验，尚不需要采取这种有组织的措施。阿萨姆地区行政长官詹金斯上尉的一份报告说：“我们有……无限广阔的荒地，这意味着这些荒地足够养活 300 万至 400 万人口。当然，我们的人口很稀疏，更糟糕的是他们非常粗鲁，虽然男人健康、能干、强壮，如果没有引入更文明的种族，他们不可能立即被使用……”

尽管招募当地劳工困难，布鲁斯还是诱骗了一部分当地人进入阿萨姆茶叶试验场。随着中国茶工的到来，茶叶实验场的茶叶制作正式开始。1839 年 6 月 10 日布鲁斯在阿萨姆地区斋普尔茶叶种植园给茶叶委员会的《阿萨姆地区茶园拓展、生产和茶叶制作》报告中称，已经建立了 5 个茶叶种植园，布鲁斯在报告中列出了茶叶试验场的中国茶工数和当地劳工数及工资。阿萨姆茶叶试验场共有 8 名中国茶工，1 名翻译，其中红茶制作工 1 名，红茶制作学徒 1 名，绿茶制作工 2 名，茶箱制作工 3 名，铅罐制作工 1 名。另外有当地劳工 56 名，其中红茶制作工 24 名，绿茶制作工 12 名，木匠 1 名，苦力工头 1 名，运输工（mahout）8 名，其他人员 10 名。每名中国制茶工带领6名当地劳工做助手，奔波于各个茶叶种植园，负责红茶和绿茶的制作。布鲁斯还特别强调，每个种植园至少需要约 30 多名劳工，特别是采茶工。

1839 年，阿萨姆公司成立。1840 年 3 月，阿萨姆公司从东印度公司手中接收了阿萨姆茶叶试验场，雄心勃勃地拓展茶叶种植园，急需大量的茶园劳工。因此，从外地招募劳工便成为阿萨姆公司唯一有效的解决途径，这对于英国殖民者来说早已轻车熟路。从 16 世纪至 19 世纪初，英国东印度公司主宰了大西洋的奴隶贸易，在两个多世纪里，300 多万非洲人被贩卖为奴。繁荣的奴隶贸易和西印度群岛的奴隶制甘蔗种植园经济成为推动英国经济发展的动力，为英国创造了巨额的财富，对英国资本主义的发展做出了非常重要的贡献。1807 年英国议会通过了《废除奴隶贸易法

阿萨姆采茶妇女（约 1880 年）

案》，正式废除了奴隶贸易。1833 年，英国再次通过《废除奴隶制法案》，宣布废除了奴隶制度。然而，英国殖民地劳动密集型产业依然需要大量的廉价劳动力。因而，一种变相的奴隶制——契约劳工制（indenture labour system）在 19 世纪初开始出现。英国人称这些劳工为“苦力”，是对不熟练的劳工或搬运工的轻蔑称呼。这种变相的人口贩卖行为，无非是签订一份写明了工作地点、工资数额、年限、待遇的“契约”，这些愿意与雇主签订苛刻契约的劳工，有些是被雇主误导，有些是因贫困而自愿卖身，有些是被人拐卖等。英国殖民地公司最早利用这种契约劳工形式，在 1807 年招募了 200 名中国男子到特立尼达和多巴哥的种植园工作。在印度的英国劳工招募公司大量贩卖劳工至英属殖民地。据 1861—1862 年的《印度物质和道德进展声明》一文记载，仅 1861—1862 年，大约有 60 艘“苦力船”，装载 2.2 万名苦力从加尔各答驶向海外殖民地毛里求斯、牙买加、特立尼达、英属圭亚那、格林纳达、圣卢西亚、圣文森特和留尼汪岛等。整个 19 世纪至 20 世纪初，阿萨姆地区和印度其他茶区，契约劳工制持续了 100 多年。

阿萨姆公司当然首先考虑的是从中国招募有茶树种植和茶叶制作经验的劳工。通过英国招募经纪公司或个人多次从中国和东南亚地区实施招募，然而大多数招募以失败告终。阿萨姆公司转而从印度中部地区招募劳工。1841 年阿萨姆公司第一次尝试从阿萨姆之外的地区招聘了 652 名劳工，但在途中由于霍乱的爆发，大部分劳工都病死在路途中，那些幸存下来的人也逃离了。从 1859 年 12 月 15 日至 1861 年 11 月 21 日，阿萨姆公司雇用的经纪人从孟加拉地区和比哈尔地区招募了 2272 名季节性劳工（migrant labourer）。这批蓬头垢面、衣衫褴褛、骨瘦如柴的劳工在前往阿萨姆的途中，发生了严重的流行瘟疫，250多名劳工因此死亡。1861年4月2日和1862年2月25日，阿萨姆公司又招聘了两批共2569名劳工。在乘船经布拉马普特拉河航行前往上阿萨姆地区途中，又有135名劳工因病死亡，103人逃走。当然，挫折和死亡无法阻止英国人。英国招募经纪人采取各种手段，甚至采用欺骗、强迫和暴力的手段从阿萨姆周边地区招募劳工。随着19世纪50年代阿萨姆种植园的发展，茶园劳工的需求量也急剧增加。招募经纪人到贫困农村和部落走村串户，与当地招募承包人勾结，隐藏必要的信息，欺骗无知村民签订契约合同，诱骗、强迫他们离开村庄，使他们从原来耕种水稻获得微薄收入的农民，变成了背井离乡的种植园劳工，甚至有些招募经纪人专门拐骗儿童和妇女前往阿萨姆的茶园。

当然，英国殖民政府也意识到了这些不人道的招募手段和居高不下的途中死亡率问题。为了规范茶园劳工招募，1859年英属印度政府发布《工人违约法案》（*Workmen's Breach of Contract Act*）。虽然规范了招募劳工所需遵循的条例，但其主要作用是保障英国种植园主的利益，确保种植园主能从外地通过招募契约合同招募劳工，却严重地损害了劳工的利益，如法案规定：劳工罢工将受到法律的制裁等。威廉·纳苏·利斯在1863年出版的《印度茶叶栽培、棉花和其他农业试验：评论》一书中认为：与奴隶贸易相比，1861—1862年的阿萨姆和察查的苦力贸易更加恐怖。虽然殖民政府1865年对《工人违约法案》进行了修订，却依然维护着种植园主的利益。

一份资料记载，19世纪60年代开始的阿萨姆的“茶叶狂热”期间，招募和雇用的劳工数大幅度增加。1863 年 5 月 1 日至 1866 年 5 月 1 日，阿萨姆地区招募了 8.4915 万名劳工，但至 1866 年 6 月，仅剩下 4.975 万名在茶叶种植园，其余 3.5165 万名劳工可能因疾病和饥饿死亡或者失踪。1868 年孟加拉地区殖民政府任命特派专员到阿萨姆、察查和锡莱特进行茶叶种植的前景调查，调查报告指出：茶叶种植园劳工的千人死亡率达到 137.6 ～ 556.6。印度茶叶协会秘书长菲尔德 1869 年 3 月的一份报告披露，仅 1863 年 5 月至 1868 年 1 月期间，运送进入阿萨姆的劳工就达 5.5352 万名，在漫长的一个月的路途中，劳工就死亡 1712 名。运送进入察查地区劳工 5.2155 万名，在路途中死亡

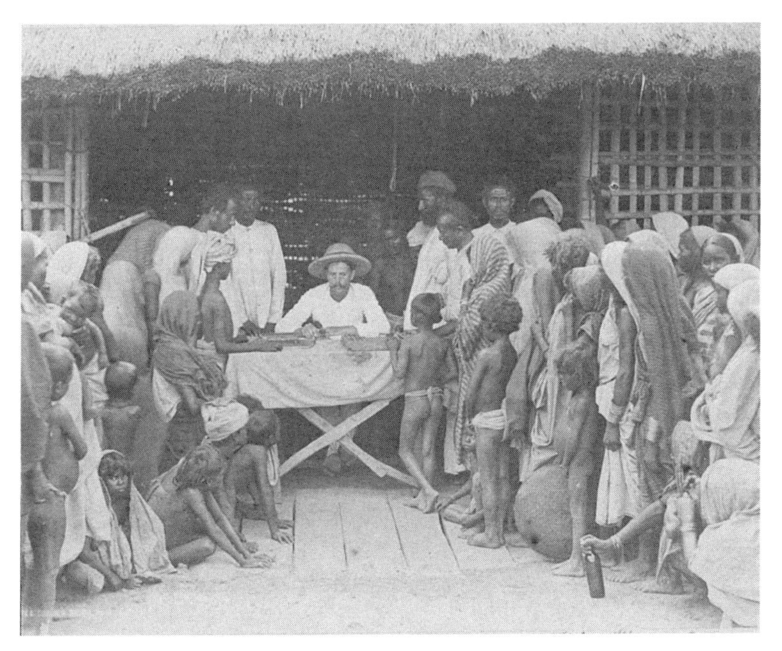

阿萨姆地区英国监工给劳工发工资（约 1870 年）

阿萨姆地区的茶园童工（约 1870 年）

人数高达 2456 人。英国人认为如此高的死亡率是由于路途中发生霍乱、瘟疫以及运输船过分拥挤和招募前对劳工没有进行仔细挑选造成的。为此，英国当地殖民政府也采取了一些措施，对运送劳工旅程进行监督管理。

19 世纪 70 年代以后，阿萨姆地区招募劳工主要通过两种途径，第一种是委托殖民政府在加尔各答的英国职业经纪公司或机构负责招募，当地人称为“阿卡提斯”（Arkatis）。如果是新建立的茶叶种植园，需要较多的劳工，一般委托殖民政府相关机构进行，但殖民政府相关机构招募的成本较高，招募需要的时间较长。殖民政府相关机构通常在印度人口稠密的地区建立专门的招募经纪机构，根据种植园需要的人数招募劳工，然后将劳工运送到指定地点。每招募 1 名劳工的费用大约 90 卢比，这个费用对于茶叶种植园主来说是相当高的。如果通过私人经纪人招募，则成本较低，如一次性招募 80 ～ 100 人，然后将劳工运送到指定地点，每个劳工的费用大约 50 卢比。

第二种招募方式是种植园主直接委托本种植园劳工的本土工头或者英国人信赖的本土劳工回他的家乡招募，被称为“萨达尔制度”（Sardari system）。这种招募方式适合已经建立较长时间的茶叶种植园。种植园内劳工通常都有几名工头以极大的热情，信誓旦旦保证能帮助英国人招募到自己的同乡或者村民来种植园工作。他们会向英国人夸夸其谈地吹嘘说：自己在村庄里拥有多么高的威望，招募几百名同乡毫无问题等等。英国种植园主经过筛选，确定派遣 2 ～ 3 名工头回家乡招募，这 2 ～ 3 名工头在招募期间的工资照常发放，还提供旅途费用，一旦招募回来，根据招募到的劳工人数，还给予其一定的额外奖金。受英国人委托的工头一次来回通常需要 4 ～ 5 个月时间。回到村庄，招募者必须使出浑身解数诱导村民外出闯荡世界，他们花言巧语地吹嘘到阿萨姆能赚更多的钱，能改变村民的命运和前途，而隐瞒了遥远陌生异乡恶劣的气候和繁重的劳动。如果在风调雨顺的季节或者水稻收获季节，村民们一般不愿意跟随外出务工。而在干旱季节，留守在村庄也就意味着饥荒、瘟疫和死亡，村民不得不外出务工，招聘人员就可以轻而易举地招募到大批的劳工。

劳工们一般经过三条线路进入阿萨姆，其中两条线路经过布拉马普特拉河，另外一条线路通过苏尔玛河。在运送途中，当地殖民政府设立了一些中途补给站，如在布拉马普特拉河畔的提斯浦尔、西尔哈特、蔻基拉姆科、迪布鲁格尔等地，在苏尔玛河线路上的锡尔杰尔、卡提格拉、锡莱特和格里姆根杰等地均有补给站。劳工们拥挤在简陋、散发恶臭的狭小船只中，沿着布拉马普特拉河或苏尔玛河航行数月，恶劣的环境导致途中经常暴发霍乱和传染病，几百上千的劳工就这样死于颠沛流离的途中。

英国人乔治·巴克在《一个阿萨姆茶叶种植者的生活》（1884年）中描述："一般通过轮船输送苦力离开加尔各答，每批200～300人，由政府指定的负责人派送到各个目的地，直到最后一人上岸。随行有一个医生。他们首先被火车送到孟加拉地区的高尔伦多站，然后登船，这条航线上的每一条船都装载至少200人。上船后，他们被安排在狭小的船舱内，挤不下的则在甲板上……幸运的是他们没有携带笨重的皮箱。他们的随身行李非常简单，一块毯子、一个球形黄铜小水罐（铜锅）、一个水烟袋和一个围巾小包裹，包裹里面包着石灰和槟榔、梳子和1～2件心爱的物品。一个家庭3～4口人会把毯子铺在地上，再用毯子覆盖着，相互保护。每个家庭或一伙人占用约5平方英尺的空间。在这个空间，他们会蹲或躺着直到天亮……晚上虽然很热，他们却一个挨一个地躺在那里。甲板上躺满了人，经过时几乎会踩着他们。白天，他们聚在一起聊天和打牌，他们是可恶的赌徒、烟鬼。有些人一直坐着发呆，什么也不做。当船舶停靠，少数人被准许上岸做饭（某些种姓人规定除了在陆地，不能在任何地方做饭）或购买蔬菜、水果、槟榔和其他他们想要的物品。

"每一批劳工中都有少部分女人，她们比男人更注重外表。她们梳理头发、穿花哨俗气的艳丽衣服……手臂和脚踝戴着巨大的银制或黄铜镯子。……镯子的多少是她们财富的象征……

"劳工们在航行过程中由随队医生全程监督，保证每个人都能活着登岸。登岸后，医生根据活下来的人数可以收到一笔不菲的奖励，男性、女性和儿童每人分别为1.5卢比和1卢比8安那。沿着航道，政府设立了几个重要的健康检查站，安排专门的医生上船检查劳工的健康状况、航船的卫生及食物状况，检查结束后，医生会开出检查报告证明书，表明这个阶段的旅程一切都好，这个证明书会随船交给下一个检查站。

“到达茶叶种植园后，劳工们被安排在茶园附近的一排排简易棚屋居住，每个棚屋面积约25平方英尺（约2.3平方米）。他们每天早晨必须早报到，必须保证每天出勤，即使生病也不允许请假，没有任何人身自由，甚至不被允许与其他种植园的劳工接触。在茶园经理的许可下，劳工之间可以结婚，而且必须结婚。他们的婚姻是必要的，而且严禁堕胎，以迫使劳工们增加出生人口，使得每个种植园可以得到更多的劳动力。”

早期，种植园主通常与劳工签订3年的劳动合同，至19世纪80年代后签订的合同一般为5年。男性劳工每月报酬是5卢比，此外还会得到定额分配的大米以及其他的生活设施。大米价格波动对种植园的成本影响很大。在干旱歉收季节，大米价格疯涨，种植园生产成本大幅度增加。因此，在大米价格低落时，种植园会大量采购和贮存大米。由于种植园供应的大米定额有限，劳工们一般需要从当地市场购买大米补充，价格变化对劳工们的生活也影响极大。政府要求种植园供应低价的食品，英国种植园主经常抱怨这一规定造成种植园的负担太重。合同结束后，劳工们可能会离开种植园，寻找新的生计，但这种情况非常少。经过3年的工作，劳工们逐渐适应了当地的气候，也逐渐成为较熟练的工人。英国人一般希望他们继续留在种植园，劳工们通常也会继续留在种植园。他们一般不可能去其他种植园，因为英国茶叶种植园主之间已经达成了一种默契，不轻易地接受其他种植园的劳工，这使得劳工们只好老老实实地在一个种植园干下去。

19 世纪 70 年代，阿萨姆地区茶园大规模开发，每年招募的劳工达几十万人之多。据英属印度政府的统计，1877 年，作为契约劳工进入阿萨姆地区茶叶种植园的劳工数达到 15.3219 万名，其中男性 5.5923 万名，女性 5.0752 万名，童工 4.6544 万名。进入 20 世纪，1900 年阿萨姆地区总人口约 220 万，茶园劳工数达到 66.217 万，其中男性 20.4492 万，女性 20.5362 万，童工 25.2316 万。1919—1920 年，茶园劳工数累计达到 111.0431 万，其中男性 32.3731 万，女性 30.585 万，童工 48.085 万。1928—1929 年，茶园劳工数累计达到 98.6652 万，其中男性 33.2962 万，女性 20.1507 万，童工 45.2183 万。

当时英属殖民地茶产业最高层管理组织是印度茶叶协会，其次是拥有无限权力的茶叶种植园主。由于茶叶种植园一般位于偏僻、遥远的丛林地区和山区，茶叶种植园成为种植园主的“自治之地”，殖民政府并不干预种植园的管理，殖民警察也很少干预种植园内部事务，这使得茶叶种植园主可以随意和肆无忌惮地剥削劳工，约束和限制工人的流动。种植园主有权逮捕逃匿的劳工，劳工违反合同将受到刑事制裁等。随着种植园生产规模的扩大，特别是茶叶机械的发明和应用，茶叶制造水平大幅提高，而采茶依然完全依靠手工进行。因此，茶叶种植园需要更多的采茶、鲜叶运输人力以跟上机械化生产的步伐。一位驻扎在茶区的传教士曾描述：“在茶园里有一个像机器一样的组织，在高压下为茶厂提供鲜叶。”茶叶种植园管理者为了赚取更多的利润，需要有效的组织和严密纪律来监督和管理劳工的工作和生活，劳工们就像工业化流水线上的装配工，必须绝对地遵守和服从专业化和集约化的要求。

为了提高阿萨姆地区茶叶种植园的生产力，考虑到阿萨姆地区比印度其他地区的日出时间早，种植园主发明了专门设定的阿萨姆时区，称为“茶园时间”，它比印度标准时间早了一小时，迫使劳工延长工作时间。几十万劳工在英国人的组织和监督下，有秩序地围绕茶园和工厂劳作。戴维·卡劳尔在《茶叶：茶叶种植与制造教材》（1897）一书中记载：“早晨6点，有时甚至早半小时，苦力宿舍就会敲锣打鼓，锅炉上的汽笛发出刺耳的尖叫声——又一天的劳动马上就要开始了。每个人都出去劳动——妇女去采茶，男人去锄茶园，技术熟练的工人和孩子们到茶厂去干活。到了中午，锣声和哨子又响起来了……”

英国茶叶种植园主支付的工资很低，为了生计，劳工的全部家庭成员不得不都在种植园工作，妇女、儿童都参与繁重的劳动。在劳动力密集型的采茶环节，妇女和儿童的人数远远超过男性，且儿童比成人更有效率，而他们的工资更低，津贴仅为成人的一半。这使得种植园更愿意雇用童工，越来越多的劳工的孩子被雇用。据资料统计，1877年童工占劳工总人数的约三分之一，至1930年，童工的比例几乎已经占了茶园劳工的一半，最小的童工仅5岁。虽然1865年《孟加拉议会法案六》规定了茶叶种植园劳工的最低工资、工作条件和年龄，然而劳工微薄的收入仅能糊口。1865—1881年，男性劳工每月收入约5卢比，女性每月4卢比，这样的收入情况一直持续至1900年。尽管英属印度政府1901年颁布了《阿萨姆劳工和移民法》（*Assam Labour and Emigration Act*），但实际上没有英国人会遵守这一法案。1901 年男性劳工每月收入约 5.5 卢比，女性每月 4.5 卢比，儿童仅为成人的一半。然而早在 19 世纪 80 年代，印度铁路建设中，不熟练工人每月可获得 12 ～ 16 卢比的收入，是茶园劳工的 3 倍。1923 年，杜阿尔斯种植者协会颁布新规，相应增加了劳工的平均月收入，男性和女性分别为 9 ～ 12 卢比和 4 ～ 9 卢比。直到 1929 年，阿萨姆地区茶园内男性平均每月收入才提高到约 14 卢比，女性提高到约 10 卢比。进入 20 世纪，从 1938 年到 1947 年，又有 15.8706 万名劳工被招募到阿萨姆地区。

按照英国殖民政府的法律要求，茶园主必须为劳工提供基本的生活设施。但实际上，阿萨姆茶园劳工们的劳动和生活条件非常恶劣，热带气候经常导致流行病猖獗。劳工保护组织的梅瑞狄斯博士调查发现，1868 年，阿萨姆地区的两个茶园，死亡的劳工分别达到 188 名和 294 名，包括男性、女性和儿童。他在研究死亡原因后得出结论：这是由种植园劳工营养不良和不健康的居住环境导致。每个种植园每年死亡劳工几名至几十名不等，每年数千名劳工死于疾病和营养不良，茶园没有配备医生和相关的医疗设施。当劳工遭受流行疾病，面临死亡的时候，一些茶叶种植园主甚至不提供救命的药品。虽然殖民政府已经发现了劳工大量死亡问题的严重性，派出了专员定期前往种植园巡查，但都会遭到英国经理们的抵触，或对其敷衍了事。后来殖民政府强制要求种植园必须配备医务人员，但大多数时期这仅仅是一纸空文。殖民政府还定期向种植园发放健康报告和调查表格，要求及时填写和报送真实的情况，如出生人口数量、婚姻状况、劳工死亡数、有多少人离开和多少新来劳工等等，这些调查也通常被种植园主拒绝。1889年后，当迪布鲁格尔地区建立了巴里怀特医学院后，一些茶园才配备驻地实习医生。一位英国茶叶种植园主描述道：当瘟疫流行时，茶园的上空都漂浮着死亡的气息，茶园劳工只能祈祷神保佑自己和家人的平安。他们会举行隆重盛大的祭奠仪式，这个仪式被称为“Poojahs”，他们认为瘟疫的流行是因为得罪了神，引起了神的愤怒，劳工们会不惜把2～3个月的工资投进祭祀活动，一部分钱用来请祭司，一部分钱买来祭祀用的牲畜，奉献给神，请求神的宽恕。祷告仪式结束后，他们花光了所有的钱，又变得一贫如洗，英国人却认为“他们变得很快乐”。

当然，发工资那天是茶园劳工最高兴的日子。下工后一个闷热的晚上，男人、妇女和儿童几百人聚集在经理的房子前面，穿上他们最好的衣服，兴高采烈地聚集在一起，他们挨着被叫到名字后过来领取工资。除了一些懒惰或不服从管理的劳工会被克扣工资，其他人都高高兴兴地拿到工资后离去。男人们一拿到钱，很快就聚集在一起赌博和酗酒。在许多大型的茶园周围建立了许多酒类商店，劳工们无法抵制酒精的诱惑，经常沉醉在酒精的刺激中无法自拔。英国人最为鄙视的就是劳工们无节制地酗酒，不仅花光了辛苦赚来的钱，而且伤害了精神和身体，无法拥有强壮的体力在茶园劳动。

英国茶园经理常常辱骂和殴打劳工，惩罚劳工，以儆效尤。茶园经理的暴行，有时纯粹是经理们为了发泄个人情绪。在察查地区，一名男孩被鞭打致死，只是因为他没有向欧洲经理致敬。在阿萨姆的德让区，一位茶园经理抓住了一名企图入室盗窃的男孩，这个男孩一直被慢慢折磨致死，他的尸体上满是伤痕。1921年在察查地区的一个茶园，一名茶园劳工被欧洲经理枪杀，只是因为欧洲经理要求他女儿陪自己过夜遭到拒绝。种植园主的种种暴行，致使许多茶园劳工经常陷入精神崩溃，健康受损。1876 年很多精神崩溃的劳工被关押在提斯浦尔的疯人院。

在英国殖民政府的鼓励下，这一时期从印度其他地区迁移到阿萨姆的人口也大量增加，包括从孟加拉地区来的殖民地政府职员、基督教徒和穆斯林，从拉贾斯坦地区以经商为业的马尔瓦尔人，从事放牧的尼泊尔人以及从事搬运的比哈尔人等。其中，印度西北部的拉贾斯坦的马尔瓦尔人，被认为是最精明和善于经商的群体。他们发现阿萨姆地区开发茶产业的巨大商机，千里迢迢，穿越高山大河，赤脚步行来到阿萨姆地区，虽然有无数马尔瓦尔人患病死于途中，他们依然坚定地说："我们马尔瓦尔人甚至可以到达任何一辆牛车都进不去的地方。"马尔瓦尔人依靠自己的智慧和技能，在阿萨姆地区建立商贸，而且迅速捞到第一桶金。据 1881 年人口普查，当时 2400 多名马尔瓦尔人居住在阿萨姆，他们中大多数是放债人或者为茶园供应粮食的商人，一些人也进入阿萨姆的茶产业。马尔瓦尔人促进了阿萨姆地区与孟加拉地区的商业贸易往来，一份调查报告指出，1921 年，阿萨姆地区主要的商业批发和重要的零售贸易都掌握在马尔瓦尔人和东孟加拉人手中。印度独立后，马尔瓦尔人甚至开始收购英国人的种植园，进入茶树种植和茶叶贸易领域。

生活在茶园内的劳工是被奴役的最贫困族群，苦难深重的茶园劳工不甘心遭受沉重压迫和剥削，渴望挣脱种植园主的桎梏，曾几次组织反抗英国种植园主的罢工斗争，如 1884 年波瓦利亚茶园和 1921 年希兰姆种植园的罢工抗议活动，但都被英国人残酷镇压，以失败告终。弱小、孤立、无组织的茶园劳工毫无力量对抗强大的英国种植园主。由于茶园劳工大多数属于低种姓阶层，他们的苦难和反抗也得不到印度高种姓和精英阶层的支持，对方甚至还支持英国殖民政府镇压劳工的反抗。年复一年，茶园劳工始终生活在疾病、饥荒、战乱和死亡的阴影下，芳香的阿萨姆红茶背后是茶园劳工的斑斑血泪。

第二次世界大战期间，阿萨姆地区的茶园劳工为从缅甸溃败的英国军队顺利撤回印度做出了重大的贡献。1941年12月7日，日军偷袭了美国太平洋海军基地珍珠港，发动了太平洋战争。12月28日，日本侵占了香港，紧接着又占领了菲律宾及印度尼西亚。1942年1月底，侵缅日军全面入侵缅甸南部，1942年3月9日缅甸首都仰光陷落。日军马不停蹄从缅甸南部向北进犯，以凌厉的攻势将在缅甸的14.8万英军打败。1942年3月9日仰光失陷以后，英军除了1个旅还在缅、泰边境外，其他都撤到仰光和曼德勒铁路两侧及依洛瓦底江东西两侧至印缅边境一带，计划撤回印度。阿萨姆地区便成了英国军队从缅甸溃败逃往印度的必经之路。为了保证英国军队顺利逃亡，1942年3月英属印度政府要求印度茶叶协会紧急动员，号召在阿萨姆的所有茶园提供物资、人力等支持，为逃窜的英国军队和难民修筑道路，建立难民营，提供食品、医疗等服务。为此，印度茶叶协会征用茶园的汽车、司机和熟练的机械技工，为英军运输军队和维修设备。印度茶叶协会组织在迪布鲁格尔、锡尔杰尔、潘度等地建立10多个难民营，安置难民和伤病士兵。印度茶叶协会成立了边界道路建设组织。在英国茶园经理的带领下，6万多名茶园劳工被派往修筑逃亡道路。茶园劳工修筑的第一条道路是阿萨姆与缅甸交界的潘哨山口，然后继续修筑从西向东包括缅甸胡冈山谷地—阿萨姆莱多、锡尔杰尔—比什努布尔—因帕尔—努马利格尔—迪马布尔—科希马—因帕尔—德穆的道路，全程被称为曼尼普尔路。6万多名茶园劳工日夜奋战在闷热潮湿和恶疾肆虐的丛林之中，顺利地修通了阿萨姆连接缅甸的道路，为英国军队顺利逃回印度做出了重大的贡献。战争结束后，英国政府颁发奖章奖励做出贡献的英国种植园经理们，而牺牲的6000多名茶园劳工却默默地长眠在热带丛林中。

印度独立后，英国茶叶种植园主开始撤离印度，将茶叶种植园陆续转让给印度投资人或商人，转而到肯尼亚、南非、乌干达等非洲地区开拓茶叶种植。英国主人走了，新的印度主人来了。新的主人继续保持着英国人严格和保守的管理方式，对劳工的剥削有时甚至更加残酷。虽然独立后印度政府似乎开始重视和关心贫困的茶园劳工群体，颁布了一系列保护劳工的法律，如1948年的《最低工资法》《职工国家保险法》《工厂法》和1951年的《种植园劳工法》，1952年又颁布了《退休金法》等。1948年的《最低工资法》规定了男性、女性茶园工人的最低基本工资。1951年的《种植园劳工法》规定了茶叶种植园工人的工作和生活条件，如住房、医疗和教育的标准。法案规定的工作条件，包括最长工作时间、加班费、疾病和生育福利等。尽管诸多法案实施了50多年，然而至20世纪末，都没有解决多年来积重难返的根本问题，茶园工人的生活条件并没有得到根本的改善，茶园劳工依然没有获得必需的基本生活条件和基本报酬。政府常常偏袒、保护种植园公司的利益。茶园工人因贫困或不公正的对待，对抗茶园管理人员的冲突、暴力事件经常发生。具有讽刺意味的是，茶产业被认为是印度最有组织性的产业之一，1948年印度就成立了茶产业工会，在西孟加拉邦就有 50 多个工会组织。然而，茶产业工会组织一直没有发挥应有的作用。

20 世纪下半叶，国际茶叶市场竞争愈演愈烈，阿萨姆邦的茶叶公司、茶叶种植园和整个茶产业受到影响，茶叶价格下降，加上国际周期性的经济衰退，使得阿萨姆茶产业不断萎缩，许多茶园都被业主抛弃，茶厂关闭，导致阿萨姆地区茶园劳工的经济状况进一步恶化。茶园工人群体依然生活在贫困之中，他们长期被社会和种植园隔离和孤立，完全不知道外部的世界。他们依然是属于印度政府划分的“其他落后阶级”（other backward classes）或“社会欠发达群体”（social disadvantaged group）的弱势群体。低工资、缺乏教育、恶劣住房，以及缺乏卫生设施和医疗设备等问题没有得到根本的改善。诸多学者调查表明，劳工社会地位低下，文盲率高，男性嗜好赌博、嗜酒成瘾也阻碍他们进一步外出谋生。女性劳工的地位更为低下，存在严重的性别歧视、早婚、高生育率、文盲、家庭暴力等问题，女工中已婚妇女占 64 %，已婚妇女中 80 % 有 5 个以上孩子。种植园 64 % 以上的女工和 40 % 以上的男工都是文盲。儿童入学率很低，又导致新一代文盲的增加。由欧洲一个组织发表的一份报告指出：1917 年至 1918 年，阿萨姆地区的种植园有 2 万多名适学儿童，但接受小学教育的人数不到 2 %。1950 年，阿萨姆地区有 50 多万名小学适学儿童，但只有约 3 万名孩子进入小学，仅占适学儿童总人数的 6 %。

自 1839 年阿萨姆地区开发茶产业至 1947 年印度独立，100 多年来，在已经消失了的阿洪王国富饶、肥沃的河谷之地，殖民者疯狂地榨取和搜刮丰富的森林、煤矿、石油和茶叶资源，这一简单有效的资源掠夺年复一年，甚至印度独立后也不例外。这里只

阿萨姆地区的采茶女工（1930 年）

剩下古城、墓葬、残塔在夕阳中静默，贫困的劳工住着简陋的棚屋，在洪水泛滥的岁月中绝望哀叹。现代阿萨姆邦目前依然是印度政治和社会最不稳定的地区之一、经济最不发达的地区之一。茶园劳工悲惨的生活引起了国际和印度国内舆论以及社会有识之士的猛烈批评，然而其生活状况却始终没有得到根本的改善。被殖民者奴役 100 多年后，苦难的茶园劳工和阿萨姆本地居民后代开始觉醒，他们认为不能再像他们的祖辈、父辈一样，绝望、耻辱地继续在茶园生活，他们追求身份认同和公平的社会环境，要求茶园劳工和阿萨姆人应该享有更好的生活条件。他们开始有组织地呼吁、抗争和反抗种植园主。从 20 世纪 80 年代，阿萨姆邦的社会动荡，出现了“阿萨姆联合自由前线”“波多民族民主阵线”和“那加独立战士”等政治和武装组织，这些组织试图通过武装斗争，争取自己的权益。他们威胁茶叶公司，抢劫银行和富人财富，也资助道路和堤坝修筑等公益性建设。而一些零星罪犯则假借这些组织的名义，实施敲诈勒索、绑架谋杀、爆炸等活动，导致印度政府最终派遣军队前来镇压，并加强了在阿萨姆地区的驻军部署。阿萨姆地区政治和社会陷入更加混乱不安的状况，甚至遭受暴乱的严重打击。更为可悲的是，由于阿萨姆地区原本就是一个多民族的集聚地，分散聚居着大大小小几十个部落民族；在英国殖民政府高压征服和统治之下，各部落和民族尚基本处于和平相处的状态，而在印度政府管理下，各部落和民族的矛盾又重新爆发。由于政治分歧、宗教信仰、土地利益等等问题，阿萨姆地区部落之间、民族之间和宗教之间又爆发了长期激烈的冲突，进一步加剧了阿萨姆地区的贫困，种族割裂及宗教骚乱一直困扰着当地，并持续至今。

第六章 英国茶叶科学研究及作用

一、学术争论和东北部茶叶研究

英国东印度公司不仅拥有一支先进武器装备的强悍军队、一批精明霸道的商人，更拥有一批敢于探险和忠心耿耿为大英帝国服务的科学家。18 世纪 60 年代，茶叶成为英国东印度公司最大宗贸易商品，被源源不断地引入英国。茶叶这种原产于中国的经济植物，其巨大的科学和经济价值引起了英国和欧洲其他列强国家的极大重视。18—20 世纪，英国和在殖民地印度的茶叶科学研究，本质上是殖民地科学研究机构为侵略、政治、扩张服务。英国科学家进行的茶叶科学研究为其宗主国在殖民地的政治统治、产业经济发展起到重要的作用。英国科学家在其中扮演了极其重要的角色。东印度公司决定在印度种茶，就是听从了著名植物学家约瑟夫•班克斯博士以及众多英国植物学家的建议和意见。从19世纪30年代至50年代，一批英国植物学家就在阿萨姆、印度西北部和南印度地区投入茶叶种植试验。众多科学家大量收集世界各地特别是中国茶叶技术资料，发表在印度农业和园艺协会的期刊上，供研究应用参考。从18世纪末至19世纪50年代期间，英国植物学家们对茶树的品种、新发现的阿萨姆茶树品种、印度种植茶树能否成功等一些问题一直存在着争议。英国植物学家依据收集的中国茶区有限的资料和他们对植物学的研究成果进行论述和争论，主要的争论点在以下几个方面。

第一，阿萨姆茶树到底是什么品种？是否与中国栽培的茶树品种相同？1753年，瑞典著名动植物学家卡尔•林奈在《植物种志》（*Species Plantarum*）一书中，提出统一的生物命名系统，即采用双名法，以拉丁文来为生物命名，其中第一个名字是“属”（属名，书写时要用斜体），第二个名字是“种”（种名，书写时要用斜体），“属”名为名词，“种”名为形容词。这一命名法获得了国际科学界的广泛认可和应用。林奈将中国茶树命名为“茶”属（*Thea*）、“中国茶种”（*Thea Sinensis* 或 *Thea Chinensis*）。1762年，林奈《植物种志》第二版中将中国茶树在“茶”属之下又进一步分为两个“茶”种（*Species*），即“武夷品种”（*Thea bohea*）和“绿茶品种”（*Thea viridis*）。博学的林奈犯了想当然的错误，他研究早期探险家所带回来的茶树标本后认为，中国绿茶和红茶是两类物种不同的茶树品种。19世纪初，英国植物学家艾贝尔博士、胡克博士、约翰•霍普教授和罗狄吉等都认可这一分类，他们认为商业化生产的中国红茶和绿茶是由两个不同的茶树品种生产出

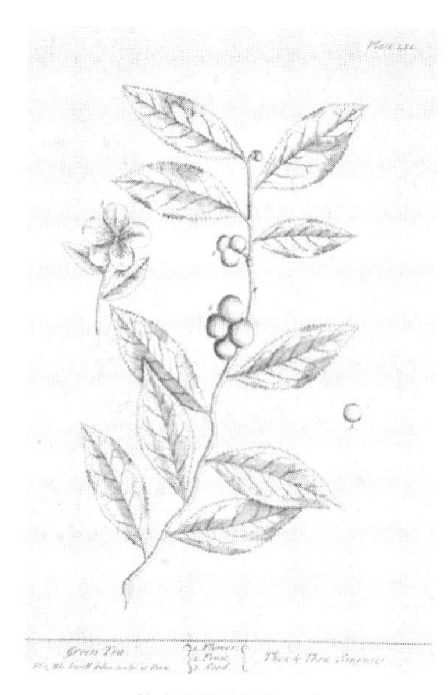

林奈分类的绿茶品种

林奈分类的武夷（红茶）品种

约翰·马斯特斯命名的阿萨姆品种

来的，这两个品种在叶片的外形以及茶树的抗寒性等方面存在显著的差异。红茶是用广东地区和南方茶区的“武夷品种”生产的，但不能确定茶区从广东向北部地区延伸多远。绿茶是中国北方省份茶区用“绿茶品种”生产的。当然也有一些植物学家认为中国栽培的茶树是相同品种的两个变种（*Varieties*）。那么，让英国植物学家们困惑的是，阿萨姆的野生茶树又是属于哪一个品种呢？格里菲思博士提出了这个问题：“从实际的角度来看，我们非常需要一个真实的茶树标本。假设阿萨姆茶树（这似乎也不缺乏基础）与中国的茶树品种不同，或既不同于中国绿茶品种也不同于中国红茶品种呢？假如它们明显地存在差异，就没有理由怀疑。（我们）需要经过验证的中国茶树植物标本。”英国植物学家罗伊尔博士认为：“有必要将这三个茶树品种一起种植在印度的同一苗圃，观察它们之间的特性差异，并了解它们是否一直保留了自己的品种特色。”在某个夏天，他与福尔克纳博士一起去英国皇家植物园，讨论了这三种茶树的属性。他们一致认为这三种茶树属于不同的品种（*Species*），因此有必要将这三个品种分散在印度不同的地区种植，如阿萨姆和库马盎地区，在相同的栽培条件下，观察在不同的土壤和气候条件下它们的生长特性。

关于茶树的命名，世界上许多植物学家一直不断地研究和探索，茶树的命名也在改变。1818 年，英国植物学家罗伯特·斯威特将“*Thea*”改为“*Camellia*”。英国植物学家约翰·马斯特斯对中国茶树和阿萨姆茶树的具体特征进行了详尽的比较，试图证明它们是完全相同的或者几乎完全相同。1844 年，他在《印度农业园艺学会杂志》发表的论文中认为：“阿萨姆和中国的植物之间唯一的区别在于叶子的质地。阿萨姆茶树的叶子长、薄，膜质状，通常呈波形；而中国茶树的叶子短、厚，呈皮质状，一般是直条状。尽管这两种植物的外观和习性有明显的不同，从中国运来的真正茶籽长成的茶树与来自阿萨姆茶籽长成的茶树相比，它们之间的差异要大于共性。”因此，他最后鉴定认为，阿萨姆茶树是一个有别于中国茶树的新种，一个独特的新品种，所以给阿萨姆茶树起了一个新名字：阿萨姆品种（*Thea Assamica J. W. Mast*）。西姆斯等许多英国植物学家也一致认可这个命名。进入 20 世纪，茶树的命名也一直在改变，最终“中国茶树品种”被正式命名为“*Camellia Sinensis var. Sinensis*”，“*Sinensis*”即拉丁文“中国”；“阿萨姆品种”被正式命名为“*Camellia Sinensis var. Assamica*”，这两个品种从此成为世界上最主要的茶树栽培品种。

第二，商业化销售的中国红茶和绿茶究竟是由不同的茶树品种生产的，还是同一茶树品种由不同的制作方法生产的？庇古早已指出，武夷茶也可以被加工处理成一种绿茶——熙春茶，熙春茶也可以被加工处理成武夷茶。1808 年，英国东印度公司驻广州茶叶检查官约翰·里弗斯根据他多年驻广东的经历，告诉植物学家罗伊尔博士，真正的绿茶和红茶是由彼此相距遥远地区的不同茶树品种生产的。他还获得一条可靠的信息，广东每年大批量生产的一种茶叶，它可以被着色，并制成各种等级的绿茶。尽管没有获得详细准确的中国茶区资料，植物学家罗伊尔博士相信约翰·里弗斯驻守广东期间非常注意观察和研究，因此他基本认同里弗斯的观点。1842 年 4 月，9 名中国制茶工到达印度西北部库马盎茶叶试验园，这个种植园全部种植中国茶树品种。1843 年秋天，中国制茶工制作出第一批茶叶。1844 年 10 月 18 日，种植园主管詹姆森博士告诉植物学家罗伊尔博士，他已经询问过中国制茶工，制茶工明确告诉他，中国的红茶和绿茶由相同的茶树品种制作，只是制作工艺不同。19世纪40年代末至50年代初，罗伯特·福琼潜入中国浙江的绿茶茶区和福建武夷山红茶茶区考察后，他对早期欧洲人所谓的绿茶品种和红茶品种的区分做出了自己不同判断：“我认为，武夷山茶树与绿茶树同种同源，只是因为气候的原因而稍微有些变异”，“徽州与武夷山的茶树属于同一种类，因为生长地的气候不同，两者后来出现了一些细微的差异”。福琼认为所谓绿茶和红茶品种实际上是一样的品种，只不过其加工工艺不同，从而澄清了英国一些植物学家一直认为的红茶和绿茶分别由红茶茶树和绿茶茶树叶子加工而成的争论。罗伊尔博士等英国植物学家最终才确信中国最好的红茶和绿茶其实都是同样的茶树品种生产的。

原英国东印度公司驻广州的资深茶叶检查官塞缪尔·鲍尔根据他1804—1826年长驻中国广州，22年从事茶叶检查期间的所见所闻，和对中国部分茶区考察时与茶农、制茶师交流所了解的中国茶树种植和茶叶加工技术，并收集整理最权威的中国茶叶书籍和与欧洲传教士在福建省居住期间的通信，撰写了《中国茶叶的种植和制作》一书，并在1848年第一次出版。这是第一本英国人撰写的全面详细地介绍中国茶树种植和茶叶加工的书籍，它涵盖了中国茶早期的历史和神话、中国茶叶茶区、中国茶的术语、红茶和绿茶的不同制作方法等，澄清和纠正了当时英国人对中国茶叶许多一知半解的错误认识。塞缪尔·鲍尔驻扎广州22年后退休回到英格兰，他一开始并没有想要写他在广州作为茶叶检查官的经历。当他阅读了1839年2月27日英国议会发表的《关于在阿萨姆发展茶产业》的文件后，他认为文件中对茶产业存在着许多误解。

他也阅读了布鲁斯1839年出版的《红茶制作的报告——现正在上阿萨姆的萨地亚试种，中国人被送到这里的目的，以及中国茶树的种植和在阿萨姆的生长观察》一书，他认为：“布鲁斯先生关于红茶生产的报告非常详细和具体，但对我来说这没有什么新奇。”因此，他希望出版一本书来介绍中国茶产业。实际上，当塞缪尔·鲍尔1804年到广州任职时，东印度公司与中国进行茶叶贸易已经超过一个世纪。1689年东印度公司就直接从广州进口中国茶叶，但从来没有一个英国人如此详细地介绍中国茶的栽培和制作技术。由于他经常与广州十三行打交道，他对中国茶叶的产区和茶叶品质比较了解，甚至能够熟练地区分武夷山生产的“内山茶”和“外山茶”的细微区别。因此，该书的出版也引起了轰动，为他赢得了“茶叶种植和加工专家”的美誉。他根据中国制茶师的中文发音，在书中描述武夷茶的加工工艺和制茶工具，如凉青（Leang Ching）、做青（Tuon Ching）、渥青（Oc Ching）、抛青（Pao Ching）、炒青（Chao Ching）、小焙（Siao Poey）、大焙（Ta Poey）等工艺；

茶叶第一次炒青

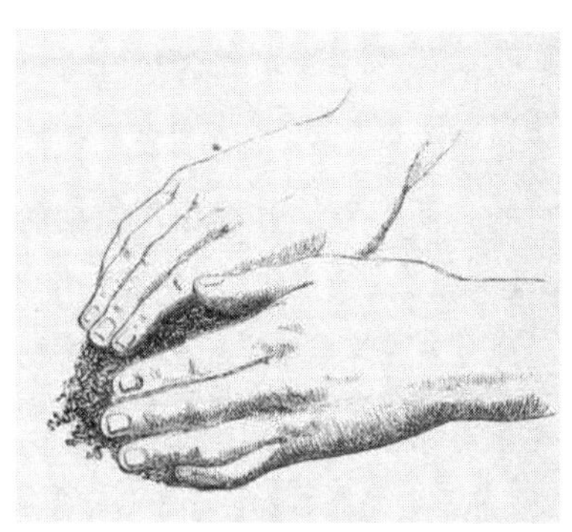

揉捻的手势

塞缪尔·鲍尔编著《中国茶叶的种植和制作》插图

簸箕（Po Ky）、簸篮（Po Lam）、焙笼（Poey Long）、锅（kuo）等制茶工具。书中还描绘了中国手工制茶的手势、工具、炉灶和制茶师制作时的形态，惟妙惟肖的插图准确地表现了19世纪初福建武夷山地区制茶的情景。

塞缪尔·鲍尔也再次在书中澄清了红茶和绿茶实际上是由不同加工工艺制作的，而不是不同的茶树品种的观点。他还对“Tea”和“Cha”的发音来源做出解释：英国商人最早在广州建立贸易站，通过海运将商品运抵英国，因为葡萄牙人的敌意，英国商人被迫转移到福建厦门进行茶叶贸易，厦门话“茶”的发音为“te”，因而英国人称“茶”为“tea”，而不是广州话的“cha”，因此英文“茶”为“tea”，而那些通过陆路到达的地方，如俄罗斯、波斯和蒙古，“茶”仍按照广州话称为“cha”。

塞缪尔·鲍尔作为一个资深的东印度公司官员，站在英国人的立场，曾经在威廉·阿美士德勋爵特使1816年7月初来广州之前，专门递交了一份报告《中国开放第二个港口的利益观察》给东印度公司董事局主席和货物管理事务特别委员会，他从东印度公司经营茶叶的重要性、福建茶区和福州的地理位置等方面论述了开放福州港的必要性，强烈建议阿美士德勋爵特使出使北京会见清朝政府时，要求清朝政府开放福州港口作为第二通商口岸。果然，第一次鸦片战争后，清朝政府被迫开放了“五口通商”，福州便是其中最主要的港口之一。19世纪40年代至90年代，福州成为英国进口茶叶的最主要港口，事实证明了他的战略眼光。

第三，茶树适合生长的土壤、气候是怎样的？有什么地形地势条件？印度大陆地区是否可以种植茶树或哪些地区适合种植茶树？关于这些争论，植物学家约瑟夫·班克斯博士早在1788年12

月 27 日向英国东印度公司董事会递交了一份关于在印度大陆种植茶树的可行性研究报告，他基于对印度大陆和中国两地土壤、气候的对比研究，建议可以在印度的比哈尔（今比哈尔邦）、朗布尔（今孟加拉国北部）、戈杰比哈尔（今西孟加拉邦北部）等地试验种植茶树。1815 年，印度西北省萨哈兰普尔植物园园长戈万博士也赞成植物学家班克斯博士的观点，同时提出孟加拉地区的西北部也可以种植茶树。1827 年初，英国东印度公司植物学家罗伊尔博士向当时英属印度总督威廉·阿美士德勋爵呈交了一份关于在印度喜马拉雅山脉地区种植茶树的可行性报告。1832 年加尔各答植物园园长纳桑尼尔·瓦里奇博士向英国众议院下院委员会提交报告，建议在喜马拉雅山脉山麓与中国茶区纬度基本相同的库马盎、加瓦尔和苏末尔（今喜马偕尔邦）地区试验种植茶树。1835—1836 年，东印度公司派出科学考察团考察布鲁斯兄弟发现野生阿萨姆茶树的上阿萨姆地区，对茶树适合生长的土壤、气候、地形、地势等条件进行了观察和研究，引起了科学家之间的争论。直到 1837—1838 年，阿萨姆茶叶试验场的布鲁斯、西北地区库马盎和台拉登茶叶试验场的福尔克纳博士报告了阿萨姆茶树和中国茶树在这两个地区生长良好的消息后，所有的关于印度大陆是否可以种植茶树的争论自然随之消失。

第四，阿萨姆茶品种和中国茶品种哪种更适合在印度大陆种植和推广？长期以来，英帝国的科学家、东印度公司董事会一直对中国茶树品种抱有一种崇敬的固定看法，认为它是世界上唯一真正的茶树植物，他们也坚定地相信，英帝国拥有能力，利用科学技术来掌握和改造茶树种植和茶叶加工技术。另一方面，英帝国科班出身的植物学家往往位高权重，仅相信自己亲自实地考察、收集的信息，而对在印度殖民地的英国商人、官兵、种植园主等提供的信息持怀疑和鄙视的态度，往往认为这些信息是不可靠的。1824年，罗伯特·布鲁斯报告发现阿萨姆野生茶树，以及更早之前的1815年，英国人拉特上校也曾报告在阿萨姆发现野生茶树的信息，都被当时东印度公司高层和加尔各答植物园园长瓦里奇博士等科学家轻视和忽略。东印度公司的官兵们试图说服科学家们相信他们在野外实地发现的野生茶树是真正的茶树，却屡屡碰壁。东印度公司官员、科学家最初常用土著术语“jat”一词来表示阿萨姆茶树品种，这一术语常常将阿萨姆品种认定为“野生的”(wild)或“丛林的”(jungly)，这也反映了当时英帝国正统科学家与商人、士兵、传教士之间因所处阶层和等级不同，从而产生的分歧和矛盾。在中国茶树品种和阿萨姆茶树品种哪种更适合在印度大陆推广的问题上，毫无疑问，科班出身的科学家和东印度公司高层更推崇正宗、高贵的中国茶树品种。

东印度公司茶叶委员会最初的意图是从中国盗取茶树和在印度种植推广，而布鲁斯兄弟发现野生阿萨姆茶树，这一重大发现彻底改变了东印度公司的战略计划。之前茶叶委员会秘书戈登和植物学家福琼多次深入中国，完成了东印度公司盗取中国茶树的使命，盗窃的中国茶树被种植在阿萨姆茶叶试验场、库马盎和台拉登茶叶试验场，随后扩散至大吉岭地区和南印度地区。然而，19世纪60年代之后，中国茶树在阿萨姆地区逐渐被英国人抛弃，直至销声匿迹。只有喜马拉雅山脉的库马盎、加瓦尔和大吉岭地区继续保留中国茶树的种植。为什么中国茶树在阿萨姆地区被抛弃？布鲁斯在阿萨姆茶叶试验场种植中国茶树期间，经过试验观察，发现中国茶树在阿萨姆地区水土不服，存在着产量低、效益差的问题。19 世纪 60 年代阿萨姆地区茶叶大开发时期，中国茶树被大量推广种植。几年后，种植中国茶树的茶园进入开花结果阶段，阿萨姆河谷平原的亚热带气候，使中国茶树生殖生长旺盛，阿萨姆茶园一片片白茫茫的茶花，旺盛的开花和结果导致茶树过早成熟，产量极低，被英国种植者称为“白色妖魔”。对于追求利润的英国种植者而言，中国茶树产量低当然是致命的缺点。而真正将中国茶树品种判死刑的是阿萨姆公司种植园主管小乔治·威廉姆森。在阿萨姆公司种植园经营陷入破产边缘时，他对比了两个品种种植的茶园，发现种植中国茶树的茶园开花多、产量低、效益差，从而重点推广阿萨姆茶树。最终，至 19 世纪 80 年代，中国茶树在阿萨姆地区被英国人完全抛弃。

在西北部喜马拉雅山脉山麓的库马盎、加瓦尔和大吉岭地区，四季分明，中国茶树顽强地抵御了寒冷的考验，坚定地扎根生长。虽然中国茶树的产量较低，但其独特的香气和滋味却获得了英国人的认可。库马盎和大吉岭地区后来也引进种植阿萨姆茶树，其风味表现却不如中国茶树。中国茶树由此在大吉岭地区安营扎寨，茁壮成长，由中国茶树生产的大吉岭红茶以独特的风味闻名世界。

第五，世界茶树原产地问题。英国人塞穆尔·拜登在 1882 年出版的《印度的茶产业——财务、劳力和资本家、助理指导》一书中，提出了印度是世界茶树原产地的观点。他的主要依据来自在阿萨姆发现的野生茶树。另外一个依据来源于印度达摩祖师的传说。传说公元 510 年，达摩祖师从印度前往中国和日本，将茶叶带入中国和日本，人们推测达摩祖师最早在印度发现和利用了茶叶。塞穆尔·拜登的推测后来得到了一些英国学者的附和。不过，至 20 世纪 20 年代后，中国的科学家反驳了这些没有科学依据的推测。

一边是英国科学家、学者长达几十年的学术争论，而在另一边，追求财富的英国茶叶种植者也一直潜心研究和改进茶树的种植和茶叶加工技术，成为茶叶科学研究的实践派和主力军。19 世纪 40 年代开始，一批英国茶叶种植者、企业家也专心致志地研究茶树种植和茶叶加工技术，从最早 1838 年布鲁斯编写的小册子《布鲁斯，茶叶种植主管，在上阿萨姆萨地亚试制红茶的报告，中国人到达这里的目的，中国茶树在阿萨姆的种植和生长观察》，至 1870 年爱德华·莫尼中校编写的《茶叶栽培和制作》、惠廷厄姆出版公司出版的《茶叶拼配技术，茶叶贸易的手册》等书，特别是 19 世纪 80—90 年代，这一时期编纂出版了大量有关茶叶的出版物，如《茶百科全书》《茶叶种植者手册》《关于茶叶，茶叶枯萎病，茶叶种植和制作，茶叶机械的重要文章和信息汇编》《茶叶的栽培和制作》等，英国实践派的科学研究取得了更明显的成果。

19 世纪 60 年代，英国人已初步掌握了茶树种植和茶叶加工技术。1870 年，英国茶园主爱德华·莫尼中校根据他 10 多年作为茶叶种植者在喜马拉雅山脉下和吉大港地区经营茶园的经历，以及对茶区的调查研究和实践，撰写和出版了《茶叶栽培和制作》一书，科学、全面地介绍了茶树栽培的土壤、气候、施肥、修剪、采摘，以及茶叶加工和包装等技术。莫尼中校的这本书成为当时英国最权威、最畅销的关于茶树种植和茶叶制作的手册，在 1870 年、1874 年、1878 年和 1883 年分别出版了四版，内容不断丰富。这本书还获得印度农业和园艺学会的金牌奖和 300 卢比奖金。书中详细介绍了 19 世纪 70 年代，当时英国茶园采用的红茶加工工艺，从原来复杂烦琐的流程：萎凋、第一次揉捻、第二次揉捻、发酵、第一次锅炒、第三次揉捻、第二次锅炒、第四次揉捻、日晒、第一次烘干、冷却、第二次烘干 12 道工序，需要 3 天才能完成工艺，简化改进为萎凋(withering)、揉捻(rolling)、发酵(fermenting)、日晒（如果有阳光，sunning）、干燥（firing）五道工序，一共只需要 2 天即可完成的生产工艺。英国人将最早中国制茶工传授的乌龙茶工艺转变成真正的现代红茶制作工艺，并且明确了红茶制作工艺的工序和专用的英文名称。作者在书中还介绍了当时红茶产品已经形成商品标准的等级和花色，长条形的“叶茶”类分为花白毫、橙白毫、白毫、白毫小种、小种、工夫和武夷；“碎茶”类则分为碎白毫、白毫末、碎混合茶、碎小种、碎叶茶、片茶和末茶。书中也详细介绍了绿茶制作工艺：锅炒（杀青）、揉捻、日晒、第二次揉捻、第三次揉捻、锅炒、装袋过夜、炒干。绿茶的等级依据它们的品质分别是芽尖茶、雨茶、熙春茶、贡熙、末茶和贡珠茶。这些原本来自中国的茶叶等级及名称，从此被英国人用英文重新划分和定义，形成了国际茶叶贸易的通用工艺标准和产品标准，至今依然在使用。

1885 年，《印度茶叶公报》编辑部出版了一本最全面的《茶叶种植园主的手册》，详细系统地总结了几十年来英国茶叶种植者的经验，介绍了印度茶叶产区、茶区气候和土壤、茶叶化学成分、茶枯萎病等茶叶病虫害、茶苗繁殖、茶树种植、茶叶制作、茶叶审评、茶叶机械、茶叶包装木箱、茶叶加工厂蒸汽机的使用和维护等技术，完整地描述了当时最成熟的红茶制作工艺：萎凋（withering）、揉捻（rolling）、发酵（fermenting）、干燥（firing）四道工序。该书还第一次比较全面地介绍了英国化学家对茶叶化学成分的分析研究结果，如当时就发现茶叶中含有的主要有机物质是芳香油、咖啡因、丹宁酸、蛋白质、葡聚糖、果胶、纤维素、叶绿素和树脂等。该书还公开各种茶类咖啡因含量的测定报告：工夫红茶（低档）2.78 %，高档工夫红茶 3.12 %，熙春茶 2.24 %，小种茶 2.97 %，阿萨姆茶 3.42 % 和珠茶 2.72 %。这些早期的研究结果为英帝国在印度殖民地的茶叶生产提供了强有力的科学支持。

尽管茶叶科学研究已经取得了显著的成果，英国茶树种植和茶叶制作技术已经日益成熟，英属印度政府和茶产业专业组织——印度茶叶协会依然认为有必要建立专业的研究机构，加强专业茶叶科学研究，这对帝国的茶产业发展是非常重要的。

印度茶叶协会最重要的贡献是在印度建立和开展了专业茶叶科学研究，这也许是世界上最早开展专业茶叶研究的组织机构。1889 年，印度茶叶协会的年度报告中记载了最早开展茶园土壤和肥料应用分析研究报告，以及豆饼粕在四个茶园中的应用报告。这项研究由印度农业和园艺协会化学家、加尔各答医学院教授沃登博士、普莱弗尔和欧文 3 人组成的研究小组进行。印度茶叶协会收集各个茶区茶园的土壤和肥料的样品提供给研究小组进行研究，这或许是印度茶叶协会最早的茶叶研究报告。1890 年的年度报告首次提出："对茶产业来说，显而易见需要研究和科学解释茶叶在制作过程中的各种化学变化，在获得任何实际有用的结果之前，避免采取任何行动……"

1891 年，印度茶叶协会和孟加拉地区农业和园艺学会的联合委员会要求英国化学家凯尔韦·班贝尔"从科学的角度开展茶叶种植和制作的研究"。班贝尔最早选择茶叶化学、茶园土壤和肥料应用的研究项目，以了解茶叶品质的化学基础。经过他个人不懈的努力，1893 年印度茶叶协会出版了他的著作《茶的化学和农业，包括种植和制作》，详细地介绍了这项研究工作的成果。随后，针对在阿萨姆茶区严重的茶枯萎病，印度茶叶协会根据英属印度政府的要求，聘请了英国昆虫学家乔治·瓦特博士开展茶枯萎病的调查研究。1895年，瓦特博士广泛深入调查了阿萨姆和那加丘陵的茶区，研究采用植物鸭嘴花（adhatoda vasica）作为杀虫剂对茶树害虫防治的作用。1898年，他出版了《茶树害虫和枯萎病》一书，在书中，他提出了茶树种植、采摘、修剪、施肥、排水技术，甚至建议建设管道排水等措施防治茶叶病虫害。化学家凯尔韦·班贝尔和瓦特博士的茶叶著作被公认为当时最权威的茶叶专著，他们两位也成为英国茶叶科学研究的先驱。

瓦特博士还向印度茶叶协会建议，开展系统的茶树种植、茶叶化学分析和茶叶制作研究工作。研究内容包括：（1）研究土壤、气候、水分、土地地形、遮阴和靠近丛林等环境因素对茶叶品质的影响；（2）茶叶化学方面，包括植物抗病性，肥料的要求，产量和品质改善；（3）生产的各个阶段与现场操作的关系。瓦特博士还建议聘请的科学家应该具有深厚的植物学和化学背景，应该得到当地实验室和在加尔各答博物馆的中央实验室的支持。然而，瓦特博士的建议因为没得到资金的支持而搁浅。1899年，经过多次努力，印度茶叶协会最后得到了阿萨姆和孟加拉地区殖民政府的资金支持，1900年正式组建了印度茶叶协会科学部，任命约克郡大学毕业的英国人、农业化学家哈罗德·马恩博士为茶叶科学官，在加尔各答博物馆的经济馆建立实验室，这标志着在印度东北部茶叶科学研究正式启动，茶叶科学的新时代到来。

哈罗德·马恩博士在加尔各答博物馆的实验室开展的研究工作，一开始就得到茶园主和管理代理公司的支持和关注。他考察了苏尔玛山谷、杜阿尔斯、特莱、大吉岭和阿萨姆茶区，研究了茶园土壤与茶树产量和品质的关系。研究茶树疱状疫病和线枯病的防治方法。1902 年在印度茶叶协会的建议下，马恩博士向英属印度政府提交了一份茶叶科学研究项目建议报告，建议保留加尔各答实验室作为研究总部，另外在茶叶种植中心区域建立一个茶叶试验站，并提议地点最好在阿萨姆地区的焦尔哈德或者附近可以连接铁路、河流的交通方便的地方。该建议得到英属印度政府、阿萨姆和孟加拉各地区茶叶种植者协会的大力支持。1904 年印度茶叶协会在焦尔哈德以南约 20 公里的荷里卡茶叶种植园成立荷里卡茶叶试验站。一批从英国招聘的科学家奔赴阿萨姆地区的焦尔哈德，组成了世界上最早的茶叶研究团队。试验站由毕业于苏格兰格莱纳尔蒙学院和剑桥大学三一学院的克劳德·哈钦森负责筹建，任命哈罗德·马恩博士为首席科学官。苏格兰阿萨姆茶叶公司慷慨地提供了一所房子、一些茶园和土地，试验站拥有 13 公顷的土地。试验站建立一个茶树栽培实验室，开展了关于茶树施肥方法、土壤、灌溉、绿肥植物、修剪和采摘的研究；还建立一个化学实验室，研究茶叶化学成分和品质的关系。研究内容还包括茶叶制造的萎凋、发酵温度对茶叶质量的影响。试验站还进行茶树蚊枯萎病和红锈病研究等。

1906 年，印度茶叶协会在察查地区的坎尼库日建立了昆虫实验室，聘任昆虫学家安川姆开始研究当时危害较为严重的 3 种茶树害虫。1907 年，首席科学官马恩博士退休，克劳德·哈钦森担任首席科学官。同年，毕业于利物浦大学的细菌学家霍普接手负责荷里卡茶叶试验站。哈钦森于 1909 年退休，随后霍普成为首席科学官，毕业于伦敦城市和公会学院的真菌学家卡彭特被任命为

Dr. G. D. Hope
Chief Scientific Officer
1908–11

Mr. P. H. Carpenter
Chief Scientific Officer
since 1919

Mr. C. R. Harler
Chemist and Meteorologist
1919–1932

印度茶叶协会茶叶科学官，从左至右：马恩博士、霍普博士、卡彭特和哈勒

助理科学官。马恩博士在退休前一共发表了34篇关于茶叶的研究报告，他在1903年还与瓦特博士合作修订编写了《茶树病虫害》一书，对英国的茶叶科学研究做出了重要的贡献。

这一时期荷里卡茶叶试验站的研究，主要关注茶树的土壤、施肥、栽培、采摘、修剪、绿肥植物以及茶树病虫害，另外也对茶叶制作的发酵工艺进行研究。此外，还做了大量技术推广等工作。英属印度政府也为茶叶研究提供了大量的人力，参加了茶叶病害的研究，如邀请印度博物馆的昆虫学家、真菌学家和马德拉斯的真菌学家等参与研究项目。

为进一步巩固和拓展茶叶的研究，1911年印度茶叶协会在焦尔哈德的托克莱建立了托克莱茶叶试验站。阿萨姆殖民政府、孟加拉地区殖民政府、乔哈特茶叶有限公司和茶业界其他机构提供了资助。托克莱茶叶试验站建立了一个实验室和两栋大楼，聘请了英国真菌学家汤斯顿和昆虫学家安德鲁加入研究团队。同年荷里卡茶叶试验站首席科学官霍普和卡彭特助理科学官调入托克莱茶叶试验站，而因为察查试验站的昆虫学家安川姆辞职，最终荷里卡茶叶试验站和坎尼库日昆虫实验室被迫关闭。

1914年细菌学家库珀加入托克莱茶叶试验站作为科学官第二助理。试验站从政府获得50公顷土地建立博希塔茶叶试验园。在第一次世界大战期间，托克莱茶叶试验站的研究工作曾受到一定的影响。在托克莱茶叶试验站工作的两位高级科学官应征上前线服务，直到战争结束后才于1919年返回恢复工作。在此期间，真菌学家汤斯顿的夫人在博希塔茶叶试验园进行了大量的田间试验，她还收集了不同茶区的茶籽，建立了世界上第一个茶树标本种植园。1918年试验站开始系统地记录托克莱地区的气象数据。第二年卡彭特助理科学官接替霍普成为托克莱茶叶试验站首席科学官。雄心勃勃的卡彭特上任后即提交了一份扩大试验站基础设施、加强茶叶研究和技术推广的计划，这个计划获得了印度茶叶协会的批准。1920年又一批从英国招聘的化学家、细菌学家、生物化学家、植物和农业专家被邀请到试验站工作。托克莱茶叶试验站为加快技术推广，每1.2万公顷茶区配备了1名常驻顾问官。1920年至1930年，试验站的基础建设和研究力量得到了充实和加强。1922年，托克莱试验站开设了茶叶种植者的培训班，推广茶树种植和茶叶加工技术。1924年，试验站采用英国统计与遗传学家、现代统计科学奠基人之一菲舍尔的数理统计方法进行田间试验，取得肥料、修剪、耕种、采摘等与茶叶产量相关的研究成果，改进了许多过去错误的种植方法。1930年，在英国帝国营销委员会的经费支持下，托克莱茶叶试验站又新建立了一个实验室。1930年真菌学家汤斯顿在世界上首次成功地研究出从芽茶繁殖茶苗的技术，开发克隆茶苗的繁殖新方法，即现在国际上广泛应用的扦插技术。

自印度茶叶研究机构成立以来，其研究经费一直由印度茶叶协会提供。然而，由于受国际市场茶叶价格的影响，印度茶叶协会提供的研究经费一直捉襟见肘，1930年英国帝国营销委员会表示愿意承担托克莱茶叶试验站一半的研究费用。然而1931年，由于国际茶叶市场供过于求，印度茶产业萧条，导致试验站资金严重短缺，不得不减少支出，解聘了一些工作人员，加尔各答中央办公室也被关闭。创刊于1911年的《印度茶叶协会季刊》也被迫于1932年停刊，试验站的研究工作受到严重的影响，几乎面临关门。据印度茶叶协会（伦敦）主席沃森在1936年1月24日英国皇家艺术学会的会议上报告：1900年至1934年，印度茶叶协会在茶叶科学研究的投入总计超过40万英镑，每年的经常性开支约为2.25万英镑。

1935—1936年，由印度茶叶协会（伦敦）和加尔各答总部共同组织以剑桥大学农业教授弗兰克·科莫德爵士领导的调查委员会对茶叶试验站的现状和发展规划进行调查。调查委员会认为，托克莱茶叶试验站必须保持运作，同时托克莱茶叶试验站必须加强技术推广工作。根据调查委员会的建议，印度茶叶协会立即落实组成伦敦咨询委员会，在英国建立了茶叶化学基础研究团队，组织茶叶种植园主和科学家交流的年会，每2～3周进行一次技术推广讲座，在阿萨姆、大吉岭、杜阿尔斯和察查地区建立咨询服务中心。第一届茶叶种植园主和科学家年会于1937年在托克莱茶叶试验站举行。有了充足的研究经费支持，托克莱茶叶试验站在1937—1939年又聘请了一批英国的生物化学家、昆虫学家和高级顾问官。

然而，第二次世界大战再次打乱了托克莱茶叶试验站的科学研究。1941—1944年，五位科学家应征为国家服务，其中科学家科姆里在1942年的战争中牺牲。盟军军队征用了试验站的行政大楼、植物实验室、宾馆和四座大楼。直到战争结束，托克莱茶叶试验站才恢复正常运转，卡彭特退休，哈里森接任首席科学官。1946 年试验站第一次聘用印度人戈卡勒作为科学家。同年托克莱茶叶试验站编写的《茶叶百科全书》首次出版。1947 年另一个印度人杜塔加入试验站。同年印度茶叶协会伦敦和加尔各答代表团访问了托克莱茶叶试验站，强调茶叶工程研究的必要性。1948 年试验站又招聘了一批英国的科学家加入。

1948—1960 年，托克莱试验站的研究工作有条不紊地进行。汤斯顿太太采用扦插技术，成功地培育出无性系茶树品种 TV1。1949 年，托克莱试验站在世界上首次推出了阿萨姆无性繁殖的 3 个茶树品种，即 TV1、TV2 和 TV3，这是茶树品种繁殖的一场革命。1951 年以后，托克莱茶叶试验站陆续建立了茶叶审评部、工程部、农药检测部和农业化学部等研究部门。1953 年，印度茶叶协会主席哈钦森强调指出，茶叶研究和开发重点应该放在改进茶叶的品质上。因此，托克莱茶叶试验站的研究项目集中在茶叶采摘和制作、茶叶生化成分与品质形成等，取得多项重要的成果。1957 年托克莱茶叶试验站工程部科学家伊恩·麦克提尔发明的标志着重大技术突破的洛托凡（Rotorvane）红茶揉切机，工程部发明了连续烘干机和红茶萎凋槽，使得红茶生产连续化成为可能。CTC（crush、tear、curl 三个英文单词首字母的缩写）切茶机是一个英国茶叶种植者威廉·麦克切尔在 1935 年发明的具有重大里程碑意义的机械，也得到了茶叶试验站的指导帮助。萎凋槽、洛托凡揉切机、CTC 切茶机和连续烘干机等这些红茶生产设备组成红茶连续生产线，使过去中国传统手工或单机制作的红茶生产实现了连续机械化生产，极大地提高了生产效率和红茶品质。

1961年，印度人戈卡勒成为托克莱茶叶试验站历史上第一个印度籍负责人。同年，托克莱茶叶试验站又陷入财政危机。经过多次与政府的谈判和协商，1964年1月1日，印度茶叶研究协会正式成立，这个合作研究机构组织的资金来自工业和科学研究理事会和印度茶叶局以及部分印度茶叶协会会员的资助。印度茶叶研究协会在茶叶研究管理委员会的领导下运作，管理委员会的成员来自印度商务部、茶叶局、茶叶协会和其他行业。印度茶叶研究协会设立科学顾问委员会，由各领域的专家组成，负责指导托克莱茶叶试验站，实施和促进茶树种植和茶叶加工方面的研究，主要目标是提高茶产业整体的生产力和茶叶品质。托克莱茶叶试验站正式接受印度茶叶研究协会领导。自1911年成立以来，经历过风风雨雨，至1964年，历史最悠久和规模最大的托克莱茶叶试验站终于得到了政府和印度茶叶研究协会稳定的经费支持。托克莱茶叶试验站是印度东北部地区唯一的茶叶研究机构，为印度所有的茶叶协会会员和茶叶种植园提供服务，为印度茶产业的发展做出了重要的贡献，印度茶叶产量从1900年的424公斤/公顷，增长至1966年的1089公斤/公顷。

英国工业革命的成果也推动了印度大陆茶叶生产的机械化。19世纪中叶开始，英国茶叶种植者和英国机械设备生产公司不断研究改进传统的红茶生产技术和设备，1873年，威廉·杰克逊发明了茶叶揉捻机，后来他又发明了茶叶烘干机、茶叶分筛机等。1876年，乔治·里德发明了切茶机。爱尔兰人塞穆尔·戴维森曾经在阿萨姆的茶园担任助理，1868年他发明了圆筒茶叶干燥机，从此一发不可收拾，发明了一系列西洛可茶叶烘干机。至19世纪末，印度红茶的生产已经基本实现了单机机械化，而中国的茶叶制作依然采取低效的手工作业。1935 年研制成功的 CTC 切茶机无疑是具有里程碑意义的伟大发明。在此之前，英国人曾发明了列格切茶机（Legg Cut），这是一种类似烟草切碎机的设备，用于茶叶发酵前的切碎。邓肯兄弟公司的合伙人詹姆斯·伦诺克斯从特莱茶区的甘格朗茶园采收鲜叶经火车运送至加尔各答的一家烟草工厂，首次采用烟草切碎机进行试验，试生产出世界上第一批不萎凋的红碎茶。虽然其外形比较粗糙，不美观，但浓强的滋味和均匀、比例高的“片茶”，迎合了当时国际市场茶叶品牌公司拼配茶的需求。随后，英国人吉提继续研究改进，终于成功地研制出列格切茶机，并在印度茶区推广应用。但由于采用不萎凋的鲜叶，使用列格切茶机生产的红茶存在不耐储存的缺点。1931 年，阿萨姆焦尔哈德附近阿姆古里尔茶园经理威廉·麦克切尔开始新型茶叶切碎机的研制，在列格切茶机的基础上，经过多年的研究，发明了 CTC 红茶切碎机，他与英国专业茶叶机械生产商马歇尔公司合作，推出了第一台 CTC 切茶机。1935 年，著名管理代理公司种植者储存公司一次性订购了 5 台 CTC 切茶机。1936 年，第一台 CTC 切茶机安装在卢派茶园，投入商业化使用。CTC 红茶送到伦敦茶叶拍卖行后，以其艳丽的汤色和浓强鲜爽的滋味获得了英国品牌茶叶大公司的欢迎，引起了极大的震动。随后，德胡达姆、西尔科提茶园相继引进 CTC 切茶机投入生产应用。由于简化了红茶工艺，可以连续化生产，使用 CTC 切茶机生产红茶的技术开始在印度广大茶区流行，成为主流的红茶加工技术，一直持续至今。

二、南印度半岛茶叶研究

南印度半岛地区茶产业开发时间晚于东北部和西北部，先行发展的阿萨姆地区探索成功的茶树种植和茶叶加工技术为南印度茶产业发展提供了极为宝贵的经验。1864 年，马德拉斯殖民政府在南印度特拉凡哥尔王国的蒙讷尔地区皮尔玛德镇建立了茶叶试验场。南印度的英国茶叶种植园主也不断地探索茶树种植和茶叶加工技术。1893 年 8 月，南印度种植者联合协会（UPASI）成立，即开展了经济作物的科学研究，专门成立科学研究部。相比较印度东北部的茶叶研究成果，南印度的研究成果显然不如印度东北部。它与东北部托克莱茶叶试验站的研究方向和重点略有不同，依据印度南部半岛经济作物的特色，研究范围更加广泛，研究咖啡、橡胶、茶叶和金鸡纳的种植技术。虽然早期的研究主要放在咖啡、金鸡纳、橡胶作物上，但英国茶叶种植者从来没有停止对茶树种植和茶叶加工技术的研究和改进。19 世纪末和 20 世纪初，英国茶叶种植者在南印度茶园中种植高大的银橡树遮阴，利用高大的遮阴树抵抗南印度强烈的阳光照射对茶树的危害。至 1915 年左右，先进的英国茶叶加工设备被引进和广泛应用，南印度茶叶加工基本实现了机械化作业，南印度茶叶加工厂装备了如戴维森牌涡轮机，西洛克牌风扇、揉捻机、筛分机，沃克揉捻机和筛分机，小巨人揉捻机，杰克森牌揉捻机，国家牌 40 马力吸风式电机、蒸汽机、切茶机、包装机等设备。

1925 年，南印度种植者联合协会任命英国人肖博士作为茶叶科学官员，派遣他前往印度茶叶协会托克莱茶叶试验站培训学习。

他学习归来后，1926 年 10 月，南印度种植者联合协会在尼尔吉里高海拔的古德卢尔村购置 15 英亩土地，建立了代沃尔绍拉茶叶试验站，南印度种植者联合协会乐观地预测，尼尔吉里将成为辽阔的迈索尔地区茶叶种植中心区。1938—1941 年，曼宁接任肖博士担任科研部门的茶叶负责人，曼宁在担任科研负责人期间，特别强调茶叶种植者要保护土壤和恢复土壤肥力。1946—1948 年，威尔逊・梅恩担任科研部负责人，他后来还担任南印度种植者联合协会的秘书和主席。几年之后，南印度种植者联合协会决定将试验站迁往阿奈默莱山区的瓦尔巴赖。为此，南印度种植者联合协会从政府的金鸡纳种植园购置了 156 英亩的土地，建立了新的试验站，瓦尔巴赖成为南印度茶叶研究中心，最初建立的代沃尔绍拉茶叶试验站被放弃。1958 年 5 月 18 日，南印度的绍拉亚茶叶加工厂引进 CTC 红茶生产技术，开始了 CTC 红茶的生产。1957—1965 年，试验站研究茶树栽培技术和茶树的蚊枯萎病和泡枯萎病的防治技术，采取有效的栽培措施，显著地提高了南印度地区茶叶产量。1880 年，南印度地区茶叶单产仅 152 公斤 / 公顷，1946 年，茶叶单产达到了 685 公斤 / 公顷，1960 年，茶叶单产达到 1047 公斤 / 公顷。

20 世纪 60 年代，该试验站开展茶树无性系品种的培育和繁殖。1961—1964 年，植物学家温卡塔拉玛尼培育了 200 多个品种，其中 25 个品种被广泛推广应用。

第七章 五十周年茶禧

1887年对大英帝国而言是特殊的一年。6月20日，大英帝国举行了隆重盛大的维多利亚女王登基50周年庆典活动，以彰显大英帝国鼎盛的科技、军事、商业、财富实力和遍布世界的殖民地资源。而英国茶产业会自然联想到英属印度茶产业两个关键年份：一是1837年阿萨姆茶叶首次运抵英国伦敦；二是1887年4月，根据英国海关的年度统计资料，英国从印度和锡兰（今斯里兰卡）进口的茶叶总量首次超过了从中国进口的茶叶量。从1837年至1887年，其间正好是50年。英国人自然认为这是英国茶产业和大英帝国历史上值得庆贺的荣耀之事，欣欣向荣的印度殖民地茶产业为女王登基50周年庆典呈献了一份厚礼。

1887年5月，英国皇家艺术学会（The Royal Society of Arts）第一次为英国茶产业50周年举行了专门会议，会议主席罗柏·莱斯布里奇爵士在会上自豪地说："茶业是英国人引以为豪的产业之一……印度茶是自由贸易、英国民族和先进工业的产物……茶禧（Tea' Jubilee）是英国茶叶历史的一个里程碑，彰显英国对殖民地土地、劳动力、技术和茶叶口味的征服……”曾经驻扎阿萨姆地区多年的英国医生贝里·怀特在会议上做了《印度茶业：它的兴起，五十年来的进步，以及商业前景》的演讲：“（今年是）金禧年，不仅标志着我们的仁慈君主统治的巩固，而且标志着在英国的统治下，印度茶产业和帝国伟大的茶叶省——阿萨姆的巩固。”他宣称：“我们实际上已经领先……印度和锡兰，加起来占了全部的 51 %……1887 年 4 月是商业历史上值得纪念的一个月。”这一年，英国茶产业人士觥筹交错地庆贺，世界茶叶生产、供应和消费的格局已经发生根本的转折。次年，英国人亚瑟·蒙蒂菲奥里在他的一本书中评价道：“在 1887 年的各种庆祝活动中，伟大的印度茶叶工业以其个人利益和财政利益在成千上万的同胞

伦敦东印度码头茶叶船卸货（《伦敦新闻画报》1867 年）

中占有极其突出的地位。”

伦敦泰晤士河日复一日流过伦敦市区，闻名遐迩的泰晤士码头区像往日一样喧哗和繁忙，一艘艘从东方满载着芳香茶叶的纵帆船和快剪帆船络绎不绝地驶入泰晤士河，船头的旗帜高高地迎风飘扬，彰显着大英帝国的繁荣与辉煌。码头搬运工穿梭地搬运着一箱箱来自遥远亚洲的茶叶，沉重的茶箱压在每一个搬运工的背上，紧绷着脸的工头们不耐烦地指挥着搬运工将茶箱卸到码头临时仓库。伦敦码头仿佛是大英帝国的财富大门，每年超过300万吨的咖啡、蔗糖、茶叶、香料等大宗产品以及丝绸、地毯、象牙等奢侈品从亚洲、非洲、美洲运抵伦敦，伦敦巴特勒码头(Butler's Wharf)、沙德泰晤士（Shad Thames）区成为当时世界最大的茶叶仓库区以及咖啡、香料和其他商品仓库区。

伦敦明辛街空气中弥漫着浓厚东方茶叶和香料的香味，种植园大厦内伦敦茶叶拍卖行内人声鼎沸，熙熙攘攘，经纪人和买家竞价声和锤击声此起彼落，一批批茶叶瞬间被拍卖成交，兴奋或沮丧的表情浮现在每个买家或卖家的脸上。随着英国工业化和城市化的进程，越来越多的英国乡村居民进入大城市，城市人口占比从20％增长到50％。茶叶成为英国的国民饮料，市场需求量急速增长，茶叶生意也越来越兴旺。

繁华的伦敦皮卡迪利街，创立于1707年的“福特纳姆·梅森”高级食品商店，货架陈列柜上整齐地陈列着一排排典雅精致的罐装茶叶，出售来自印度或锡兰的红茶，店员热情地为购茶者介绍大吉岭红茶、阿萨姆红茶或者锡兰红茶等。伦敦海岸路216号的川宁茶叶店，由托马斯·川宁创立于1706年的川宁茶叶公司开办，商店内陈列着琳琅满目的精制茶叶，包装上明显标示茶叶是来自

1867 年和 1907 年英国人消费印度茶和中国茶的比较（白金汉姆著《印度茶的一些事实》的插图，1910 年）

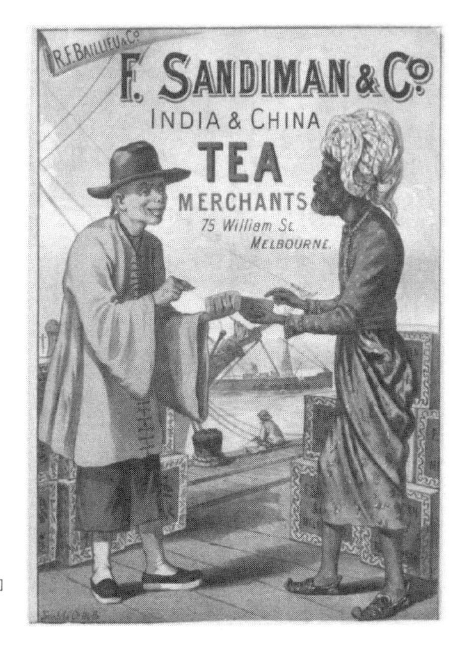

F. 尚迪曼茶叶公司广告“印度和中国茶叶商”（1890 年）

印度阿萨姆、大吉岭和锡兰。1707年，托马斯·川宁就在他的咖啡店销售英国东印度公司供应的中国茶叶，他曾用熟练的专业技术，将中国茶叶成功地打入英国皇宫，1837年英国维多利亚女王首次授予川宁茶“皇家特供茶”的称号。而在随后的年代，川宁茶叶店的货架上已经充斥着来自印度和锡兰的红茶。

1869年3月12日，原大吉岭行政长官坎贝尔博士作为英国皇家艺术学会印度论坛主席主持会议，他介绍说：“1862年国际博览会，来自印度7个省的28位英国茶商参展，展出了印度所有产茶省份生产的茶叶，包括库马盎政府茶园的茶叶，共展出了150种不同的茶叶。我作为展览会的食品评委，认为印度茶叶质量最好。博览会颁发了四枚金奖牌和七枚荣誉奖，茶叶制造业正在迅速发展，预计今年英格兰将进口700万英镑（茶叶）。此外，出口中国西藏和中亚地区的贸易也已经从喜马拉雅的西北部通过在拉达克地区的一个英国代理进行。”

至1870年，英国人已经在阿萨姆、察查、锡莱特和喜马拉雅山脉下的库马盎、台拉登、冈格拉、大吉岭、特莱、杜阿尔斯、吉大港和南印度尼尔吉里地区建立起大规模的茶园，英国人甚至曾将茶树引进中部地区焦达讷格布尔高原和赫扎里巴克高原地区种植。根据J. 托马斯公司的统计，1889年印度茶园总面积达到13.5044万公顷，茶叶总产量达到4.8554万吨。英国伦敦著名茶叶经纪公司高·威尔逊 & 斯坦顿公司1897年3月出版的《印度和锡兰茶叶生产公司》中记载，至1895年，在印度的英国资本茶叶公司有70多家，这些公司拥有茶园100多个，茶园主要分布在印度东北部阿萨姆省各个区、大吉岭、杜阿尔斯和特莱地区以及印度南部，其中阿萨姆的茶园占90%以上，主要分布在达让、戈拉卡德、锡布萨格尔、勒金布尔、古瓦哈蒂、迪布鲁格尔、察查、锡莱特、瑙贡、焦尔哈德和毕斯瓦纳区。同时期，英国投资锡兰的大型茶叶公司一共有52家。英国资本仅在阿萨姆地区的投资已经达到3500万英镑。英资茶叶公司的组织形式多为股份制有限公司，股东全部来自英国，注册地大部分在英国伦敦，也有部分在加尔各答。每个茶叶公司的资本从几万至几十万英镑不等，各公司旗下的茶园面积从几千英亩至上万英亩不等。这种资本主义大工业运作模式，将茶产业转化成高效的大规模种植园模式，极大地促进了印度殖民地茶产业的高速发展。

1895年，印度茶园总面积达到45万英亩（约18.21万公顷），雇佣劳工达到60万人，年生产茶叶1.355亿磅（约6.15万吨）。锡兰茶园总面积达到30.5万英亩（约12.34万公顷），年生产茶叶9800万磅（约4.45万吨），雇佣劳工达到29万人。英国人卡罗尔·戴维在著作《茶：茶树种植与制作教科书》中记载，1897年，印度茶园总面积达到了50.15万英亩，其中阿萨姆18万英亩，察查和锡莱特各7.5万英亩，杜阿尔斯5.7万英亩，大吉岭和特莱7.3万英亩，吉大港5500英亩，冈格拉1万英亩，库马盎和台拉登8000英亩，南印度的尼尔吉里、瓦亚纳德、特拉凡哥尔合计1.8万英亩。另外，英国人还在缅甸、海峡殖民地、安达曼群岛殖民地种植了2500英亩茶树，锡兰种植了40万英亩茶树，英国在亚洲殖民地累计茶园总面积达到了90多万英亩。从英国投资者的角度来看，在印度和锡兰种植茶树的公司已经赚得盆满钵满。

印度茶和锡兰茶在英国市场与中国茶的竞争始于19世纪60年代，1868年英国进口印度茶仅占总量的7%，却已显示强劲的增长趋势。1864年和1867年，英国分别两次降低了进口印度茶叶的

维多利亚时代的下午茶

爱德华七世时期下午茶

关税，更刺激了印度茶叶的进口。1869 年苏伊士运河开通运行，从伦敦至加尔各答的航行时间减少了一半。1870 年红海海底电缆建成投入使用，使得伦敦和印度之间的联系更加快速、方便，也促进了印度茶叶的出口贸易。至 1876 年，英国进口印度茶叶达到 2700 万磅，占英国茶叶总进口量的 19 %。进口印度茶叶中，阿萨姆茶占 50 %，察查和锡莱特地区茶占 25 %，大吉岭茶占 13 %，喜马拉雅山地区的冈格拉、库马盎和台拉登产的茶叶占 10 %，吉大港、尼尔吉里等其余地区茶叶占 2 %。虽然印度茶进口量快速增长，但在英国茶叶市场上，印度茶和锡兰茶还不为大多数人接受。在繁荣的大英帝国，喝中国茶象征着优雅和奢侈，由于英国消费者已经习惯了中国茶叶所象征的高贵的品位，产于“野蛮、不开化”的阿萨姆茶叶并不适合伦敦人的口味，商人们对印度茶叶的宣传还是有所顾虑，专家们常常把印度茶描述成“不可靠、不一致、味道浓烈、口感很差”的产品，商人们几乎不敢标示印度茶的名称。因而，精明的英国茶叶商人通常偷偷地将印度茶叶拼入中国茶叶中一起销售。“除了在伦敦和格拉斯哥有 1 ～ 2 家商店卖印度茶叶外，在整个英格兰买不到一盎司纯正的印度茶叶，印度茶叶仍不被广大英国消费者所知，甚至许多英国人都不知道印度生产茶叶。”英国茶叶种植者爱德华·莫尼中校 1872 年出版的《茶叶栽培和制作》一书，对印度茶叶在英国市场的默默无闻的现状忧心忡忡。《印度经济人报》发表文章认为，印度茶的滋味强度（strength）和苦涩味（pungency）是英国消费者难以接受印度茶的主要障碍：“我们认为，（如果）印度茶叶希望最终被英国大众所认可，种植者应该注意改进制作方法，以符合大众口味，这是非常重要的……”而爱德华·莫尼中校明确反对这个观点，

约翰 & 詹姆斯茶叶经销商广告（1883 年）

东印度公司茶广告（1870 年）

他反而认为滋味强度和苦涩味正是印度茶的价值所在，他非常自信地认为："可以肯定地说，在伦敦市场，印度茶拥有比中国茶叶更高的滋味浓厚度（body）和强度，印度茶的售价比中国茶高。印度茶叶生产的效益比中国高三分之一。印度拥有富饶广阔的土地可以生产茶叶供应英国，甚至所有的英国殖民地都可种植茶树。因此，打败中国茶只是时间问题。"

英国人A. 伯勒尔在1876年《英国艺术协会学报》发表文章指出："在过去的近十年，我们都在不知不觉中消费了如此大量的印度茶……我丝毫没有轻蔑中国茶，民众已经形成口味，如果随意中断中国茶的供应，损害了民众的利益将是一个巨大的灾难……印度的种植者应该公正地告诉英国消费者，我们可以生产出消费者需要的任何茶叶，世界上没有哪一个地方能够生产出像阿萨姆红茶一样具有浓烈滋味的茶叶；印度的高山区也可以生产出具有卓越高香和细腻风味的高级茶，中等级的茶叶也可以在印度其他地区生产。" 1877年2月2日，他在英国皇家艺术协会上再次发表长篇报告，坚定地指出："在印度种茶已经相当成熟，成为印度经济中最具有前途的产业之一……这时必须告诉英国大众一些明确的和可靠的信息，让他们（英国消费者）知道印度现在生产并且能够生产任何数量的茶叶，茶的品质，以及滋味强度、风味和纯度不仅可与中国相媲美，而且可优于中国或世界上其他任何国家的茶，完全能满足所有阶层的口味要求，包括平淡的、挑剔的和看重价格的。"

19世纪中叶，在大英帝国经济繁荣的背景下，商品的消费代表着个人的社会身份和地位，广告商们既创造出了一个繁华帝国和充满魅力的君主形象，又不断灌输新的消费主义理念，促使消费成为各阶层日常生活的中心。维多利亚时代中后期，茶叶成为英国的“国饮”，无处不在的饮茶成为英国国民的特征，一种国家认同的象征（national identity）。1861年2月13日，营养学家爱德华·史密斯在皇家艺术学会演讲时说：“到目前为止，英国人食物主要是烤牛肉和啤酒，在不影响这些食物的突出地位时，我们现在可以肯定地再加上茶。”显然，英国从事茶产业的人士和商人们意识到必须加大力度宣传和推广印度、锡兰茶叶，挑战中国茶叶在英国市场和全球茶叶贸易中的霸主地位。为此，19世纪70—80年代，英国茶商和茶叶种植者联合组建了诸如印度茶叶直销公司、纯印度茶叶供应公司等专门推广印度茶叶的组织，在格拉斯哥、曼彻斯特、伦敦、伯明翰、贝尔法斯特等城市发动宣传攻势，通过百货商店、展览馆、博物馆、大众媒体和各种海报宣传和营销，推广不拼配、纯正的印度茶，试图改变印度茶的名声。英国人采取的策略是通过演讲、写作、广告和海报极力贬低、诋毁、攻击中国茶叶，宣称中国茶叶是劣质的、掺假的、掺入化学色素的，中国茶叶在生产时沾满了制茶工的汗水，在肮脏、简陋的场地制作，而将印度茶叶描绘成由英国现代科技、大规模种植园、机械化制作、欧洲人管理和监制的纯正产品。宣传广告常常描述英国茶叶种植者艰苦创业的英雄故事：印度和锡兰茶叶是帝国勇敢、聪明、智慧的英国人，尤其是苏格兰人在殖民地的土地上，清除丛林、开垦茶园、发明制茶机器生产出的文明的茶叶。如1880年至1882年的《家庭与殖民地邮递报》、1881年《印度茶叶公报》发表的以“茶叶百科全书”为题的一系列文章，以及塞缪尔·贝尔顿发表的《印度茶的起源和未来前景》报告和1883年戈登·斯特布尔斯博士出版的《茶：快乐和健康的饮料》报告等，以吸引英国和欧洲其他国家的消费者。

茶叶商人们的宣传，陈述了购买帝国茶叶产品的诸多好处，声称印度茶是纯正的、健康的、美味的和价格低廉的。广告甚至直接呼吁采取爱国主义行为，明确要求英国消费者购买“英国种植的茶”。1881年初，纯印度茶叶供应公司的广告强烈地煽动爱国主义情绪，该公司用粗体大写字母宣称：“印度茶更纯净，印度茶更香，印度茶更浓烈，印度茶更便宜，印度茶更有益健康，在各个方面都比中国茶好。”该广告声称购买帝国产品是一项爱国主义的义务：“所有盎格鲁－撒克逊人，在心中拥有自己种族的荣耀……尝试印度茶”。茶叶商人们把“帝国的茶叶”“英国人种植”“英国的茶叶”的故事与殖民地、工业革命、科技进步、自由贸易等当时流行的大英帝国荣耀紧紧联系在一起，企图引起英国消费者的共鸣。

爱德华·莫尼中校1884年出版的畅销书《茶的争议：印度茶与中国茶，哪个掺假？哪个更好？》中坚定认为印度茶更好：“因为它是在受过教育的英国人监督下，在大种植园种植和生产的，英国的技术和资本生产最好的产品。”英国贵格会改革家和废奴主义者约翰·霍尼曼创立的霍尼曼茶叶公司，首次采用机械设备预封小包装茶叶的销售方式，改变了过去茶叶散装销售中不法商人茶叶掺假的问题，从而彻底革新了茶叶零售模式。他在广告中告诉那些想要避免掺假茶叶的消费者，应该只买霍尼曼的包装茶。1878年，霍尼曼公司还聘请食品专家塞缪尔·菲利普斯·戴撰写《茶的历史》一书，宣传现代欧洲人，尤其是英国人已经控制了茶这种神圣的饮料，现代欧洲已经取代了亚洲。

Lipton品牌创始人托马斯·立顿为了推广他在锡兰乌瓦茶区

投资种植和生产的锡兰红茶，在苏格兰的格拉斯哥市，组织了一次具有锡兰风格的异国风情游行促销活动。200多名苏格兰人装扮成锡兰人，立顿自己装扮成部落首领骑在马上，每人身上挂着一个广告牌，上面写着宣传口号“从茶园直接到茶杯”，这一别具一格的推广活动，轰动整个格拉斯哥市，使得锡兰茶的知名度迅速传播。

1878年8月，伦敦时尚的西区，只有印度茶叶代理公司杰迈恩街商店，专门销售来自印度和锡兰殖民地的茶叶。1881年11月18日的英国《家庭和殖民地邮报》兴奋地报道：“形势发生了巨大的变化！印度茶在各地都很受欢迎。经纪人、经销商、零售商和消费者都认可它的优点和价值……购买它不再有困难了……不久前，牛津街只有一家商店能买到印度茶，现在到处都贴着告示出售‘纯正的印度茶……直接来自察查种植园’‘非常美味的阿萨姆茶’等宣传印度茶的广告产生了明显的效果。这些宣传表明，帝国提供的产品比衰弱的中华帝国生产的茶叶更纯净、更浓烈、更芳香、更健康、更便宜。”这样的宣传和诱导，让消费者逐渐接受了印度茶叶，虽然消费者并非完全出于纯粹的爱国热情，而是英国消费者渴望现代和健康的印度茶和锡兰茶的自然表现。

印度茶在英国消费量增长的重要原因之一，是英国人控制着全球茶叶采购贸易和销售贸易，掌握欧洲和北美洲独一无二的市场网络，英国人利用了其控制权，将其殖民地印度和锡兰生产的红茶输入英国，再销往欧洲和北美洲市场。原因之二是从茶的口味上，印度茶的滋味比中国茶更加强烈和刺激。英国茶叶商人最早偷偷地将印度茶叶拼入中国茶叶中一起销售，但英国茶叶经销商很快发现，滋味较淡的中国茶拼入印度茶后，滋味明显变得更加强烈，迎合了英国工人阶级、中低层民众的口味，消费者似乎更加喜欢这种浓烈刺激的风味，产品由此更加畅销。这个秘密的拼配方法慢慢变成了茶叶公司的一种常规手段，当消费者逐渐接受了浓烈口味后，直接销售印度茶和锡兰茶就变得自然而然了。1904年，英国著名茶叶经纪公司高·威尔逊＆斯坦顿公司创始人A.G.斯坦顿认为："公众逐渐地意识到印度茶比他们曾经习惯饮用的中国茶具有更强烈的味道，因此对中国茶的消费逐渐减少。其次，随着印度茶叶生产量迅速增长，在英国市场上印度茶整体上获得越来越多的青睐。"他认为另外重要的原因是："印度茶也赋予了英国消费者特殊的情感，因为印度茶和锡兰茶是利用英国的资本、在大英帝国自己的殖民地上生产，这种英国和印度茶产业之间存在的特殊的金融和血缘关系，使得英国在印度生产的茶叶得到消费者当然的支持，从而增加对印度茶的消费。"他还不无自豪地说："英国国旗飘到哪里，茶的消费量就会跟到哪里。"1889年9月的英国海关报告指出："种植园主和祖国无处不在的紧密、牢固的关系改变了这个国家的口味。"

原因之三是鸦片战争后，俄国和美国加入竞争抢购中国茶叶，迫使英国商人逐渐转向采购印度和锡兰的茶叶。清朝政府被迫五口通商后，汉口被开辟成为贸易港口，外国商人可以自由地进入，从事进出口贸易。新兴茶叶消费国俄国和美国的茶商接踵而来，在汉口设立贸易商行，英国茶商也不甘落后，唯恐茶叶被抢购，也迫不及待地到汉口设立商行。19世纪60年代后半期至19世纪70年代上半期，汉口成为继广州、福州之后最大的茶叶贸易港，湖南、湖北地区的茶叶全部运输至汉口销售。由于俄国和美国国内茶叶消费需求激增，每当5月上旬第一批春茶上市时，俄国茶商便纷至沓来，特别是原来只能在中俄边界恰克图从事贸易的俄国商人，甚至不惜任何代价在汉口与英国商人竞争，抢购高档茶叶。英国商人只能在 6 月中旬第二批春茶上市时和 7 月底至 8 月初夏茶上市时采购。此外，1870 年初，美国政府降低了茶税，从 25 美分降低至 15 美分，促使美国茶叶市场需求大增，也使美国与英国商人争相竞价抢购中国绿茶。在此形势下，部分中国茶商粗制滥造、以次充好，哄抬茶价，英国茶商只能高价购买中低档的茶叶。当英国茶商将这些茶叶运回国内后，发现并不能卖出相应的好价钱，损失惨重，激起了英国茶商的极大反感。另外，1873 年英国议会通过《掺假法案》，规定“销售任何掺假的不纯净食品或是劣质的危害身体健康的食品皆为非法”，这让不慎进口掺假中国茶的英国茶商损失极大。诸如此类，种种因素迫使英国商人转而采购品质更好和价格更实惠的印度和锡兰茶叶。

进入 19 世纪 80 年代，英国从印度进口红茶的数量成倍增长，中国和印度的茶叶在英国市场的竞争已经分出高低。1887 年，英国从印度和锡兰进口的茶叶总量已经超过中国。1889 年，输入英国的茶叶总量中，印度茶就占了 52 %，锡兰茶占 15 %，中国茶仅占 33 %。英国进口印度茶叶的金额从 1865 年的 460 万英镑猛增至 1889 年的 9600 万英镑。1892 年，中国出口英国的茶叶数量甚至低于锡兰。至 1896 年，输入英国的茶叶总量中，印度茶占了 54 %，锡兰茶占 35 %，中国茶仅占 11 %。中国各港口仓库的茶叶堆积如山，中国茶农、中国茶商和英国茶商也损失惨重，向英国出口红茶为主的福州港也因此而逐渐衰落。1870 年，中国出口至英国的茶叶价值 878.7894 万英镑，1880 年和 1890 年分别为 834.1074 万英镑和 281.3 万英镑，至 1899 年，跌落至 104.4711

万英镑，印度和锡兰成为英国市场上最主要的茶叶供应国。由此，主导全球茶叶供应长达几百年的中国茶叶的地位一落千丈。至19世纪80年代后期，在英国市场上曾经为英国茶叶消费者所熟知的武夷茶、小种红茶、祁门红茶等散发着东方迷人香味的中国茶叶，已经被口味浓烈的印度大吉岭、阿萨姆、尼尔吉里以及锡兰乌瓦等英国茶园生产的红茶取代，英国市场涌现了众多著名茶叶品牌，这些品牌已经大张旗鼓地推广和销售印度和锡兰红茶，诸如霍尼曼（Horniman）、立顿（Lipton）、哈罗兹（Harrods）、约克茶（Yorkshire Tea）、马扎瓦特（Mazawattee）、大夫（Typhoo）、贝蒂（Bettys）、维塔德切尔西（Whittard of Chelsea）、利吉威（Ridgways）、威廉姆森茶（Williamson Tea）等。伦敦的海德公园，身着华丽服饰的英国女士和贵妇人，围坐闲聊，优雅地品味一杯芳香的下午茶，而这杯茶也许已经不是来自中国的红茶，而是来自大英帝国殖民地印度或者锡兰的红茶。也许普通的英国人并不知道，他们日常消费的每10杯茶中，9杯是印度或锡兰红茶，曾经垄断市场的中国茶，如今只剩下一杯！

中国茶叶在伦敦市场的价格也大幅度下跌，1859年中国茶每磅价格为1先令6便士。1876年，印度茶在伦敦市场的平均价已经高于中国茶，印度茶每磅的平均价格约1先令11便士，而中国茶平均价格约为1先令3便士。1882年，中国茶每磅的价格仅仅为11.5便士，印度茶为1先令4便士；虽然这是由于产茶国茶叶供应增加导致茶叶价格下降，但印度茶的价格一直高于中国茶2至4便士，英国人通过在印度和锡兰大规模地发展茶园，使得生产成本降低，从而英国茶商可以获得更多的利润，这也注定了中国茶叶在价格上缺乏竞争力，曾经声名远扬中国茶叶则慢慢地被无情冷落和抛弃，在欧洲市场上销声匿迹。

19 世纪后半叶，维多利亚时代的英国经济实力达到鼎盛，英国的工业、科学、文化、贸易繁荣昌盛，经济蓬勃发展，产生了新的中产阶层群体，新兴中产阶层不断地被大英帝国殖民地涌入的奢侈、稀奇、高品质的商品所刺激，茶叶就是其中之一，英国国内人均茶叶的消费量也显著增加。根据 1893 年德尼尔《茶和其他主要饮料消费》记载：英国 1855—1890 年咖啡消费量下降了将近 40 %，人均消费量也下降了近 40 %（从 1852 年的 1.27 磅到 1890 年 0.75 磅），茶叶总消费量同比增长 252 %，人均消费增长了 268 %。他认为：英国在殖民地的广大茶园使得茶叶的价格下降，便宜的茶叶使得英国普通大众、穷人的茶叶消费量增长。英国人口快速增长和 19 世纪后半期英国工业革命的结果也促进了茶叶消费。斯坦顿的数据表明，1868 年，英国人均消费茶叶 3.52 磅，1889 年达到 4.99 磅，1900 年达到 5.61 磅。进入 20 世纪后，中国茶叶的出口量更是一落千丈，1900 年英国进口中国、印度和锡兰的茶叶份额分别为 8 %、55 % 和 37 %。1920 年英国进口中国、印度和锡兰的茶叶份额分别为 9 %、58 % 和 33 %。中国茶颓势尽显，基本上失去了国际茶叶市场的竞争力，即使当时出口英国的茶叶，也沦落为印度和锡兰茶叶的拼配料。

19 世纪末，英国在印度和锡兰生产的茶叶开始大举进入欧洲诸国、澳大利亚、俄国和北美地区市场，为了推广印度茶和锡兰茶，美国经销商在宣传时念念不忘提及“掺假的中国茶和日本茶，不仅令人烦恼，而且威胁健康，而采用幼嫩的芽叶制成的印度茶和锡兰茶是最纯净的茶……”喝茶被认为是大英帝国文明的生活方式，被推广至亚洲、非洲和美洲。19 世纪末至 20 世纪初，英国

19 世纪末美国的印度和锡兰茶广告

人甚至积极地将印度茶叶制作成砖茶推销至中国。据资料记载，1913 年，英属印度出口中国西藏的茶叶量就高达 11415690 磅（约 5178 吨）。

1866 年，英国教育家、慈善家和社会改革家玛丽·卡彭特访问加尔各答，分别在东方大酒店和格兰酒店及孟加拉俱乐部组织了盛大晚会，印度茶叶首次被列入菜单，开印度本土茶叶消费之先河。随后，加尔各答的费尔博和佩里特两家高级饭店引入印度茶叶，为殖民政府官员、军官、公司高级职员等顾客提供印度茶，使印度红茶进入印度本土上流社交和日常生活圈。至 19 世纪末，饮茶风潮流行于印度本土上层的社交场所，印度茶已经成为英国人和印度贵族社交和聚会必不可少的一道饮品。

从 1834 年 2 月东印度公司茶叶委员会成立，确定在印度大陆种植茶树，并制定了印度茶树引种试验和科学发展规划，至 1887 年印度茶出口英国的数量超过中国，经过长达 50 余年的艰苦岁月，英国人终于实现了打破中国茶垄断供应的目标，而且彻底打败了中国茶。也许当初做出决策的东印度公司总督威廉·班提克爵士没有预料到，50 多年后，他的决策为大英帝国开创了一个新兴的经济产业，也彻底地改变了世界茶叶生产的格局。19 世纪 30 年代初期，东印度公司董事会被剥夺了中国茶叶贸易的垄断权，失去了利润丰厚的茶叶贸易；同时，英国与中国贸易关系的严重恶化和动荡的政治形势，迫使东印度公司考虑在东印度公司新近占领的印度大陆“引进茶树种植”，这种想法也受茶树种植已经在世界其他地区（如荷兰在印度尼西亚试验种植茶树）取得初步成功的启示。1834 年 1 月 24 日，东印度公司总督威廉•班提克就在英国议会提交了《关于在印度英属领地内引进茶树的措施的报告》，他强烈地呼吁成立专门的茶叶委员会，研究、评估和确定英国在印度次大陆上拥有的广袤而多样的土地，根据其土壤和气候的各种条件，确定适合“中国植物”生长和繁荣的地区，试验和实施茶树种植的商业可行性。威廉•班提克总督充分意识到科学技术的重要性，正如他所说，这就需要采取协调一致的措施来获得真正的中国茶树和真正的中国技术人员。这显示，他不仅考虑到了茶树品种的来源及其合适的种植地，同时也重视获得中国人掌握的茶树种植和茶叶加工知识及技术。英国人利斯 1863 年出版的《印度茶叶、棉花和其他农作物试验》一书中高度称赞：“他（班提克总督）发现本土茶树可以在印度许多地方生长……而且将中国茶树引进印度的功劳也应归属于他，由此奠定了当前繁荣的和价值巨大的贸易基础。”《茶叶全书》作者威廉•乌可斯也在 1935 年评价道：“印度茶经过多年不懈努力，终于取得了今天世界茶叶市场不可动摇的地位，虽然这不是一个人的功劳，但是班提克总督远见卓识和勇往向前的精神，应该是印度茶成功的最大原动力。”在如此漫长的帝国茶园发展历程中，早期领导印度茶叶种植发展的茶叶委员会成员詹姆斯•帕特博士、乔治•戈登、华裔鲁华，为印度茶叶种植提供科学鉴定和技术支持的一批英国著名植物学家约瑟夫·班克斯博士、约翰·福布斯·罗伊尔博士、纳桑尼尔·瓦里奇博士、休·福尔克纳博士、约翰·麦克莱兰博士、威廉·格里菲思博士和威廉·詹姆森博士等，冒险从中国盗取茶叶生产技术、茶籽和茶苗的乔治·戈登和罗伯特·福琼，发现阿萨姆野生茶树的罗伯特·布鲁斯和查尔斯·布鲁斯兄弟、詹金斯上尉、查尔顿中尉以及提供阿萨姆野生茶树信息的景颇族首领比萨·甘姆，为阿萨姆茶叶种植商业化做出重要贡献的阿萨姆公司亨利·伯京杨和斯蒂芬·莫尔奈等众多茶叶种植者、企业家和资本家，这些英国早期茶业先驱和开拓者前赴后继，面临不可逾越的障碍，秉承坚韧不拔的精神和敢于冒险的野心，经过了一次又一次失败，终于为大英帝国印度殖民地开创了规模宏大和盈利丰厚的茶产业经济。一片片翠绿的帝国茶园分布在印度东北部和南部的广袤地区，一座座大规模茶叶加工厂内，英国人进一步改进和完善了红茶加工技术，发明了诸多茶叶加工机械，创立了红茶产品的等级名称及规范，成为国际市场红茶生产和品质评判的标准。众多英国资本家、茶叶经纪公司、茶叶公司云集加尔各答和伦敦，开创和建立了全球茶叶交易、运输、分销、广告和零售的商业模式和规则，重新塑造了全球茶叶生产、加工和贸易格局，并且一直影响至今。

大英帝国臣民的茶桌上，飘荡着浓郁的印度茶和锡兰茶的芳香。英国著名茶叶经纪公司高·威尔逊 & 斯坦顿公司创始人 A.G. 斯坦顿 1904 年 5 月 12 日发表在《英国皇家艺术学会期刊》的《英国种植茶叶》一文中，不无自豪地说：“由于最近关税的增加，茶引起了比以往更多的关注，这个话题也引起了英国人的一些兴趣。无论在皇宫和还是在乡村小屋都喝茶，不列颠群岛几乎没有一个家庭不喝茶。很多年前女士们的下午聚会一般都喝葡萄酒，现已经完全被茶取代。……即使是买不起肉的穷女人也能从茶中获得一丝安慰和一些营养。英国国旗飘到哪里，茶的消费量就会跟到哪里。加拿大的伐木工一生都在砍伐树木中度过，他一整天都伴随着一壶茶，而澳大利亚野外的丛林人发现茶是一种提神的饮料，而且在长途旅行中能方便携带……因此，在我们英国人自己的属地种植茶叶的想法也就不足为奇了，第一个属地是印度帝国，早在1834年茶叶就在那里种植了。”

大英帝国茶园在印度殖民地的崛起，依赖于战争、土地、技术、劳动力、资本和贸易组成的产业链和全球化网络，归结起来主要有以下几个因素：（1）土地，通过赤裸裸的军事武力征服印度次大陆，占领和掠夺土地。（2）盗窃和利用中国茶叶生产技术。（3）英国的资本和茶叶股份制公司形式，以及大规模茶叶种植园和工业化生产模式，极大地提高了生产效率。（4）劳动力，利用所谓的契约劳工，依靠暴力和强制劳动，压迫、奴役和剥削当地劳工。（5）大英帝国的全球化贸易网络。大英帝国在印度次大陆坚定不移地推行殖民主义政策，英国政治家、银行家、制造商、贸易商在印度殖民地茶产业的创立和发展中，从武力的战争资本主义，进入野蛮的重商资本主义，扩展至掠夺和剥削的早期工业资本主义，最终构建了一种新式的工业资本主义，这种资本主义主宰了殖民地茶产业的发展。

中国茶叶在英国市场上的溃败，也曾引起了当时中国有识之士的忧虑。1905年，清政府两江总督兼南洋大臣周馥，曾指派江苏道员、浙江慈溪人郑世璜，翻译沈鉴少刚、书记陆溁澄溪、茶司吴又岩，茶工苏致孝、陈逢丙及浙海关副税务司英国人赖发洛等人，赴印度和锡兰考察茶业。四月初九，他们乘法国客轮从上海出发，经中国香港、越南西贡、新加坡，于四月二十五抵达锡兰的科伦坡，六月十九日离开锡兰，六月二十七日抵达加尔各答，当年八月二十七日回到上海。回国后，郑世璜著有《乙巳考察印锡茶土日记》，详尽描述了印度和锡兰茶业起源和发展现状及一路考察所见所闻，并发出警示曰："中国红茶如不改良，将来决无出口之日，其故由印锡之茶味厚价廉，西人业经习惯，而印锡茶业之所以胜于中国者，半由机制便捷，半由天时地利所致……反观我国制造则墨守旧法，厂号则奇零不整，商情则涣散如沙，运路则崎岖艰滞，合种种之原因，致有此一消一长之效果。我国若不亟筹整顿，以图抵制，恐十年之后，华茶声价扫地尽矣……"实际上，1890 年一位英国殖民官员 I.L. 豪瑟在他的著作《茶的起源、种植、制作和利用》中早就已断言："中国和印度的茶叶生产无法相提并论。"他傲慢和得意地阐述他的观点："自从 50 年前这种本土植物在阿萨姆的丛林中被发现以来，我们（英国人）已经做了大量的工作。中国人在 20 年或 30 年前教我们种植和制作茶。在这种情况下，学生肯定打败了他的老师，我们在制造业上已把老师远远甩在后面。（中国）一切都是手工劳动，机械对他们来说是陌生的。最原始的制茶思想仍然被固守坚持，工艺依然和 200 年或 500 年前一样粗糙；我们（尽管还远未达到完美）在许多细节上，巧妙地设计众多机器来减少劳动力，生产出更好的茶，这是盎格鲁-撒克逊民族的活力、能量和发明天才的显著例证。"

20 世纪 30 年代，满腔热情的爱国茶叶专家吴觉农、范和钧和胡浩川等，深感中国茶产业的衰落，他们共同怀抱复兴中国茶叶的理想，致力于振兴中国茶产业。1935 年，吴觉农等专家远赴印度、锡兰、印尼、日本、英国、苏联等地进行考察，回国后写了《印度锡兰之茶业》和《荷印之茶业》等调查报告，要求学习印锡茶叶先进制作技术，改革中国茶业之弊，他与胡浩川合著《中国茶业复兴计划》，与范和钧合著《中国茶业问题》，切中当时中国茶业的陈弊，提出了中国茶业复兴的伟大计划，无奈当时中国社会时局动荡，他们的伟大抱负无法得以实现，不禁令人感叹嘘唏。

进入 20 世纪，茶产业在印度商业中占据了非常重要的地位。印度茶叶协会（伦敦）主席沃森 1936 年 1 月 24 日在英国皇家艺术学会会议上报告："1933—1934 年，印度茶叶出口价值额达到 1509.8143 万英镑，其中出口英国 1350.5406 万英镑……毋庸置疑，我想你会同意印度从茶业发展中获得了巨大的利益。"印度贸易执行专员苏克萨卡在会议上也报告说：1922—1923 年，印度茶叶出口占印度总出口总额的 7 % 左右，至 1935 年，茶叶约占总出口额的 13 %，仅次于棉花和黄麻两大主要出口产品。

1947 年印度独立时，英国人在印度创造的茶产业经济更加庞大和坚实。1948 年，印度茶园总面积达到约 31.1 万公顷，茶叶总产量达到约 26 万吨，出口量约 19.3 万吨，雇用茶园劳工达到 150 多万人。其中，印度东北地区茶园总面积 24.4 万公顷，总产量 21.2 万吨，出口 16.4 万吨。南印度茶园面积 6.7 万公顷，产量 4.8 万吨，出口 2.9 万吨。阿萨姆地区成为世界上最大的红茶产区，茶园面积达到 15.3 万公顷，产量 14 万吨。大吉岭和特莱茶区总面积 2.5 万公顷，产量 1.3 万吨。杜阿尔斯茶园面积 5.3 万公顷，产量 5.5 万吨。印度北部其他地区茶园面积 1.2 万公顷，产量 2395 吨。泰米尔纳德茶叶产量 2.5 万吨，喀拉拉产量 2.2 万吨，卡纳塔克产量 1745 吨。1950 年印度茶叶产量占世界茶叶产量的 43 %。

附录1 单位换算

货币

1953年以前,印度卢比(rupee):1卢比(Re)=16安那(annas),1安那 =4 派士(pice)

当时印度卢比与英镑汇率换算:1卢比约等于1先令4便士至1先令8便士

1973年以前,1英镑 =20 先令 shilling(s),1先令 =12 便士 pence(d)

1973年以后,1英镑 =100 便士 pence(p)

重量

1953年以前,1莫恩德(maund)= 82.1磅(lbs),1莫恩德(maund)= 40西尔(seers)

1 西尔 = 2.057磅(lbs),1磅(lbs)= 0.45359237千克

面积

1 英亩（acre）= 0.40468564286823 公顷（hectare）

1 普拉（Poorahs）约等于 1.21 英亩

长度

1 码（yard）= 3 英尺 =0.91439999861011 米

1 英尺（feet）= 0.3047999995367 米

1 步度（pace）约等于 75 厘米

附录2 十九世纪英国生产的茶叶等级名称

红茶（Black Tea）

Flowery Pekoe 花白毫

Orange Pekoe 橙黄白毫

Pekoe 白毫

Pekoe Souchong 白毫小种

Souchong 小种

Congou 工夫茶

Bohea 武夷

Toy-chong 大种

Campoi 拣焙

Pouchong 包种

Broken Pekoe 碎白毫

Pekoe Dust 白毫末

Broken Mixed Tea 碎混合茶

Broken Souchong 碎小种

Broken Leaf 碎叶

Fannings 片茶

Dust 末茶

Caper Souchong 刺山柑小种

绿茶（Green Tea）

Ends 芽尖茶

Young Hyson 雨茶

Hyson 熙春茶

Gunpowder 贡熙

Imperial 贡珠茶

Hyson Skin 皮茶

Fine Imperial 细贡珠茶

Fine Gunpowder 细贡熙茶

Little Gunpowder 小贡熙茶

Big Gunpowder 大贡熙茶

Pickings 级外茶

Dust 末茶

主要参考文献

[1] Anonym Assam. The Asiatic Journal and Monthly Register for British and Foreign India, China and Australasia. Vol.XIX,Jan-April, 1836: 195-201. London Wm. H. Allen & Company, 1836.

[2] Anonym. Assam Tea. The Asiatic Journal and Monthly Register for British and Foreign India, China and Australasia, Vol. XXXI-New Series, Jan-Apr, 1840: 25.London Wm. H. Allen & Company,1840.

[3] Assam Company. Report of the Local Directors Make to the Shareholders at General Meeting held at Calcutta August 11th,1841. Bishop's College Press,1841.

[4] Amiya Kumar Bagchi. Private Investment in India, 1900-1939. Cambridge University Press, 1972.

[5] A.Burrell. India Tea Cultivation: Its Origin, Progress, and Prospects. Journal of the Society of Arts, Vol.XXV. From November 17. 1876 to November 16,1877. London, 1877.

[6] A. G. Stanton. A Report on British Grown Tea. London: William Clowes, 1887.

[7] A. G. Stanton. British-Grown Tea. Journal of the Society of Arts, 1904, Vol. 52, No.2689:605- 610.

[8] Amalendu Guha. Imperialism of Opium: Its Ugly Face in Assam (1773-1921). Proceedings of the Indian History Congress. Vol. 37 (1976), pp. 338-346.

[9] Arthur Reade. Tea and Tea Drinking. London: Sampson Low, 1884.

[10] Arthur Montefiore. Tea Planting in Assam. Argosy 46 (September 1888): 183-87.

[11] Anonym. Tea From Assam, Transactions of the Society, Instituted at London, for the Encouragement of Arts, Manufactures, and Commerce. Vol. 52, Part Ⅱ (1838-1839): 200-203.

[12] Anonym. Tea From Assam, Transactions of the Society, Instituted at London, for the Encouragement of Arts, Manufactures, and Commerce, Published by: Royal Society for the Encouragement of Arts, Manufactures and Commerce. Vol. 53, Part Ⅰ (1839-1840): 30-33.

[13] Anonym. The Discovery of the Tea Plant in Assam, The Asiatic Journal and Monthly Register for British and Foreign India, China and Australasia, London Wm. H. Allen & Company, Vol. XVIII-New Series, September-December, 1835: 207-212.

[14] Anonym. Tea. The Tropical Agriculturist. August, 1.1881: 167-169.

[15] A. Campbell. Note on the Culture of the Tea Plant at Darjeeling, Journal of the Agri- Horticultural Society of India, 6 (1848), pp. 123–124.

[16] A. Campbell. On the Tribes around Darjeeling, Transactions of the Ethnological Society of London, 7 (1869), pp. 144–159.

[17] Blair B. Kling. Partner in Empire. Dwarkanath Tagore and the Age of Enterprise in Eastern India. University of California Press. Ltd, London, 1976.

[18] Biswanath Ray. West Bengal Today A Fresh Look. New Delhi,1993.

[19] Basant B.Lama. The Story of Darjeeling. Nilima Yonzone Lama Publications, Dowhill, Kurseong, 2009.

[20] Bhubanes Misra. Quality, Investment and International Competitiveness: Indian Tea Industry, 1880-1910. Economic and Political Weekly,Vol. 22, No. 6 (Feb. 7, 1987), pp. 230-238.

[21] R.C.D.Baldwin. Sir Joseph Banks and the Cultivation of Tea. Royal Society of Art Journal, November,1993, pp.813-817.

[22] C.D.Maclean. Standing Information Regarding the Official Administration of the Madras Presidency. Printed by E.Keys. the Government Press, 1877.

[23] C.A. Bruce. An Account of the Manufacture of the Black Tea, As Now Practiscd at Suddcya in Upper Assam, By The Chinamen Sent Thither for That Purpose. G.H. Huttmann, Bengal Military Orphan Press, 1838.

[24] C. A. Bruce. Report on the Manufacture of Tea: And on the

Extent and Produce of the Tea Plantations in Assam 1839. Bishop's College Press . Calcutta .1839.

[25] C. A. Bruce. No. Ⅲ . Cultivation of Tea in Assam. Transactions of the Society, Instituted at London, for the Encouragement of Arts, Manufactures, and Commerce, Vol. 53, Part Ⅰ (1839-1840), pp. 37-38 .

[26] Charles Henry Fielder. On the Rise, Progress, and Future Prospects of Tea Cultivation in British India. Journal of the Statistical Society of London, Vol. 32, No. 1 (Mar.1869): 29-37 .

[27] Charles Henry Fielder. On Tea Cultivation in India, The Journal of the Society of Arts. Royal Society for the Encouragement of Arts, Manufactures and Commerce. Vol. 17, No. 852 (March 19, 1869): 291-310.

[28] C.H.Denyer. The Consumption of Tea and Other Staple Drinks, Economic Journal, Vol.3 :49-50. 1893.

[29] Edward Money. Cultivation and Manufacture of Tea. London W. B. Whittingham & CO., Calcutta, 1878.

[30] Edward Money. The Tea Controversy: Indian versus Chinese Teas. Which are Adulterated? Which are Better. 2nd ed. London: W. B. Whittingham, 1884.

[31] Edwin Stevens. Expedition to the Bohea (Wooe) Hills, Arrival in the River Min; Passage of the Capital, Fuhchow Foo; Communication with a Military Officer; Approach to Mintsing Heën; Assailed from an Ambush; Return; The Chinese Repository, Vol. Ⅳ , No. 2, Guangzhou, June 1835: 82-96.

[32] Edward H. Paske. Division Selections from the Records of the Government of the Punjab and its Dependencies, No.V. Tea Cultivation in the Kangra District. Punjab Printing Company Ltd, 1869.

[33] Edgar Thurston. Castes and Tribes of Southern India, Vol. 2:98-100. Madras Government Press,1909.

[34] Edgar Thurston. The Madras Presidency with Mysore, Coorg and the Associated States. Cambridge, at the university press, 1913.

[35] E. M. Clerke. Assam and the Indian Tea Trade. The Asiatic Quarterly Review 5 (January-April 1888): 362-383.

[36] E. A. Watson. The Tea Industry in India. Journal of the Royal Society of Arts, Vol. 84, No. 4346. March 6th, 1936.

[37] F. Jenkins. The Tea-Plant in Assam. The Asiatic Journal and Monthly Register for British and Foreign India, China and Australasia, Vol. XXI-New Series， Sept-Dec: 115. London Wm. H. Allen & Company.1836.

[38] F. Jenkins. Assam Tea, The Asiatic Journal and Monthly Register for British and Foreign India, China and Australasia, Vol. XXVII-New Series, Sep-Dec: 325 .London Wm. H. Allen & Company, 1838.

[39] G.J.Gordon. Visit to the Ankoy Tea -District, The Asiatic Journal and Monthly Register for British and Foreign India, China and Australasia, Vol.XVII, May-August :281-289. London Wm. H. Allen & Company, 1835.

[40] G.J.Gordon. Expedition to the Tea-District of Fuh-keen. The

Asiatic Journal and Monthly Register for British and Foreign India, China and Australasia, Vol. XX, May-August : 130-137 . London Wm. H. Allen & Company , 1836.

[41] G.W.Christison. Tea Planting in Darjeeling. Journal of the Society of Art, June, 1896.44: 623-644.

[42] G.G.Sigmond. Tea; Its Effects, Medicinal and Moral. London, 1839.

[43] George M. Barker. A Tea Planter Life in Assam. Calcutta, 1884.

[44] Gadapani Sarma. A Historical Background of Tea in Assam. "the Echo" An Online Journal of Humanities & Social Science, Dept. of Bengali Karimganj College, Assam, India.

[45] Government of India. Report of the Commissioners Appointed to Enquire into the State and Prospects of the Tea Cultivation in Assam Cachar and Sylhet: Calcutta, 1868, Appendix, p.xxxii.

[46] Gow, Wilson & Stanton. Tea Producing Company of India and Ceylon. A. Soutiiey & Co., 1897.

[47] Gabrielle LaFavre. The Tea Gardens of Assam and Bengal: Company Rule and Exploitation of the Indian Population During the Nineteenth-Century. The Trinity Papers (2013). Trinity College Digital Repository, Hartford, CT.2013.

[48] Harold H. Mann. The Early History of the Tea Industry in North-East India. Calcutta, Reprinted from the Bengal Economic Journal, 1918.

[49] H.A. Antrobus. A History of the Assam Company(1839-1953). T and Constable Ltd, Edinburgh, 1957.

[50] H. K. Barpujari. The Attempted Traffic with the Chinese Through the North-East Frontier (1826-58). Proceedings of the Indian History Congress. Vol. 24 (1961), pp. 326-331.

[51] H. Mann. The Indian Tea Industry in its Scientific Aspects, Journal of the Royal Society of Arts,Vol 79, No. 4089 (Apr 1931) p. 475.

[52] Imperial Gazetteer of India, Provincial Series, Bengal, vol. 2 Calcutta, Superintendent, Government Publishing, 1909.

[53] Indian Tea Association. Indian Tea Association 125 years. Indian Tea Association, 2008.

[54] India Tea Gazette. The Tea Planter' Vade Mecum. Calcutta, 1885.9.

[55] J. Forbes Royle. Cultivation of Tea in British India. The Asiatic Journal and Monthly Register for British and Foreign India, China and Australasia, Vol. XXIX, May, : 53-62. London Wm. H. Allen & Company, 1839.

[56] J. Forbes Royle. The Tea of Assam, The Asiatic Journal and Monthly Register for British and Foreign India, China and Australasia, Vol. XXVIII-New Series, Jan-April, 1839: 31-35. London Wm. H. Allen & Company. 1839.

[57] J. Forbes Royle. Report on the Progress of the Culture of the China Tea Plant in the Himalayas, from 1835 to 1847. The Journal of the Royal Asiatic Society of Great Britain and Ireland , 1850, Vol. 12 : 125-152. Cambridge University Press.1850.

[58] John M'Cosh. The Tea of the Singpho Country. The Asiatic

Journal and Monthly Register for British and Foreign India, China and Australasia, Vol.XXI， Sept-Dec: 184. London Wm. H. Allen & Company.1836.

[59] John M'Cosh. Account of the Mountain Tribes on the Extreme N.E. Frontier of Bengal, Journal of The Asiatic Society, April 1836,No.52 : 193-208.1836.

[60] John M'Cosh. Topography of Assam. G.H.Huttmann, Bengal Military Orphan Press, 1837.

[61] John M'Cosh. Assam. The Asiatic Journal and Monthly Register for British and Foreign India, China and Australasia. Vol.XXVII, Sept-Dec, 1838: 104-114. London Wm. H. Allen & Company, 1838.

[62] John McClelland. Report on the Physical Condition of The Assam Tea Plant, with Reference to Geological Structure, Soils, and Climate. Agricultural and Horticultural Society of India, 1837.

[63] J. C. Marshman. Notes on the Production of Tea in Assam, and in India Generally, The Journal of the Royal Asiatic Society of Great Britain and Ireland, Vol. 19 (1862) : 315-320.

[64] Jayeeta Sharma. Empire's Garden: Assam and the Making of India. Duke University Press Durham and London. 2011.

[65] Jayeeta Sharma. Producing Himalayan Darjeeling: Mobile People and Mountain Encounters. Himalaya, the Journal of the Association for Nepal and Himalayan Studies. Vol.35.NO.2. 2016.

[66] Joseph Dalton Hooker. Himalayan Journals: Notes of a Naturalist

in Bengal Sikkim and Nepal Himalayas etc. (New Delhi, 1999, first pub. 1854), vol. 1, p. 110.

[67] John Weatherstone. Tea -A Journey in Time Pioneering and Trials in the Jungle. JJG Publishing Sparrow Hall, 2008.

[68] Jessie Gregory Luta. Open China: Karl.A.Gutzlaff and Sino-Western Relations,1827-1852. William B. Eerdmans Publishing Company. U.K. 2008.

[69] James Cowles Prichard. Researches into the Physical History of Mankind. Sherwood,Gilbert, and Piper. London, 1844.

[70] J. Berry White, W. Lascelles Scott. The Indian Tea Industry: Its Rise, Progress During Fifty Years, and Prospects Considered from A Commercial Point of View. Journal of the Royal Society of Arts (10 June 1887): 734-751.

[71] J.A. Crommelin. A Brief Account of the Experiments That Have Been Made with a View to the Introduction of the Tea Plant at Darjeeling. Journal of the Agri-Horticultural Society of India, 8 (1852), pp. 91-95.

[72] K.Ravi Raman. Capital and Peripheral Labour. the History and Political Economy of Plantation Workers in India. Routledge, UK, 2010.

[73] Kakali Hazarika. Tea Tribes are lagging behind in the Process of Urbanization: A Study on Selected Tea Gardens of Jorhat District, Assam. International Journal of Trends in Economics Management & Technology, Vol.1, December 2012.

[74] K.C.Willsom, M.N.Clifford. Tea Cultivation to Consumption.

Springer Science Business Media, B.V.2012.

[75] L.S.S. O' Malley. Bengal District Gazetteer: Darjeeling. The Bengal Secretariat Book Depot. 1907.

[76] Leonard Wray. Tea, and Its Production in Various Countries. The Journal of the Society of Arts, Vol. 9, No. 427 (January 25, 1861), 135-152 .

[77] L Hauser. Tea: Its Origin, Cultivation, Manufacture and Use. Chicago, 1890.

[78] M.A.B.Siddique. Emergence of the Tea Industry in Assam:1834-1900. Department of Economics, The University of Western Australia, Discussion Paper, September 1988.

[79] Mira Wilkins, Harm G. Schröter. The Free-Standing Company in the World Economy, 1830-1996. Oxford University Press, 1999.

[80] Nandini Bhattacharya. Contagion and Enclaves Tropical Medicine in Colonial India. Liverpool University Press, 2012.

[81] Nitin Varma. Coolies of Capitalism: Assam Tea and the Making of Coolie Labour, Walter de Gruyter GmbH, Berlin/Boston, 2017.

[82] O'Brien, R.D.Darjeeling: The Sanitarium of Bengal and Its Surroundings. Calcutta, W. Newman & Co, 1883.

[83] Paul Hockings. Cockburn Family. Encyclopedia of the Nilgiri Hills, New Delhi, 2012.

[84] Prafull Goradia, Kalyan Sircar. The Sage of Indian Tea. Contemporary Targett Pvt. Ltd, 2010.

[85] Punjab Government. Gazetteer Of the Kangra District, Vol. Ⅰ. Kangra Proper(1883-1884). The Calcutta Central Press Co., Ltd.

Calcutta, 1884.

[86] R.K.Hazari. Managing Agency System Far From Dead, The Economic Weekly, July 10, 1965: 1101-1108.

[87] Rana.P.Behal, Marcel van der Linden. Coolies, Capital and Colonialism: Studies in Indian Labour History. The Press Syndicate of the University of Cambridge, 2006.

[88] Robert Fortune. Two visits to the Tea Countries of China and the British Tea Plantations in the Himalaya. London, 1853.

[89] Robert Fortune. A Journey To The Tea Countries of China; Including Sung-Lo And The Bohea Hills; With A Short Notice of The East India Company's Tea Plantations In The Himalaya Mountains.

[90] Robert Fortune. Report upon the Tea Plantations in the North-Western Province. To John Thornton, Secretary to the Government, North-Western Province; Dated Calcutta, September 6,1851.

[91] Rana P. Behal .One Hundred Years of Servitude: Political Economy of Tea Plantations in Colonial Assam. Tulika Books.2014.

[92] Rajesh Verma. Early European Trade with Assam before its Annexation. Proceedings of the Indian History Congress. Vol. 71 (2010-2011), pp. 541-546.

[93] Royal Anthropological Institute of Great Britain and Ireland. Life and Labors of the Late Dr. Archibald Campbell. The Journal of the Anthropological Institute of Great Britain and Ireland, Vol. 7

(1878), pp. 379-391.

[94] Samuel Ball. An Account of the Cultivation and Manufacture of Tea in China. London, Longman, Brown, Green, and Longmans.1848.

[95] Samuel Baildon. The Tea Industry in India. A Review of Finance and Labour, and a Guide for Capitalists and Assistants. W.H.Allen & Co.,London, 1882.

[96] Samuel Baildon. On the Origin and Future Prospects of Tea. The Tea Cyclopaedia. Calcutta: Indian Tea Gazette, 1881.

[97] Suparna Roy. Historical Review of Growth of Tea Industries in India, A Study of Assam Tea. 2011 International Conference on Social Science and Humanity IPEDR vol.5 (2011), Singapore, 2011.

[98] Subhajyoti Ray. Transformations on the Bengal Frontier: Jalpaiguri 1765-1948. Routledge Taylor & Francis Group, 2015.

[99] Somerset Playne. Southern India, Its History, People, Commerce, and Industrial Resource. The Foreign and Colonial Compiling and Publishing CO., London, 1914-1915.

[100] Stephanie Jones. Merchants of the Raj British Managing Agency Houses in Calcutta Yesterday and Today. London, 1992.

[101] Srijita Chakravarty. Children Employed in the Tea Plantations of Assam 1880-1930.

[102] Stan Neal. Jardine Matheson and Chinese Migration in the British Empire, 1833-1853.PhD , University of Northumbria . 2015.

[103] Samuel Smith. The Dorjeeling Guide: Including a Description of the Country, and of Its Climate, Soil and Productions, with Travelling Directions etc. Calcutta, 1845, p. 43.

[104] T.Spring Rice. Reports from Committees: Tea Duties. East India Company, Vol.XVII, Session 4 February -15 August, 1834.

[105] Tea Board of India. Techo-Economic Survey of Dooars Tea Industry. 1995.

[106] The Indian Tea Association. Maps of the Following Tea Districts, Complete Index to Tea Gardens.Calcutta.1930.

[107] Vijay.P.Singh, Nayan Sharma, C.Shekhar P. Ojha. The Brahmaputra Basin Water Resources. Klumer Academic Publisher, 2004.

[108] Victor H.Mair, Erling Hoh. The True History of Tea, Thames & Hudson, 2009.

[109] William H. Ukers. All About Tea. The Tea and Coffee Trades Journal Company, New York, 1935.

[110] William Griffith. Journals of Travels in Assam, Burma, Bootan, Afghanistan and the Neighbouring Country, Calcutta, Bishop's College Press,1847.

[111] W.Francis. Madras District Gazetteers. The Nilgiris. Madras Printed by the Superintendent, Government Press, 1908.

[112] William Nassau Lees. Tea Cultivation, Cotton and Other Agricultural Experiments in India; A Review. London: W.H. Allan and Co.; 1863.

[113] W.W.Hunter. A Statistical Account of Assam. Vol. Ⅰ, Spectrum

publications, First published 1879, U.K.Reprint, India 1990, Delhi.

[114] W. Gordon Stables. Tea: The Drink of Pleasure and Health. London: Field and Tuer, 1883.

[115] 陈慈玉．近代中国茶业之发展 [M]. 北京：中国人民大学出版社，2013.

[116] 仲伟民．茶叶与鸦片：十九世纪经济全球化中的中国 [M]. 北京：生活•读书•新知三联书店，2010.

[117] 萨拉•罗斯．茶叶大盗：改变世界史的中国茶 [M]. 孟驰，译．北京：社会科学文献出版社，2015.

[118] 吕昭义．英属印度与中国西南边疆（1774—1911 年）[M]. 北京：中国社会科学出版社，1996.

[119] 艾瑞丝•麦克法兰，艾伦•麦克法兰．绿色黄金 [M]. 杨淑玲，沈桂凤，译．汕头：汕头大学出版社，2006.

[120] 罗伯特•福琼．两访中国茶乡 [M]. 敖雪岗，译．南京：江苏人民出版社，2015.

[121] 郑世横．乙巳考察印锡茶土日记．1905 年（光绪三十一年十二月）.

图书在版编目 (CIP) 数据

印度茶叶百年风云 / 罗龙新著 . — 武汉 : 华中科技大学出版社，2021.8

ISBN 978-7-5680-7302-8

Ⅰ . ①印…　Ⅱ . ①罗…　Ⅲ . ①茶文化—印度　②茶叶—产业发展—印度—现代

Ⅳ . ① TS971.21　② F335.161

中国版本图书馆 CIP 数据核字 (2021) 第 122990 号

印度茶叶百年风云　　罗龙新　著

Yindu Chaye Bainian Fengyun

策划编辑：杨　静　陈心玉

责任编辑：章　红

封面设计：Pallaksch

责任校对：阮　敏

责任监印：朱　玢

出版发行：华中科技大学出版社 (中国・武汉)　　电话：(027)81321913

武汉市东湖新技术开发区华工科技园　邮编：430223

录　　排：华中科技大学惠友文印中心

印　　刷：湖北金港彩印有限公司

开　　本：880mm×1230mm　1/32

印　　张：11

字　　数：246 千字

版　　次：2021 年 8 月第 1 版第 1 次印刷

定　　价：69.80 元

本书若有印装质量问题，请向出版社营销中心调换

全国免费服务热线：400-6679-118　竭诚为您服务